新思想新课标新媒体立体化金课教材

信息技术基础

主　编　张剑波　邵秀杰　刘秀艳
副主编　张润娟　国灵华　常　磊

新思想贯穿教材始终

新课标引领教材内容

新媒体配套资源丰富

立体化助力金课建设

图书在版编目(CIP)数据

信息技术基础/张剑波,邵秀杰,刘秀艳主编.—武汉:武汉大学出版社,2021.9(2024.2 重印)
ISBN 978-7-307-22570-1

Ⅰ.信… Ⅱ.①张… ②邵… ③刘… Ⅲ.电子计算机—高等职业教育—教材 Ⅳ.TP3

中国版本图书馆 CIP 数据核字(2021)第 186018 号

责任编辑:林 莉　　责任校对:李孟潇　　版式设计:马 佳

出版发行:武汉大学出版社　(430072　武昌　珞珈山)
(电子邮箱:cbs22@whu.edu.cn 网址:www.wdp.com.cn)
印刷:武汉中远印务有限公司
开本:787×1092　1/16　印张:18　字数:427 千字　插页:1
版次:2021 年 9 月第 1 版　　2024 年 2 月第 5 次印刷
ISBN 978-7-307-22570-1　　定价:49.00 元

版权所有,不得翻印;凡购买我社的图书,如有质量问题,请与当地图书销售部门联系调换。

前　言

新时代意味着新起点新要求，新时代呼唤着新气象新作为。在"互联网+""中国制造2025""大众创业、万众创新"的时代背景下，2021年教育部印发了《高等职业教育专科信息技术课程标准（2021版）》。本标准是贯彻落实《国家职业教育改革实施方案》，进一步完善职业教育国家教学标准体系，指导高等职业教育信息技术课程改革和课程建设，提高人才培养质量的指导性文件，是建党100周年的献礼之作，这无疑让信息技术的教育工作者和一线教师久旱逢甘霖，也必将掀起一场信息技术教学改革的新热潮。

信息技术，浩浩汤汤。高等职业教育专科信息技术课程是各专业学生必修或限定选修的公共基础课程。本课程以增强学生信息意识，提升计算思维，促进数字化创新与发展能力，树立正确的信息社会价值观和责任感为目标，为学生职业发展、终身学习和服务社会奠定基础。以往教材编写没有完整的课程标准为指导，大家理念不一、各自为战，大多以计算机基础、Office办公软件为主要内容，对信息技术学科素养和技术创新缺乏介绍。随着信息技术的飞速发展，特别是大数据、人工智能、区块链等新一代信息技术的普及和各行各业对从业人员信息素养要求的不断提升，信息技术课程教学改革和教材的更新势在必行。

君子不器、未来已来。本教材编写以习近平新时代中国特色社会主义思想为指导，以"为党育人、为国育才"为己任，紧扣《高等职业教育专科信息技术课程标准（2021年版）》主旨要求，涵盖新一代信息技术概述、文档处理、电子表格处理、演示文稿制作、信息检索、信息素养与社会责任六部分内容，主要采用"任务描述-技术分析-示例展示-任务实现-能力拓展"的教学结构，重点突出"理实一体、任务驱动、分层递进"这种有利于学生综合能力培养的教学模式，构思了"思政园地""云端微课"等新形态立体化教材新范式。

虚怀若谷、砥砺前行。本教材编写突出了课程思政要求和职业教育特点，既可作为高职高专院校开设信息技术通识课程的教材，也可作为信息技术岗位培训、再就业培训的继续教育教材，还可作为从事信息技术工作人员的参考用书。然而由于信息技术的突飞猛进和不断变化，编者的认识、理解难免会有偏颇、疏漏和不足之处，恳请广大读者批评指正。

立足新时代，让我们奋发有为、不懈进取，共同为全面建设社会主义现代化国家、实现中华民族伟大复兴的中国梦贡献智慧和力量。

编　者
2021年7月

目　　录

第1章　新一代信息技术概述 ·· 1

1.1　信息处理工具 ·· 1
　　1.1.1　电子计算机的发展 ··· 1
　　1.1.2　计算机的特点及应用 ·· 6
　　1.1.3　计算机系统 ·· 9
　　1.1.4　计算机的主要配件 ·· 11
　　1.1.5　计算机中信息的表示 ··· 15

1.2　人工智能技术及典型应用 ·· 19
　　1.2.1　人工智能的概念及由来 ·· 19
　　1.2.2　人工智能的技术特点 ··· 20
　　1.2.3　人工智能技术的典型应用 ··· 21
　　1.2.4　人工智能与传统产业的深度融合 ·· 23

1.3　大数据技术及典型应用 ··· 23
　　1.3.1　大数据的概念及由来 ··· 23
　　1.3.2　大数据处理的基本流程 ·· 25
　　1.3.3　大数据技术的典型应用 ·· 26
　　1.3.4　大数据与制造业深度融合的新契机 ·· 27

1.4　云计算技术及典型应用 ··· 27
　　1.4.1　云计算的概念及由来 ··· 28
　　1.4.2　云计算技术的特点 ·· 29
　　1.4.3　云计算技术的典型应用 ·· 31
　　1.4.4　云计算加速推进AI与线上办公深度融合 ··· 32

1.5　物联网技术及典型应用 ··· 33
　　1.5.1　物联网的概念及由来 ··· 33
　　1.5.2　物联网的关键技术 ·· 34
　　1.5.3　物联网技术的典型应用 ·· 35
　　1.5.4　物联网让制造业和物流业深度融合成为可能 ·· 39

1.6　移动通信技术及典型应用 ·· 40
　　1.6.1　移动通信的概念及发展 ·· 40
　　1.6.2　移动通信的技术及特点 ·· 42

1.6.3 5G移动通信技术的典型应用 ·· 43
1.6.4 移动通信技术全面助力脱贫攻坚 ·· 44
1.7 区块链技术及典型应用 ·· 45
1.7.1 区块链的概念及由来 ·· 45
1.7.2 区块链的核心技术 ··· 47
1.7.3 区块链技术的典型应用 ·· 49
1.7.4 区块链与文旅产业深度融合是大势所趋 ····································· 51
1.8 量子信息技术及典型应用 ··· 51
1.8.1 量子信息的概念及由来 ·· 51
1.8.2 量子信息的技术特点 ·· 53
1.8.3 量子信息的典型应用 ·· 55
1.8.4 量子信息与区块链等领域深度融合应用 ····································· 57

【思政园地】 ·· 57

第2章 文档处理 ·· 59

2.1 Word 2016基本应用——制作公司简介 ·· 59
  2.1.1 任务描述 ·· 59
  2.1.2 技术分析 ·· 60
  2.1.3 示例展示 ·· 65
  2.1.4 任务实现 ·· 66
  2.1.5 能力拓展 ·· 72
2.2 Word 2016基本应用——制作购置仪器设备清单 ································· 74
  2.2.1 任务描述 ·· 74
  2.2.2 技术分析 ·· 75
  2.2.3 示例展示 ·· 82
  2.2.4 任务实现 ·· 83
  2.2.5 能力拓展 ·· 86
2.3 Word 2016综合应用——制作海报（古诗词鉴赏） ································ 88
  2.3.1 任务描述 ·· 88
  2.3.2 技术分析 ·· 89
  2.3.3 示例展示 ·· 96
  2.3.4 任务实现 ·· 96
  2.3.5 能力拓展 ·· 104
2.4 Word 2016高级应用——长文档排版 ··· 106
  2.4.1 任务描述 ·· 107
  2.4.2 技术分析 ·· 108

2.4.3　示例展示 ··· 109
　　2.4.4　任务实现 ··· 109
　　2.4.5　能力拓展 ··· 119
2.5　Word 2016 邮件合并应用——制作邀请函 ······································· 123
　　2.5.1　任务描述 ··· 123
　　2.5.2　技术分析 ··· 124
　　2.5.3　示例展示 ··· 128
　　2.5.4　任务实现 ··· 129
　　2.5.5　能力拓展 ··· 133
【思政园地】··· 134

第 3 章　电子表格处理 ··· 135
3.1　Excel 2016 基本应用——制作学生成绩统计表 ·································· 135
　　3.1.1　任务描述 ··· 135
　　3.1.2　技术分析 ··· 135
　　3.1.3　示例展示 ··· 145
　　3.1.4　任务实现 ··· 145
　　3.1.5　 能力拓展 ·· 154
3.2　Excel 2016 图表——东风电器销售数据图表 ····································· 159
　　3.2.1　任务描述 ··· 159
　　3.2.2　技术分析 ··· 159
　　3.2.3　示例展示 ··· 163
　　3.2.4　任务实现 ··· 164
　　3.2.5　能力拓展 ··· 171
3.3　Excel 2016 数据库管理——软件专业学生成绩分析 ··························· 174
　　3.3.1　任务描述 ··· 174
　　3.3.2　技术分析 ··· 174
　　3.3.3　示例展示 ··· 187
　　3.3.4　任务实现 ··· 187
　　3.3.5　能力拓展 ··· 198
【思政园地】··· 200

第 4 章　演示文稿制作 ··· 202
4.1　PowerPoint 2016 基本应用——社会主义核心价值观宣讲稿 ················· 202
　　4.1.1　任务描述 ··· 202
　　4.1.2　示例展示 ··· 203

4.1.3 技术分析 ·· 204
　　4.1.4 任务实现 ·· 213
　　4.1.5 能力拓展 ·· 221
4.2 PowerPoint 2016 综合应用——朝气蓬勃的计算机系 ································ 226
　　4.2.1 任务描述 ·· 226
　　4.2.2 示例展示 ·· 226
　　4.2.3 技术分析 ·· 226
　　4.2.4 任务实现 ·· 237
　　4.2.5 能力拓展 ·· 243
【思政园地】 ·· 245

第5章 信息检索 ·· 246

5.1 信息检索基础知识 ·· 246
　　5.1.1 信息检索的概念与由来 ·· 246
　　5.1.2 信息检索的发展阶段 ·· 248
　　5.1.3 计算机信息检索的类型 ·· 248
　　5.1.4 计算机信息检索特点 ·· 249
5.2 常用网络信息的高效检索方法 ·· 249
　　5.2.1 常用搜索引擎的自定义搜索方法 ·· 249
　　5.2.2 搜索引擎的检索方法 ·· 253
5.3 利用专用平台信息检索 ·· 256
　　5.3.1 利用期刊专用平台进行信息检索 ·· 257
　　5.3.2 利用论文平台进行信息检索 ··· 257
　　5.3.3 利用专利平台进行信息检索 ··· 258
　　5.3.4 利用商标平台进行信息检索 ··· 259
　　5.3.5 利用数字信息资源平台进行信息检索 ·································· 259
【思政园地】 ·· 260

第6章 信息素养与社会责任 ··· 262

6.1 信息素养与行业行为自律 ·· 262
　　6.1.1 信息素养的基本概念 ·· 262
　　6.1.2 信息素养的主要要素 ·· 263
　　6.1.3 信息行业行为自律 ··· 263
6.2 信息技术发展史 ·· 266
　　6.2.1 信息技术的基本概念 ·· 266
　　6.2.2 新一代信息技术的发展 ·· 268

6.2.3　知名企业的兴衰变化 …………………………………………………… 271
　6.3　信息安全与自主可控 ……………………………………………………………… 273
　　6.3.1　信息安全 …………………………………………………………………… 273
　　6.3.2　自主可控 …………………………………………………………………… 275
　6.4　信息伦理与道德原则 ……………………………………………………………… 276
　　6.4.1　信息伦理的概念与特征 …………………………………………………… 276
　　6.4.2　信息时代的道德风险与原则 ……………………………………………… 277
　【思政园地】 ……………………………………………………………………………… 278

参考文献 ………………………………………………………………………………… 280

第1章 新一代信息技术概述

学习目标

1. 了解电子计算机的发展阶段、特点及软硬件组成。
2. 了解计算机中信息的表示方法。
3. 了解新一代信息技术的技术特点、典型应用。
4. 了解新一代信息技术与制造业等产业的融合发展方式。

新一代信息技术是以人工智能、量子信息、移动通信、物联网、区块链等为代表的新兴技术。它既是信息技术的纵向升级,也是信息技术之间及其与相关产业的横向融合。本章主要包括新一代信息技术的基本概念、技术特点、典型应用、技术融合等内容。

1.1 信息处理工具

任务要点

1. 了解电子计算机的发展。
2. 掌握计算机的特点及应用。
3. 掌握计算机的软、硬件组成。
4. 掌握计算机的主要性能指标。
5. 了解计算机中信息的表示方法。

计算机的发明是20世纪人类最伟大的创举之一,是信息处理的必要工具。它的出现为人类社会进入信息时代奠定了坚实的基础,有力地推动了其他学科的发展,对人类社会的发展产生了极其深远的影响。

1.1.1 电子计算机的发展

在现代计算机的发展史上,阿兰·麦席森·图灵(A. M. Turing)和冯·诺依曼(J. VNeumann)是两位最具影响力的人物。阿兰·麦席森·图灵在计算机科学方面的主要贡献有两个:一是建立图灵机(Turing Machine,TM)模型,奠定了可计算理论的基础;二是提出图灵测试,阐述了机器智能的概念。冯·诺依曼的最大贡献则是提出一个全新的存储程序通用电子计算机方案,方案明确规定,新机器有五个组成部分:运算器、控制器、存储器、输入和输出设备。此外,新方案还有两点重大改进,一是采用二进数制,简化了计算机结构;二是建立存储程序,将指令和数据放进存储器,加快了运算速度。冯·诺依曼概念被认为是计算机发展史上的一个里程碑,它标志着电子计算机时代的真正开始。

1. 第一代计算机(1946—1957年)

第一代计算机采用电子管为基本电子器件,如图1-1-1所示。它们体积较大,运算速度较低,存储容量不大,而且价格昂贵。为了解决一个问题,所编制的程序的复杂程度难以表述。其特点是操作指令是为特定任务而编制的,每种机器有各自不同的机器语言,功能受到限制,速度也慢;另一个明显特征是使用真空电子管和磁鼓存储数据。运算速度仅每秒几千次至几万次。主要用于科学计算,只在重要部门或科学研究部门使用。

图1-1-1　第一代电子管计算机—ENIAC

2. 第二代计算机(1958—1964年)

第二代计算机全部采用晶体管作为电子器件,如图1-1-2所示。还有现代计算机的一些部件,如打印机、磁带、磁盘、内存等,在软件方面开始使用计算机算法语言。计算机中储存的程序使得计算机有很好的适应性。其主要特点是体积小、速度快、功耗低、性能更稳定。运算速度每秒几万次至几十万次。不仅用于科学计算,还用于数据处理和事务处理及工业控制。

3. 第三代计算机(1965—1970年)

虽然晶体管比起电子管是一个明显的进步,但晶体管还是产生大量的热量,这会损害计算机内部的敏感部分。1958年发明了集成电路(IC),将三种电子元件结合到一片小小的硅片上,科学家使更多的元件集成到单一的半导体芯片上。于是,计算机变得更小,功耗更低,速度更快。1964年,美国IBM公司研制成功第一个采用集成电路的通用电子计算机系列IBM360系统。

第三代计算机的主要特征是以中、小规模集成电路为电子器件,并且出现操作系统,

图 1-1-2　第二代晶体管计算机

使计算机的功能越来越强，应用范围越来越广。它们不仅用于科学计算，还用于文字处理、企业管理、自动控制等领域，出现了计算机技术与通信技术相结合的信息管理系统，可用于生产管理、交通管理、情报检索等领域，运算速度每秒几十万次至几百万次。

4. 第四代计算机（1971 年起）

第四代计算机采用大规模集成电路和超大规模集成电路为主要电子器件，如我国自行研制的"天河二号"超级计算机系统，如图 1-1-3 所示。大规模集成电路可以在一个芯片上容纳几百个元件，超大规模集成电路可以在一个芯片上容纳几十万个元件，使得计算机的体积和价格不断下降，而功能和可靠性不断增强。

第四代计算机的另一个重要分支是以大规模、超大规模集成电路为基础发展起来的微处理器和微型计算机。

5. 新一代计算机

为了争夺世界范围内信息技术的制高点，20 世纪 80 年代初期，各国展开了研制第五代计算机的激烈竞争。第五代计算机的研制推动了专家系统、知识工程、语言合成与语音识别、自然语言理解、自动推理和智能机器人等方面的研究，取得了大批成果。

（1）生物计算机。微电子技术和生物工程这两项高科技的互相渗透，为研制生物计算机提供可能。20 世纪 70 年代以来，人们发现脱氧核糖核酸（DNA）处在不同的状态下，可产生有信息和无信息的变化。联想到逻辑电路中的 0 与 1、晶体管的导通或截止、电压的高或低、脉冲信号的有或无等，激发了科学家们研制生物元件的灵感。1995 年，来自各国的 200 多位有关专家共同探讨了 DNA 计算机的可行性，认为生物计算机是以生物电子元件构建的计算机，而不是模仿生物大脑和神经系统中信息传递、处理等相关原理来设计的计算机。生物电子元件是利用蛋白质具有的开关特性，用蛋白质分子制作成集成电

图 1-1-3 "天河二号"超级计算机系统

路，形成蛋白质芯片、血红素芯片等。利用 DNA 化学反应，通过和酶的相互作用可以将某基因代码通过生物化学的反应转变为另一种基因代码，转变前的基因代码可以作为输入数据，反应后的基因代码可以作为运算结果。利用这一过程可以制成新型的生物计算机。但科学家们认为生物计算机的发展可能还要经历一个较长的过程。DNA 计算机就是生物计算机的一种，如图 1-1-4 所示。

图 1-1-4　DNA 计算机示意图

(2) 光子计算机。光子计算机是一种用光信号进行数字运算、信息存储和处理的新型计算机。运用集成光路技术，把光开关、光存储器等集成在一块芯片上，再用光导纤维连接成计算机。1990 年 1 月底，贝尔实验室研制成第一台光子计算机，尽管它的装置很粗糙，由激光器、透镜、棱镜等组成，只能用来计算。但是，它毕竟是光子计算机领域中的一大突破。正像电子计算机的发展依赖于电子器件，尤其是集成电路一样，光子计算机的发展也主要取决于光逻辑元件和光存储元件，即集成光路的突破。近年来 CD-ROM 光盘、VCD 光盘和 DVD 光盘的接踵出现，是光存储研究的巨大进展。网络技术中的光纤信道和光转接器技术也已相当成熟。光子计算机的关键技术，即光存储技术、光互联技术、光集成器件等方面的研究都已取得突破性的进展，为光子计算机的研制、开发和应用奠定了基础。现在，全世界除贝尔实验室外，日本和德国的其他公司也都投入巨资研制光子计算机，预计在 21 世纪将出现更加先进的光子计算机。

（3）超导计算机。1911 年昂尼斯发现纯汞在 4.2 K 低温下电阻变为零的超导现象。超导线圈中的电流可以无损耗地流动。在计算机诞生之后，超导技术的发展使科学家们想到用超导材料来替代半导体制造计算机。早期的工作主要是延续传统的半导体计算机的设计思路，只不过是将半导体材料的逻辑门电路改用为超导体材料的逻辑门电路。从本质上讲并没有突破传统计算机的设计构架，而且，在 20 世纪 80 年代中期以前，超导材料的超导临界温度仅在液氦温区，实施超导计算机的计划费用昂贵。然而，在 1986 年左右出现重大转机，高温超导体的发现使人们可以在液氮温区获得新型超导材料，于是超导计算机的研究又获得了各方面的广泛重视。超导计算机具有超导逻辑电路和超导存储器，运算速度是传统计算机无法比拟的。所以，世界各国科学家都在研究超导计算机，但还有许多技术难关有待突破，如图 1-1-5 所示。

图 1-1-5 超导计算机

（4）量子计算机。现在放在我们面前的高速现代化的计算机与计算机的祖先"ENIAC"相比并没有什么本质的区别，尽管计算机体积已经变得更加小巧，而且执行速度也非常快，但是计算机的任务却并没有改变，即对二进制位 0 和 1 的编码进行处理并解释为计算结果。每个位的物理实现是通过一个肉眼可见的物理系统完成的，如从数字和字母到我们所用的鼠标或调制解调器的状态等都可以用一系列 0 和 1 的组合来代表。传统计算机与量子计算机之间的区别是传统计算机遵循着众所周知的经典物理规律，而量子计算机则是遵循着独一无二的量子动力学规律，是一种信息处理的新模式。在量子计算机中，用"量子位"来代替传统电子计算机的二进制位。二进制位只能用"0"和"1"两个状态表示信息,而"量子位"用粒子的量子力学状态来表示信息,两个状态可以在一个"量子位"中并存。"量子位"既可以使用与二进制位类似的"0"和"1",也可以使用这两个状态的组合来表示信息。正因如此,量子计算机被认为可以进行传统电子计算机无法完成的复杂计算,其运算速度将是传统电子计算机无法比拟的。

2020年12月,我国科学家宣布构建了76个光子(量子比特)的量子计算机原型机"九章",其速度比2019年谷歌发布的53个超导比特量子计算原型机"悬铃木"快一百亿倍,如图1-1-6所示。

图1-1-6 量子计算机原型——"九章"

1.1.2 计算机的特点及应用

1. 计算机的特点

计算机是在程序的控制之下,自动高效地完成信息处理的数字化电子设备。它能按照人们编写的程序对输入的原始数据进行加工处理、存储或传送,以便获得所期望的输出信息,从而利用这些信息来提高社会劳动生产率,并改善人们的生活。

各种类型的计算机虽然在性能、规模、结构、用途等方面有所不同,但都具备以下特点。

(1)运算速度快。运算速度一般是指计算机每秒所能执行加法运算的峰值次数。运算的高速度是处理复杂问题的前提,因此运算速度一直是衡量计算机性能的主要指标。目前微型机的运算速度已达百亿次级,而巨型机则在百万亿次、千万亿次级。

(2)计算精度高。一般来说,现在的计算机有几十位有效数字,而且理论上还可更高。因为数在计算机内部是用二进制编码表示的,数的精度主要由这个数的二进制码的位数决定,因此可以通过增加数的二进制位数来提高精度,位数越多精度越高。

(3)存储容量大。计算机的存储设备可以把原始数据、中间结果、计算结果、程序等数据存储起来以备使用。存储数据的多少取决于所配存储设备的容量。目前的计算机不仅提供了大容量的内存储设备来存储计算机运行时的数据,同时还提供各种外部存储设备,以长期保存和备份数据,如硬盘、U盘和光盘等。

(4)逻辑判断能力。计算机在程序执行过程中,会根据上一步的执行结果,运用逻辑判断方法自动确定下一步的执行命令;正是因为计算机具有这种逻辑判断能力,使得计算机不仅能解决数值计算问题,而且能解决非数值计算问题,比如信息检索、图像识别等。

(5)自动工作的能力。把程序事先存储在存储器中,当需要调用执行时,计算机可以按照程序规定的步骤自动地逐步执行,而不需要人工干预。这是计算机区别于其他计算工具的本质特点。

2. 计算机的应用

计算机的应用领域十分广泛,从军事到民用,从科学计算到文字处理,从信息管理到人工智能,大致可以分为以下几个方面。

(1)科学计算。科学计算是指科学研究和工程技术中遇到的数学问题的求解,也称数值计算。科学研究对计算能力的需要是无止境的。计算机具有速度快、精度高的特点。通过计算机可以解决人工无法解决的复杂计算问题,过去人工计算需要几个月,甚至几年时间才能完成的,甚至毕生都无法完成的工作量,现在也只要几天、几个小时、甚至几分钟就能解决了。随着现代科学技术的进一步发展,科学计算在现代科学研究中的地位不断提高,在尖端科学领域显得尤为重要。例如,计算卫星轨道,宇宙飞船的研究设计,生命科学、材料科学、海洋工程、房屋抗震强度的计算等现代科学技术研究都离不开计算机的精确计算。目前,科学计算仍然是计算机应用的一个重要领域。

(2)数据处理。数据处理又称为非数值计算,就是使用计算机对大量的数据进行输入、分类、加工、整理、合并、统计、制表、检索以及存储、计算、传输等操作。数据处理涉及的数据量大,但计算方法较简单。目前计算机的数据处理应用已非常普遍,如人事管理、库存管理、财务管理、图书资料管理、商业数据交流、情报检索、经济管理、办公自动化等都属于这方面的应用。

数据处理已成为当代计算机的首要任务,是现代化管理的基础。在当今信息化的社会中,每时每刻都在产生大量的信息,只有利用计算机才能够在浩瀚的信息海洋中充分获取宝贵的信息资源。例如,以数据库技术为基础开发的管理信息系统(Management Information System,MIS)、决策支持系统(Decision Support System,DSS)、企业资源规划系统(Enterprise Resources Planning,ERP)等信息系统的应用,大大提高了企业和政府部门的现代化管理水平。据统计,现在全世界计算机用于数据处理的工作量占全部计算机应用的80%以上,大大提高了工作效率,提高了管理水平。

(3) 人工智能。人工智能(Artificial Intelligence, AI)由计算机来模拟或部分模拟人类的智能,使计算机具有识别语言、文字、图形和进行推理、学习以及适应环境的能力。该领域的研究包括机器人、语言识别、图像识别、自然语言处理和专家系统等。

虽然计算机的能力在许多方面远远超过人类,但是真正要达到人的智能还是非常遥远的事情。人工智能是计算机应用的一个新的领域,目前已有一些系统能够替代人的部分脑力劳动,获得了实际的应用,尤其是在机器人、专家系统、模式识别等方面。

(4) 实时控制。实时控制又称为过程控制,是指用计算机实时地采集、检测受控对象的数据,并快速地进行处理,按最佳值迅速对控制对象进行自动化控制或自动调节。

现代工业的发展,生产规模不断扩大,技术和工艺日趋复杂,因而对实现生产过程自动化的控制系统要求也日益提高。使用计算机进行过程控制,既可以提高控制的自动化水平,也可以提高控制的及时性和准确性。计算机在自动控制方面的应用非常广泛,包括工业流程的控制、生产过程控制、交通运输管理等。在卫星、导弹发射等国防尖端技术领域,更是离不开计算机的实时控制,无人驾驶飞机、导弹、人造卫星和宇宙飞船等飞行器的控制,都是靠计算机实现的。家用电器、日常生活服务器的生产中也大量应用了计算机的自动控制功能。

(5) 计算机辅助系统。计算机辅助系统是指利用计算机辅助人们进行设计、制造等工作,主要包括以下几方面。

计算机辅助设计(Computer Aided Design, CAD)是利用计算机的计算、逻辑判断、数据处理以及绘图功能,并与人的经验和判断能力相结合,共同来完成各种产品或者工程项目的设计工作。CAD 可缩短设计周期、降低成本、提高设计质量,同时提高图纸的复用率和可管理性。

计算机辅助制造(Computer Aided Manufacturing, CAM)是使用计算机辅助人们完成工业产品的制造任务,可实现对工艺流程、生产设备等的管理与对生产装置的控制和操作。例如,在产品的制造过程中,用计算机控制机器的运行、处理生产过程中所需的数据、控制和处理材料的流动、对产品进行检验等。使用 CAM 技术可以提高产品的质量,降低成本,缩短生产周期。

计算机集成制造系统(Computer Integrated Manufacturing System, CIMS)是指以计算机为中心的现代化信息技术应用于企业管理与产品开发制造的新一代制造系统。包括 CAD、CAM、CAPP(计算机辅助工艺规划)、CAE(计算机辅助工程)、CAQ(计算机辅助质量管理)、PDMS(产品数据管理系统)、管理和决策、网络与数据库及质量保证系统等子系统的技术集成。将计算机技术集成到制造工厂的整个生产过程中,使企业内的信息流、物流、能量流和人员活动形成一个统一协调的整体,形成一个流水线,从而建立现代化的生产管理模式。

计算机辅助教学(Computer Aided Instruction, CAI)是指利用计算机模拟教师的教学行为进行授课,学生通过与计算机的交互进行学习并自测学习效果,是提高教学效率和教学质量的新途径。计算机辅助教学利用文字、图形、图像、动画、声音等多种媒体将教学内容开发成 CAI 软件的方式,使教学过程形象化;可以采用人机对话方式,对不同学生采取不同的内容和进度,改变了教学的统一模式,不仅有利于提高学生的学习兴趣,更适用于学生个性化、自主化的学习,可以实现自我检测、自动评分等功能。

1.1.3 计算机系统

一个完整的计算机系统包括硬件系统和软件系统两大部分,如图 1-1-7 所示。

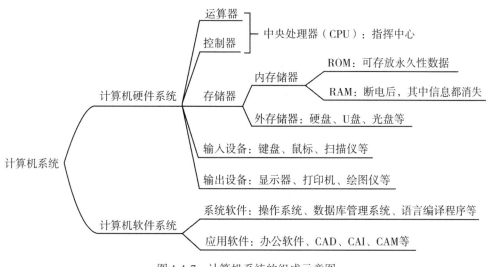

图 1-1-7 计算机系统的组成示意图

1. 计算机硬件系统

计算机硬件系统是指构成计算机的所有实体部件的集合,它们都是看得见摸得着的,是计算机进行工作的物质基础。由运算器、控制器、存储器、输入设备和输出设备五大部分组成。

(1)运算器。运算器(Arithmetic Unit)是计算机中执行各种算术和逻辑运算操作的部件。运算器由算术逻辑单元(ALU)、累加器、状态寄存器、通用寄存器组等组成。算术逻辑运算单元的基本功能为加、减、乘、除四则运算,与、或、非、异或等逻辑操作,以及移位、求补等操作。计算机运行时,运算器的操作和操作种类由控制器决定。运算器处理的数据来自存储器;处理后的结果数据通常送回存储器,或暂时寄存在运算器中。运算器与控制器共同组成了 CPU 的核心部分。

(2)控制器。控制器(Control Unit)是整个计算机系统的控制中心,它指挥计算机各部分协调地工作,保证计算机按照预先规定的目标和步骤有条不紊地进行操作及处理。控制器从存储器中逐条取出指令,分析每条指令规定的是什么操作以及所需数据的存放位置等,然后根据分析的结果向计算机其他部分发出控制信号,根据指令要求完成相应操作,产生一系列控制命令,使计算机各部分自动、连续并协调动作,成为一个有机的整体,实现程序的输入、数据的输入以及运算并输出结果。因此，计算机自动工作的过程，实际上是自动执行程序的过程，而程序中的每条指令都是由控制器来分析执行的，它是计算机实现"程序控制"的主要部件。

(3) 存储器。存储器是计算机记忆或暂存数据的部件。计算机中的全部信息，包括原始的输入数据，经过初步加工的中间数据以及最后处理完成的有用信息都存放在存储器中。而且，指挥计算机运行的各种程序，即规定对输入数据如何进行加工处理的一系列指令也都存放在存储器中。存储器的工作速率相对于CPU的运算速率来讲要低很多。存储器有内存储器(内存)和外存储器(外存)两种。

内存也叫主存，直接和CPU交换数据，相对于外存来说容量小，但存取速度快，一般用于存放将要执行的指令和运算数据。内存储器按其工作方式的不同，可分为随机存储器(RAM)和只读存储器(ROM)。RAM允许对存储单元进行存取数据操作。在计算机断电后，RAM中的信息会丢失。由于ROM中的信息是厂家在制造时用特殊方法写入的，所以ROM中的信息可以读出，但不能向其中写入数据，而且断电后其中的数据也不会丢失。ROM中一般存放重要的、经常使用的程序或数据，从而可以避免这些程序和数据受到破坏。

外存也叫辅存，间接和CPU交换数据，相对内存来说存取速度慢，但存储容量大、价格低廉，一般用来存放暂时不用的数据，如固态硬盘、移动硬盘、U盘等。

CPU只能对内存进行读写操作，所以外存中的程序和数据要处理时，必须先调入内存。

(4) 输入设备。输入设备是外界向计算机传送信息的装置，如键盘和鼠标，根据需要还可以配置一些其他输入设备，如光笔、数字化仪、扫描仪等。

(5) 输出设备。输出设备是能将计算机中的数据信息传送到外部媒介，并转化成为人们所认识的表示形式的装置。如显示器、打印机、绘图仪等。

磁盘驱动器是电子计算机中磁盘存储器的一部分，用来驱动磁盘稳速旋转，它既能控制磁头在盘面磁层上按一定的记录格式和编码方式将存储在磁盘上的信息读进内存中，又能将内存中的信息写到磁盘上，因此，它既是输入设备，又是输出设备。

2. 计算机软件系统

计算机软件系统是指在硬件设备上运行的各种程序以及有关资料。包括系统软件和应用软件两大类。

(1) 系统软件。系统软件是控制和协调计算机及其外部设备，支持应用软件的开发和运行的软件。是用户与计算机的接口，它为应用软件和用户提供了控制和访问硬件的手段，这些功能主要由操作系统完成。此外，编译系统、计算机语言处理程序、数据库管理程序、联网及通信软件、各类服务程序和工具软件等，它们从另一方面辅助用户使用计算机。

①操作系统。操作系统是管理、控制和监督计算机软硬件资源协调运行的程序系统，

由一系列具有不同控制和管理功能的程序组成，它是直接运行在计算机硬件上的、最基本的系统软件，是系统软件的核心。操作系统通常应包括下列 5 大功能：处理器管理、作业管理、存储器管理、设备管理、文件管理。如 DOS、Windows 10、Windows NT、Linux 和 NetWare 等。

②程序设计语言与语言处理程序。人们要利用计算机解决实际问题，一般首先要编制程序。程序设计语言一般分为机器语言、汇编语言和高级语言 3 类。机器语言是计算机唯一能直接识别和执行的程序语言。如果要在计算机上运行高级语言程序就必须配备程序语言翻译程序。翻译程序本身是一组程序，不同的高级语言都有相应的翻译程序。对源程序进行解释和编译任务的程序分别称为解释程序和编译程序。

③服务程序。服务程序能够提供一些常用的服务性功能，它们为用户开发程序和使用计算机提供了方便。如机器的调试、故障检查和诊断程序、杀毒程序等。

④数据库管理系统。数据库是指按照一定联系存储的数据集合，可为多种应用共享。数据库管理系统则是能够对数据库进行加工、管理的系统软件。数据库管理系统不但能够存放大量的数据，更重要的是能迅速、自动地对数据进行检索、修改、统计、排序、合并等操作，以得到所需的信息。如 SQL Server、Oracle、Informix、FoxPro 等。

(2)应用软件。应用软件是用户为了解决各类实际问题而使用系统软件开发出来的用户软件。如文字处理软件 Word、表格处理软件 Excel、演示文稿软件 PowerPoint 等办公软件以及 CAD、CAI、CAM 等。

1.1.4 计算机的主要配件

一台计算机往往由多个零配件组成，包括机箱内部的 CPU、主板、内存、电源、显卡等内部设备以及显示器、键盘、鼠标等外部设备。

1. 主板(Main Board)

主板是计算机的机箱里面最大的一个配件，打开机箱看到里面最大的电路板就是主板，如图 1-1-8 所示。主板的主要任务就是为 CPU、内存、显卡、声卡、硬盘等设备提供一个可以稳定运作的平台，上面的 CPU 底座可以安装 CPU，还有不同的插槽，以供安装内存、显卡、声卡等各种配件。芯片组(Chipset)是主板的核心组成部分，芯片组性能的优劣，决定了主板性能的好坏与级别的高低。

2. CPU(Central Processing Unit)

CPU 即中央处理器，由控制器、运算器和寄存器组成，通常集成在一块芯片上，是计算机系统的核心设备。计算机以 CPU 为中心，输入设备和输出设备与存储器之间的数据传输和处理都通过 CPU 来控制执行。大多数计算机都使用 Intel 公司和 AMD 公司生产的 CPU。CPU 体积很小、集成度高、可完成非常多的计算与控制任务，其散热量大是可想而知的，所以在机箱内的主板上一般都要为其安装专门的 CPU 风扇。Intel 公司的 CPU 的外观如图 1-1-9 所示，AMD 公司的 CPU 的外观如图 1-1-10 所示。

图 1-1-8　主板外观

CPU 的主要性能指标如下：
①CPU 字长：一次并行处理的二进制数的位数。
②位宽：与外部设备之间一次能够传递的数据位数。
③X 位 CPU：通常用 CPU 字长和位宽来称呼 CPU。例如：Pentium CPU 字长是 32 位，位宽是 64 位，称为超 32 位 CPU。
④CPU 外频：CPU 总线频率。
⑤CPU 主频：CPU 内核电路的实际工作频率。

　　　　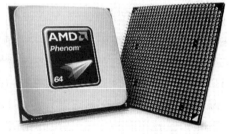

图 1-1-9　Intel 公司的 CPU 外观　　　图 1-1-10　AMD 公司的 CPU 外观

3. 内存

内存是计算机中的主要部件，它是相对于外存而言的，如图 1-1-11 所示。通常计算机把要永久保存的、大量的数据存储在外存上，而把一些临时的或少量的数据和程序放在内存上。内存(主存)一般采用半导体存储单元，包括随机存储器(RAM)、只读存储器(ROM)和高速缓存(Cache)。

图 1-1-11　插在主板上的内存条

4. 电源

电源是向电子设备提供功率的装置，也称为电源供应器，它向主板、软盘驱动器、硬盘驱动器、光盘驱动器等部件提供所需要的电能。电源功率的大小，电流和电压是否稳定，将直接影响计算机的工作性能和使用寿命，如图 1-1-12 所示。

图 1-1-12　550W 电源

5. 显卡（显示器适配卡）

显卡是连接主机与显示器的接口卡，其作用是将主机的输出信息转换成字符、图形和颜色等信息，传送到显示器上显示，其外观如图 1-1-13 所示。现在也有一些主板是集成显卡的。

图 1-1-13　GeForce RTX 2080Ti 显卡

6. 硬盘

硬盘是计算机中主要的存储媒介之一，由一个或多个铝制或玻璃制的碟片组成。这些碟片外覆盖有铁磁性材料。硬盘有固态硬盘和机械硬盘。固态硬盘相较于机械硬盘有更高的读写速度，但成本也高。机械硬盘的结构如图 1-1-14 所示。

图 1-1-14　机械硬盘内部

硬盘的性能指标主要有：

①容量：存储数据和程序的大小，单位有兆字节(MB)、千兆字节(GB)或百万兆字节(TB)。

②转速(Rotational Speed 或 Spindle Speed)：是硬盘内电动机主轴的旋转速度，也就是硬盘盘片在 1 分钟内所能完成的最大转数。硬盘转速的单位为 r/min，即转/分钟。转速值越大，内部传输率就越快，访问时间就越短，硬盘的整体性能也就越好。

一台计算机要具有多媒体功能，就要能够连接网络，还要有声卡、网卡等设备。准备好各个部件后，将 CPU、内存与显卡等部件安装到主板上，放入机箱固定好，再将硬盘、光驱等存储设备放到机箱的指定位置，并连接好电源线与数据线，一台计算机的主机系统就装配好了。

7. 显示器(监视器或屏幕)

显示器是人与计算机沟通的重要界面，其作用是将电信号表示的二进制代码信息转换为直接可以看到的字符、图形或图像。早期计算机以阴极射线管显示器(Cathode Ray Tube，CRT)为主，随着科技的不断进步，液晶显示器(Liquid Crystal Display，LCD)逐渐取代了 CRT 的主流地位，如图 1-1-15、图 1-1-16 所示。

显示器主要技术指标有屏幕尺寸、点距、分辨率、灰度、颜色深度及刷新频率。分辨率是屏幕能显示像素的数目，像素是可以显示的最小单位，分辨率越高，则像素越多，能显示的图形就越清晰。灰度是像素点亮度的级别数，在单色显示方式下，灰度的级数越多，图像层次越清晰。颜色深度是计算机中表示色彩的二进制位数。刷新频率是指每秒钟内屏幕画面刷新的次数，刷新频率越高，画面闪烁越小，通常是 75~90 Hz。

图 1-1-15　CRT 显示器

图 1-1-16　LCD 显示器

除了以上外部设备，计算机要正常工作，还需要鼠标、键盘、扫描仪、打印机、绘图仪、数码相机等。如果是个人用多媒体计算机，还要有音箱、耳机、麦克风等配件，计算机的外设种类很多，而且大多可以通过 USB 等插口接入，用户可视需要自行添加。

1.1.5　计算机中信息的表示

1. 计算机中的数据单位

在计算机内存储和运算数据时，通常要涉及的数据单位有以下 3 种。

(1) 位(Bit)。计算机中的数据都以二进制代码来表示，二进制代码只有"0"和"1"两个数码，采用多个数码(0 和 1 组合)来表示一个数。其中一个数码称为一位，位是计算机中存储数据的最小单位。

(2) 字节(Byte)。字节是计算机信息组织和存储的基本单位，也是计算机体系结构的基本单位，通常用大写字母 B 表示。在对二进制数据进行存储时，以 8 位二进制代码为一个单元存放在一起，称为 1 字节，即 1Byte=8bit。每个数字、字母、符号由一个字节来存储，一个汉字由两个字节来存储。

所谓存储容量，是指存储器中能够容纳的字节数。在计算机中，通常用 B(字节)、KB(千字节)、MB(兆字节)、GB(吉字节)或 TB(太字节)为单位来表示存储器的存储容量。其换算公式如下：

1 KB(千字节) = 2^{10} B(字节) = 1024 B(字节)

1 MB(兆字节) = 2^{20} B(字节) = 1024 KB(千字节)

1 GB(吉字节) = 2^{30} B(字节) = 1024 MB(兆字节)

1 TB(太字节) = 2^{40} B(字节) = 1024 GB(吉字节)

(3) 字长(Length)。字长是指计算机一次能够同时处理的二进制代码的位数，即 CPU 在一个机器周期中最多能够并行处理的二进制位数。字长是计算机 CPU 的一个重要性能指标，直接反映一台计算机的计算能力和运算精度。字长越长，数据所包含的位数越多，在相同的时间内传送的信息就越多，计算机的处理速度就越快。字长通常是字节的整数倍，如 8 位、16 位、32 位、64 位、128 位等。

2. 数制及其转换

（1）数制的概念。数制也称进位计数制，是用一组固定的符号和统一的规则来表示数值的方法。它是一种计数的方法，在日常生活中，人们使用各种进位计数制，如六十进制（1 小时 = 60 分，1 分 = 60 秒）、十二进制（1 英尺 = 12 英寸，1 年 = 12 月）等。但人们最熟悉和最常用的是十进制计数。

数制的三个基本要素：

①数码：是指一个数制中表示基本数值大小的不同数字符号，如八进制有 8 个数码：0，1，2，3，4，5，6，7。

②基数：指每个数位上能使用的数码的个数，如八进制，每个数位上可以使用的数码为 0~7 这 8 个数码中的一个，即其基数为 8。

③位权：每个数位上的数码所代表的数值的大小，等于在这个数位上的数码乘上一个固定的数值，这个固定的数值就是此种进位计数制中该数位上的位权。

数制的特点：

①数制的基数确定了所采用的进位计数制。对于 N 进位数制，有 N 个数字符号。如十进制中有 10 个数字符号：0~9，二进制有 2 个数字符号：0 和 1，八进制有 8 个数字符号：0~7，十六进制有 16 个数字符号：0~9 和 A~F。

②逢 N 进一。如二进制中逢二进一，十进制中逢十进一，八进制中逢八进一，十六进制中逢十六进一。

③采用位权表示方法。位权与基数的关系是：位权的值恰是基数的整数次幂。例如，十进制的位权值为 10^0，10^1，10^2，10^3…，二进制的位权值为 2^0，2^1，2^2，2^3…。

数制的表示：

一般用"( )角标"来表示不同进制的数。例如，十进制数用 $(\ )_{10}$ 表示，二进制数用 $(\ )_2$ 表示等。在程序设计中，为了区分不同进制，常在数字后加一个英文字母后缀。十进制数在数字后面加字母 D 或不加字母也可以，如 6659D 或 6659；二进制数在数字后面加字母 B，如 1101101B；八进制数在数字后面加字母 O，如 12750O；十六进制数在数字后面加字母 H，如 CFE7BH。

（2）常用的几种数制。几种常用进位计数制见表 1-1-1。

表 1-1-1 计算机中常用的进位计数制

数制	数码	基数	位权公式	计数规则	尾标
十进制	0~9	10	10^i（i 为位置编号）	逢十进一	D
二进制	0、1	2	2^i（i 为位置编号）	逢二进一	B
八进制	0~7	8	8^i（i 为位置编号）	逢八进一	O
十六进制	0~9，A~F	16	16^i（i 为位置编号）	逢十六进一	H

（3）数制转换表。由于二进制、八进制、十六进制之间存在特殊的关系：$8=2^3$，$16=2^4$，即1位八进制数据相当于3位二进制数，1位十六进制数相当于4位二进制数，因此只需要对照表1-1-2进行转换即可。

表 1-1-2　　　　　　　　　　　各种进制数码转换表

十进制	二进制	八进制	十六进制	十进制	二进制	八进制	十六进制
0	0	0	0	8	1000	10	8
1	1	1	1	9	1001	11	9
2	10	2	2	10	1010	12	A
3	11	3	3	11	1011	13	B
4	100	4	4	12	1100	14	C
5	101	5	5	13	1101	15	D
6	110	6	6	14	1110	16	E
7	111	7	7	15	1111	17	F

3. 计算机中数据的编码

编码就是利用计算机中的0和1两个代码的不同长度表示不同信息的一种约定方式。由于计算机是以二进制编码的形式存储和处理数据的，因此只能识别二进制编码信息。数字、字母、符号、汉字、语音和图形等非数值信息都要用二进制编码才能进入计算机。西文与中文字符由于形式不同，使用的编码也不同。

（1）西文字符的编码。计算机对字符进行编码，通常采用ASCⅡ码和Unicode码两种编码。

①ASCⅡ码。美国信息交换标准代码（American Standard Code for Information Interchange，ASCⅡ）是基于拉丁字母的一套编码系统，主要用于显示现代英语和其他西欧语言，它被国际标准化组织指定为国际标准（ISO646标准）。标准ASCⅡ码使用7位二进制编码来表示所有的大写和小写字母、数字0~9、标点符号，以及在美式英语中使用的特殊控制字符，共有$2^7=128$个不同的编码值，可以表示128个不同字符的编码。其中，低4位编码$b_3b_2b_1b_0$用作行编码，高3位$b_6b_5b_4$用作列编码。128个不同字符的编码中，95个编码对应计算机键盘上的符号或其他可显示或打印的字符，另外33个编码被用作控制码，用于控制计算机某些外部设备的工作特性和某些计算机软件的运行情况，见表1-1-3。例如，字母A的编码为二进制数1000001，对应十进制数65或十六进制数41。

表 1-1-3　　　　　　　　　　　　　标准 7 位 ASCⅡ 码

低 4 位 $b_3b_2b_1b_0$	高 3 位 $b_6b_5b_4$							
	000	001	010	011	100	101	110	111
0000	NUL	DLE	SP	0	@	P	`	p
0001	SOH	DC1	!	1	A	Q	a	q
0010	STX	DC2	"	2	B	R	b	r
0011	ETX	DC3	#	3	C	S	c	s
0100	EOT	DC4	$	4	D	T	d	t
0101	ENQ	NAK	%	5	E	U	e	u
0110	ACK	SYN	&	6	F	V	f	v
0111	BEL	EETB	'	7	G	W	g	w
1000	BS	CAN	(	8	H	X	h	x
1001	HT	EM	)	9	I	Y	i	y
1010	LF	SUB	*	:	L	Z	j	z
1011	VT	ESC	+	;	K	[	k	{
1100	FF	FS	,	<	L	\	l	|
1101	CR	GS	-	=	M	]	m	}
1110	SO	RS	.	>	N	^	n	~
1111	SI	US	/	?	O	-	o	DEL

②Unicode 码。Unicode 码也是一种国际标准编码，采用两个字节编码，能够表示世界上所有的书写语言中可能用于计算机通信的文字和其他符号。目前，Unicode 码在网络、Windows 操作系统和大型软件中得到应用。

(2)汉字的编码。我国用户在使用计算机进行信息处理时，一般都要用到汉字。由于汉字是象形文字，字的数目很多，常用汉字就有 3000～5000 个，加上汉字的形状和笔画多少差异极大，因此，不可能用少数几个确定的符号将汉字完全表示出来，或像英文那样将汉字拼写出来。汉字必须有它自己独特的编码。

计算机对汉字信息的处理过程实际上是各种汉字编码间的转换过程。这些编码主要包括汉字信息交换码、汉字的机内码、汉字输入码(外码)和汉字字形码。

①汉字信息交换码(国标码)。汉字交换码是汉字信息处理系统之间或者通信系统之间进行交换的汉字代码，简称交换码。我国于 1980 年颁布了国家标准《信息交换用汉字编码字符集——基本集》(GB2312-1980)，所以汉字交换码也称为国标码，是国家规定的用于汉字信息处理使用的代码依据。国标码中收集了 6763 个汉字和 682 个非汉字图形符号(包括几种外文字母、数字和符号)的代码。

6763 个汉字又按其使用频度、组词能力以及用途大小分成一级常用汉字 3755 个，按拼音字母排序，若遇同音字，则按起笔的笔形顺序排列；若起笔相同，则按第二笔的笔形顺序排列，依次类推。所谓笔形顺序，就是横、竖、撇、点和折的顺序。二级常用汉字3008 个，按部首顺序排列。

②汉字的机内码。汉字的机内码是供计算机系统内部进行存储、加工处理、传输统一使用的代码，又称为汉字内部码或汉字内码。目前使用最广泛的一种为两个字节的机内码，俗称变形的国标码。这种格式的机内码是将 GB2312—1980 交换码的两个字节的最高位分别置为 1 而得到的。其最大优点是机内码表示简单，且与交换码之间有明显的对应关系，同时也解决了中西文机内码存在二义性的问题。

③汉字的输入码(外码)。汉字输入码是为了将汉字输入计算机而设计的代码。汉字输入编码方案很多，其表示形式大多用字母、数字或符号。输入码的长度也不同，多数为四个字节。综合起来可分为流水码、拼音类输入法、拼形类输入法和音形结合类输入法几大类。

④汉字的字形码。汉字字形码是汉字字库中存储的汉字字形的数字化信息，用于汉字的显示和打印，是汉字的输出码。目前汉字字形的产生方式大多是数字式，即以点阵方式形成汉字。因此，汉字字形码主要是指汉字字形点阵的代码。汉字字形点阵有 16×16 点阵、24×24 点阵、32×32 点阵、64×64 点阵、96×96 点阵、128×128 点阵、256×256 点阵等。点阵规模越大，字形越清晰美观，所占存储空间也越大。字形码所点字节数=点阵行数×点阵列数/8。

1.2 人工智能技术及典型应用

 任务要点

1. 理解人工智能的概念。
2. 了解人工智能的技术特点。
3. 了解人工智能技术的典型应用。
4. 了解人工智能与传统产业的融合发展方式。

1.2.1 人工智能的概念及由来

1. 人工智能的概念

人工智能(Artificial Intelligence，AI)也叫作机器智能，是指由人工制造的系统所表现出来的智能，可以概括为研究智能程序的一门科学。人工智能研究的主要目标在于研究用机器来模仿和执行人脑的某些智力功能，探究相关理论、研发相应技术，如判断、推理、识别、感知、理解、思考、规划、学习等思维活动。

从协助人类完成日常事务，到取代人类去从事各种职业，人工智能似乎无所不能。有人说人工智能将来可以代替人类做任何事情，会使大批人失业；也有人说人工智能甚至具有了自己的思维能力、人类将失去对机器的控制，最终机器要毁灭人类；也有人认为人工智能只是一个工具，在很多领域成为人的助手，永远也无法超越人类。

2. 人工智能的由来

人工智能并不是一个新名词，几十年前就被提出来。1956年夏，以麦卡赛、明斯基、罗切斯特等为首的一批年轻科学家一起聚会，共同研究和探讨用机器模拟智能的一系列有关问题，并首次提出了"人工智能"这一术语。它标志着"人工智能"这门新兴学科的正式诞生，并作为一个正式的学科存在于各个大学中，但是它一直没有引起太多人的注意。

1997年5月11日，国际象棋大师卡斯帕洛夫与IBM公司研制的深蓝（Deep Blue）计算机的六局对抗赛落下帷幕，在前五局以2.5对2.5打平的情况下，卡斯帕洛夫在第六盘决胜局中仅走了19步就向"深蓝"认输，整场比赛进行了不到一个小时，"深蓝"赢得了这场具有特殊意义的对抗赛，从此人类和机器的博弈拉开帷幕，如图1-2-1所示。

图1-2-1　国际象棋大师卡斯帕洛夫与Deep Blue对弈

2016年3月9日，Google公司的围棋机器人AlphaGo在同世界著名选手李世石的对局中获胜，成为第一个战胜围棋世界冠军的机器人，这是机器智能的一个里程碑式的胜利，图1-2-2所示。自此以后，人工智能频繁出现在公众面前，成为一个媒体上的常见字眼，投资人也特别青睐人工智能相关的公司，很多公司转入人工智能产品的研发，大量的人才需求开始出现，很多学校开设人工智能学院和专业，人工智能进入了"井喷"期。

1.2.2　人工智能的技术特点

从1956年正式提出人工智能算起，长达60年的过程中一直不温不火，但是近几年却取得了突飞猛进的进展，这是什么原因呢？是哪些技术导致人工智能近期的大爆发？

人工智能技术目前已经可以代替人类做很多事情，未来可能会做哪些人类无法完成的工作？是什么赋予了人工智能这样的能力？他的灵魂在哪？

从计算机科技的角度去看，计算机系统主要由硬件和软件组成，这两部分协同作用才

图 1-2-2　围棋机器人 AlphaGo 与李世石对弈

能赋予系统一定的功能。硬件提供了物质平台，但是仅有物质是不够的，系统能力的发挥主要靠软件。人工智能进步很重要的一部分原因是来自算法的发展，而算法是通过设计软件来实现的。人工智能表现出来的智慧就是通过软件运行产生的，就像人类根据现象进行周密的思考一样，如果没有软件和算法的支撑，那么硬件平台也是一堆空转的算力，无法发挥它该有的作用。虽然现在有些专用的人工智能芯片内置了算法，但是这些都是非常基础的运算逻辑，并不能解决复杂的问题，一定要在芯片上再补充针对具体问题的应用软件，才能有效地利用芯片的算力。因此，人工智能技术的灵魂是软件。

1.2.3　人工智能技术的典型应用

曾经，人工智能只在一些科幻影片中出现，但伴随着科学的不断发展，人工智能在很多领域得到了不同程度的应用，如图 1-2-3 所示。生活中的应用如智能手机、在线客服、自动驾驶、智慧医疗等。

1. 智能手机

智能手机已经成为必不可少的电子产品，人们使用它进行通话、拍照、社交、购物，甚至办公。智能手机中使用了大量的人工智能技术，例如拍照时可以对人像进行识别、对背景进行虚化、自动进行美颜处理。还有人脸识别技术，它是基于人的脸部特征信息进行身份识别的一种生物识别技术，用摄像机或摄像头采集含有人脸的图像或视频流，并自动在图像中检测和跟踪人脸，进而对检测到的人脸进行脸部识别。在智能手机中，人脸识别技术可以用来进行身份验证、用于手机解锁，各种应用软件的用户登录验证，还可以用于支付验证。

2. 在线客服

在线客服是一种以网站为媒介即时沟通的通信技术，主要以聊天机器人的形式自动与

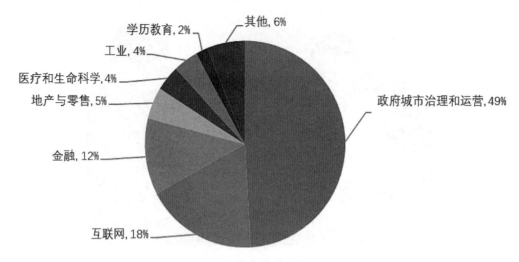

图 1-2-3　2020 年中国人工智能市场行业份额
（来源：艾瑞长期政府及企业服务数据监测）

消费者沟通，并及时解决消费者的一些问题。聊天机器人必须善于理解自然语言，懂得语言所传达的意义，因此，这项技术十分依赖自然语言处理技术，一旦这些机器人能够理解不同的语言表达方式所包含的实际目的，那么很大程度上就可以用于代替人工客服了。

3. 自动驾驶

自动驾驶是现在逐渐发展成熟的一项智能应用。自动驾驶一旦实现，将会有如下改变。

（1）汽车本身的形态会发生变化。自动驾驶的汽车不需要司机和方向盘，其形态设计可能会发生较大的变化。

（2）未来的道路将发生改变。未来道路会按照自动驾驶汽车的要求重新进行设计，专用于自动驾驶的车道可能变得更窄，交通信号可以更容易被自动驾驶汽车识别。

（3）完全意义上的共享汽车将成为现实。大多数的汽车可以用共享经济的模式，随叫随到。因为不需要司机，这些车辆可以保证 24 小时随时待命，可以在任何时间、任何地点提供高质量的租用服务。

4. 智慧医疗

智慧医疗（Wise Information Technology of 120，WT120），是最近兴起的专有医疗名词，通过打造健康档案区域医疗信息平台，利用先进的物联网技术，实现患者与医务人员、医疗机构、医疗设备之间的互动，从而逐步达到信息化。

大数据和基于大数据的人工智能，为医生辅助诊断疾病提供了最好的支持。将来医疗行业将融入更多的人工智慧、传感技术等高科技，使医疗服务走向真正意义的智能化。在 AI 的帮助下，我们看到的不会是医生失业，而是同样数量的医生可以服务几倍、数十倍甚至更多的人群。

1.2.4 人工智能与传统产业的深度融合

伴随着人工智能技术的升级和应用，我们曾经熟悉的交通、制造、安防、能源、教育等行业都进行着轰轰烈烈的数字化转型，智能化时代已经来临。

小 i 机器人创始人、CEO 朱频频博士介绍说，在计算智能以及感知智能方面，人工智能的能力早已超越人类。如今，人工智能的发展正向着"理解、推理、解释"的"认知智能"前进。越是传统性的行业越能更好地与人工智能融合，比如农业、工业等。现在，安防行业及客服行业已经率先开始拥抱人工智能，其中客服作为一个人力密集的行业，是"认知智能"应用的重要领域，但目前人工智能的渗透率仍非常低，未来将会迎来 AI 应用爆发期。

目前，小 i 机器人"智能+"已与多个行业相融相生，携手国内外合作伙伴一起，共商共建 AI 赋能产业的生态体系，共享人工智能产业红利。小 i 机器人旗下的小 i 智慧学堂作为人工智能应用实践类课程，将小 i 多年行业积累经验传递赋能行业伙伴。

"虽然我们可能觉得现在有些人工智能简直是'人工智障'，但即使是这样的智能，已经足够掀起一场巨大的产业变革。"复旦大学软件学院副院长刘钢说。他进一步阐述，互联网经济是全面超越工业经济的，不仅是因为机器体系能成为人的强助力、替代甚至超越，产品更将成为服务的载体，交易生产达到一体化，实现产品的按需生产，解决如今传统工业模式下产能过剩的根本问题。

上海市经济和信息化委员会综合规划处副处调研员赵广君博士表示，在汽车及移动出行、生物及精准医疗、智能装备及系统集成、航空航天及军民融合、新材料及节能环保、新能源等等新兴产业主题领域，人工智能都将有着广阔的应用前景。

1.3 大数据技术及典型应用

任务要点

1. 理解大数据的概念。
2. 了解大数据处理的基本流程。
3. 了解大数据技术的典型应用。
4. 了解大数据与制造业深度融合的新契机。

1.3.1 大数据的概念及由来

1. 大数据的概念

大数据是指无法在一定时间范围内用常规软件工具进行捕捉、管理、处理的数据集合，而要想从这些数据集合中获取有用的信息，就需要对大数据进行分析，这不仅需要采用集群的方法获取强大的数据分析能力，还需对面向大数据的新数据分析算法进行深入的研究。

针对大数据进行分析的大数据技术，是指为了传送、存储、分析和应用大数据而采用的软件和硬件技术，也可将其看作面向数据的高性能计算系统。就技术层面而言，大数据必须依托分布式架构来对海量的数据进行分布式挖掘，必须利用云计算的分布式处理、分布式数据库、云存储和虚拟化技术。因此，大数据与云计算是密不可分的。

2. 大数据的由来

在电子网络时代，随着人们生产数据的能力和数量的飞速提升，大数据应运而生。大数据的发展大致经历了4个阶段，如图1-3-1所示。

图1-3-1　大数据的发展阶段示意图

（1）出现阶段。1980年，阿尔文·托夫勒著的《第三次浪潮》书中将"大数据"称为"第三次浪潮的华彩乐章"。1997年，美国研究员迈克尔·考克斯和大卫·埃尔斯沃斯首次使用"大数据"这一术语来描述20世纪90年代的挑战。

"大数据"在云计算出现之后才凸显其真正的价值，谷歌（Google）在2006年首先提出云计算的概念。2007—2008年随着社交网络的快速发展，"大数据"概念被注入了新的生机。2008年9月《自然》杂志推出了名为"大数据"的封面专栏。

（2）热门阶段。2009年，欧洲一些领先的研究型图书馆和科技信息研究机构建立了伙伴关系，致力于改善在互联网上获取科学数据的简易性。2010年肯尼斯库克尔发表大数据专题报告《数据，无所不在的数据》。2011年6月麦肯锡发布了关于"大数据"的报告，正式定义了大数据的概念，后逐渐受到了各行各业关注；2011年12月，工业和信息化部发布《物联网"十二五"发展规划》，将信息处理技术作为4项关键技术创新工程之一提出来，其中包括了海量数据存储、图像视频智能分析、数据挖掘，这些是大数据的重要组成部分。

（3）时代特征阶段。2012年维克托·迈尔·舍恩伯格和肯尼斯·库克耶的《大数据时代》一书，把大数据的影响划分为3个不同的层面来分析，分别是思维变革、商业变革和管理变革。"大数据"这一概念乘着互联网的浪潮在各行各业中占据着举足轻重的地位。

(4)爆发期阶段。2017年,在政策、法规、技术、应用等多重因素的推动下,跨部门数据共享共用的格局基本形成。京、津、沪、冀、辽、贵、渝等省(市)人民政府相继出台了大数据研究与发展行动计划,整合数据资源,实现区域数据中心资源汇集与集中建设。

在这些陆续开放共享政府大数据的省市中,全国至少已有13个省(区、市)成立了21家大数据管理机构,已有35所本科学校获批"数据科学与大数据技术"本科专业,62所专科院校开设"大数据技术与应用"专科专业。

1.3.2 大数据处理的基本流程

大数据处理的数据源类型多种多样,在不同的场合通常需要使用不同的处理方法。在处理大数据的过程中,通常需要经过采集、导入、预处理、统计分析、数据挖掘和数据展现等步骤。在合适的工具辅助下,对不同类型的数据源进行融合、取样和分析,按照一定的标准统一存储数据,并通过去噪等数据分析技术对其进行降维处理,然后进行分类或群集,最后提取信息、选择可视化认证等方式将结果展示给终端用户,如图1-3-2所示。

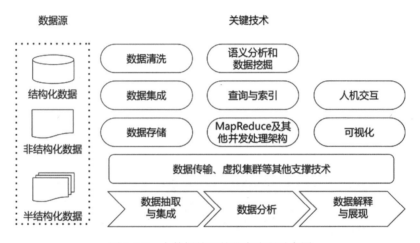

图1-3-2 大数据处理的基本流程示意图

1. 数据抽取与集成

数据的抽取和集成是大数据处理的第一步,从抽取数据中提取出关系和实体,经过关联和聚合等操作,按照统一定义的格式对数据进行存储。如基于物化或数据仓库技术方法的引擎(Materialization or ETL Engine)、基于联邦数据库或中间件方法的引擎(Federation Engine or Mediator)和基于数据流方法的引擎(Stream Engine)均是现有主流的数据抽取和集成方式。

2. 数据分析

数据分析是大数据处理的核心步骤,在决策支持、商业智能、推荐系统、预测系统中应用广泛,在从异构的数据源中获取了原始数据后,将数据导入一个集中的大型分布式数据库或分布式存储集群,进行一些基本的预处理工作,然后根据自己的需求对原始数据进行分析,如数据挖掘、机器学习、数据统计等。

3. 数据解释与展现

在完成数据的分析后,应该使用合适的、便于理解的展示方式将正确的数据处理结果展示给终端用户,可视化和人机交互是数据解释的主要技术。

1.3.3 大数据技术的典型应用

在以云计算为代表的技术创新背景下,收集和处理数据变得更加简便。国务院在印发的《促进大数据发展行动纲要》中系统部署了大数据发展工作,通过各行各业的不断创新,大数据也将创造更多价值。

1. 高能物理

高能物理是一个与大数据联系十分紧密的学科。科学家往往要从大量的数据中发现一些小概率的粒子事件,如比较典型的离线处理方式,由探测器组负责在实验时获取数据,而最新的 LHC 实验每年采集的数据高达 15PB。高能物理中的数据不仅十分海量,且没有关联性,要从海量数据中提取有用的事件,就可使用并行计算技术对各个数据文件进行较为独立的分析处理。

国家高能物理科学数据中心由中国科学院高能物理研究所建设和运行,主要由北京数据中心和大湾区分中心组成,以高能物理领域科研活动中产生的科学数据为核心实现数据资源、软件工具、数据分析等资源能力的汇交和共享,如图 1-3-3 所示。

图 1-3-3 高能物理数据中心

2. 推荐系统

推荐系统可以通过电子商务网站向用户提供商品信息和建议,如商品推荐、新闻推荐、视频推荐等。而实现推荐过程则需要依赖大数据，用户在访问网站时，网站会记录和分析用户的行为并建立模型，将该模型与数据库中的产品进行匹配后，才能完成推荐过程。为了实现这个推荐过程，需要存储海量的用户访问信息，并基于大量数据的分析，推荐出与用户行为相符合的内容。

3. 搜索引擎系统

搜索引擎是非常常见的大数据系统，为了有效地完成互联网上数量巨大的信息的收集、分类和处理工作，搜索引擎系统大多基于集群架构，搜索引擎的发展历程为大数据研究积累了宝贵的经验。

1.3.4 大数据与制造业深度融合的新契机

长期以来，制造业面临着制造工艺落后、产品更新迭代无法跟上消费者需求等痛点，制造企业也都在想方设法提高生产效率和价值。互联网时代下，大数据作为新兴的信息技术，为传统制造业的发展提供了新的契机，通过与传统制造业相互融合，可形成新的生产方式、产业形态、商业模式和经济增长点。

大数据的应用加深了消费者与制造企业的联系，让企业能够直观地得到消费者的需求。消费者与制造业企业之间的交互和交易行为将产生大量数据，挖掘和分析这些消费者动态数据，能够帮助消费者参与到产品的需求分析和产品设计等创新活动中，为产品创新作出贡献。制造业企业对这些数据进行处理，进而传递给智能设备，进行数据挖掘、设备调整、原材料准备等步骤，才能生产出符合个性化需求的定制产品。

大数据的应用是制造业智能化的基础。在传统的制造企业中，大量的数据分布于企业中的各个部门，要想在整个企业内及时、快速提取这些数据存在一定的困难。而有了工业大数据，就可以利用大数据技术帮助企业将所有的数据集中在一个平台上，整合各部门数据，优化生产流程。通过大数据的应用，制造企业可以实时收集更多准确的运作与绩效数据，例如跟踪产品库存和销售价格，预测全球不同区域的需求，优化供应链，对客户进行细分，优化生产流程，定制化产品和服务等。

如果说前三次工业革命从机械化、规模化、标准化和自动化等方面大幅度地提高了生产力，那么第四次工业转型则是由工业大数据带来的。我们可以看到，传统制造业在受到大数据冲击的同时，也享受着与大数据融合带来的巨大效益。新一代大数据信息技术与制造业深度融合，正在引发一场影响深远的产业变革！

1.4 云计算技术及典型应用

 任务要点

1. 理解云计算的概念。
2. 了解云计算技术的特点。
3. 了解云计算技术的典型应用。
4. 了解云计算对其他产业融合的促进作用。

1.4.1 云计算的概念及由来

1. 云计算的概念

云计算是国家战略性新兴产业,是基于互联网服务的增加、使用和交付模式。云计算通常涉及通过互联网来提供动态易扩展且经常是虚拟化的资源,是传统计算机和网络技术发展融合的产物,如图1-4-1所示。

图1-4-1 云计算示意图

云计算技术是硬件技术和网络技术发展到一定阶段出现的新的技术模型,是对实现云计算模式所需的所有技术的总称。分布式计算技术、虚拟化技术、网络技术、服务器技术、数据中心技术、云计算平台技术、分布式存储技术等都属于云计算技术的范畴,同时云计算技术也包括新出现的 Hadoop、HPCC、Storm、Spark 等技术。云计算技术意味着计算能力也可作为一种商品通过互联网进行流通。

云计算技术中主要包括3种角色,分别为资源的整合运营者、资源的使用者和终端客户。资源的整合运营者负责资源的整合输出,资源的使用者负责将资源转变为满足客户需求的应用,而终端客户则是资源的最终消费者。

云计算技术作为一项应用范围广、对产业影响深的技术,正逐步向信息产业等各种产业渗透,产业的结构模式、技术模式和产品销售模式等都会随着云计算技术发生深刻的改变,进而影响人们的工作和生活。

2. 云计算的由来

2010年开始,云计算作为一个新的技术趋势得到了快速的发展。云计算的崛起无疑会改变产业,也将深刻改变人们的工作方式和公司经营的方式。"云计算"的发展基本可以分为4个阶段。

(1)理论完善阶段。1984年,Sun公司的联合创始人约翰·盖奇(John Gage)提出"网络就是计算机"的名言,用于描述术分布式计算技术带来的新世界,今天的"云计算"正在将这一理念变成现实；1997年，南加州大学教授拉姆纳特K·切拉帕(Ramnath K·Chellappa)提出"云计算"的第一个学术定义；1999年，马克·安德森(Marc Andreessen)创建了响云(Loud Cloud)，它是第一个商业化的基础设施即服务(Infrastructure as a Service, IaaS)平台；1999年3月，赛富时(Salesforce)成立，成为最早出现的云服务；2005年，亚马逊公司宣布推出亚马逊云计算服务(Amazon Web Services，AWS)平台。

(2)准备阶段。IT企业、电信运营商、互联网企业等纷纷推出云服务，云服务形成。2008年10月，微软(Microsoft)公司发布其公共"云计算"平台 Windows Azure Platform，由此拉开了 Microsoft 的"云计算"大幕。2008年12月，高德纳公司(Gartner)披露十大数据中心突破性技术，虚拟化和"云计算"上榜。

(3)成长阶段。云服务功能日趋完善，种类日趋多样，传统企业也开始通过自身能力扩展、收购等模式，投入到云服务之中。2009年4月，VMware公司推出业界首款云操作系统 VMware vSphere4。2009年7月，中国首个企业"云计算"平台诞生。2009年11月，中国移动"云计算"平台"大云"计划启动。2010年1月，Microsoft公司正式发布 Microsoft Azure 云平台服务。

(4)高速发展阶段。"云计算"行业市场通过深度竞争，逐渐形成主流平台产品和标准；产品功能比较健全、市场格局相对稳定；云服务进入成熟阶段。2014年，阿里云启动"云合"计划；2015年，华为在北京正式对外宣布"企业云"战略；2016年，腾讯云战略升级，并宣布"云出海"计划等。

1.4.2 云计算技术的特点

传统计算模式向云计算模式的转变如同单台发电模式向集中供电模式的转变。云计算是将计算任务分布在由大量计算机构成的资源池上，使用户能够按需获取计算力、存储空间和信息服务。与传统的资源提供方式相比，云计算主要具有8个主要特点，如图1-4-2所示。

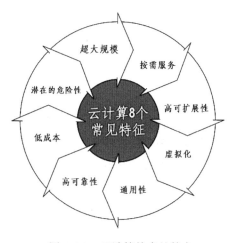

图1-4-2 云计算技术的特点

1. 超大规模

"云"具有超大的规模，Google 云计算已经拥有 100 多万台服务器，亚马逊 IBM、Microsoft 等的"云"均拥有几十万台服务器。"云"能赋予用户前所未有的计算能力。

2. 高可扩展性

云计算是一种资源低效的分散使用到资源高效的集约化使用。分散在不同计算机上的资源，其利用率非常低，通常会造成资源的极大浪费，而将资源集中起来后，资源的利用效率会大大地提升。而资源的集中化和资源需求的不断提高，也对资源池的可扩张性提出了要求，因此云计算系统必须具备优秀的资源扩张能力，才能方便新资源的加入，以及有效地应对不断增长的资源需求。

3. 按需服务

对于用户而言，云计算系统最大的好处是可以适应自身对资源不断变化的需求，云计算系统按需向用户提供资源，用户只需为自己实际消费的资源量进行付费，而不必自己购买和维护大量固定的硬件资源。这不仅为用户节约了成本，还可促使应用软件的开发者创造出更多有趣和实用的应用。同时，按需服务让用户在服务选择上具有更大的空间，通过缴纳不同的费用来获取不同层次的服务。

4. 虚拟化

云计算技术是利用软件来实现硬件资源的虚拟化管理、调度及应用，支持用户在任意位置、使用各种终端获取应用服务。通过"云"这个庞大的资源池，用户可以方便地使用网络资源、计算资源、数据库资源、硬件资源、存储资源等，大大降低了维护成本，提高了资源的利用率。

5. 通用性

云计算不针对特定的应用，在"云"的支撑下可以构造出千变万化的应用，同一个"云"可以同时支撑不同的应用运行。

6. 高可靠性

在云计算技术中，用户数据存储在服务器端，应用程序在服务器端运行，计算由服务器端处理，数据被复制到多个服务器节点上，当某一个节点任务失败时，即可在该节点进行终止，再启动另一个程序或节点，保证应用和计算的正常进行。

7. 低成本

"云"的自动化集中式管理使大量企业无须负担日益高昂的数据中心管理成本，"云"的通用性使资源的利用率较之传统系统大幅提升，因此用户可以充分享受"云"的低成本优势。

8. 潜在的危险性

云计算服务除了提供计算服务外,还会提供存储服务。那么,对于选择云计算服务的政府机构、商业机构而言,就存在数据(信息)被泄露的危险,因此这些政府机构、商业机构(特别是像银行这样持有敏感数据的商业机构)在选择云计算服务时一定要保持足够的警惕。

1.4.3 云计算技术的典型应用

随着云计算技术产品、解决方案的不断成熟,云计算技术的应用领域也在不断扩展,衍生出了云制造、教育云、环保云、物流云、云安全、云存储、云游戏、移动云计算等各种功能,对医药医疗领域、制造领域、金融与能源领域、电子政务领域、教育科研领域的影响巨大,为电子邮箱、数据存储、虚拟办公等方面也提供了非常大的便利。云计算里有5个关键技术,分别是虚拟化技术、编程模式、海量数据分布存储技术、海量数据管理技术、云计算平台管理技术。下面介绍几种常用的云计算应用。

1. 云安全

云安全是云计算技术的重要分支,在反病毒领域获得了广泛应用。云安全技术可以通过网状的大量客户端对网络中软件的异常行为进行监测,获取互联网中木马和恶意程序的最新信息,自动分析和处理信息,并将解决方案发送到每一个客户端。

云安全融合了并行处理、网格计算、未知病毒行为判断等新兴技术和概念,理论上可以把病毒的传播范围控制在一定区域内,且整个云安全网络对病毒的上报和查杀速度非常快,在反病毒领域中意义重大,但所涉及的安全问题也非常广泛,对最终用户而言,云安全技术在用户身份安全、共享业务安全和用户数据安全等方面的问题需要格外关注。

2. 云存储

云存储是一种新兴的网络存储技术,可将储存资源放到"云"上供用户存取。云存储通过集群应用、网络技术或分布式文件系统等功能将网络中大量不同类型的存储设备集合起来协同工作,共同对外提供数据存储和业务访问功能。通过云存储,用户可以在任何时间、任何地点,将任何可联网的装置连接到"云"上存取数据在使用云存储功能时,用户只需要为实际使用的存储容量付费,不用额外安装物理存储设备减少了托管成本。同时,存储维护工作转移至服务提供商,在人力物力上也降低了成本。但云存储也反映了一些可能存在的问题,例如,如果用户在云存储中保存重要数据,则数据安全可能存在潜在隐患,其可靠性和可用性取决于广域网(WAN)的可用性和服务提供商的预防措施等级。对于一些具有特定记录保留需求的用户,在选择云存储服务之前还需进一步了解和掌握云存储。

3. 云游戏

云游戏是一种以云计算技术为基础的在线游戏技术,云游戏模式中的所有游戏都在服务器端运行，并通过网络将渲染后的游戏画面压缩传送给用户。

云游戏技术主要包括云端完成游戏运行与画面渲染的云计算技术，以及玩家终端与云端间的流媒体传输技术，如图 1-4-3 所示。对于游戏运营商而言，只需花费服务器升级的成本，而不需要不断投入巨额的新主机研发费用；对于游戏用户而言，用户的游戏终端无须拥有强大的图形运算与数据处理能力等，只需拥有流媒体播放能力与获取玩家输入指令并发送给云端服务器的能力即可。

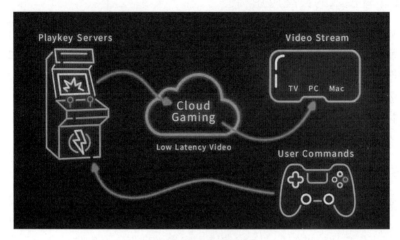

图 1-4-3　云游戏示意图

1.4.4　云计算加速推进 AI 与线上办公深度融合

2020 年，一场突如其来的疫情席卷全球。在全国、乃至于全世界共同抗疫的大背景下，云计算市场却迎来了新的发展机遇。

春节假期结束，产业领域逐渐复工以来，线上办公成了"主旋律"，无论在商业领域还是在政府部门，各公司、单位，都在使用在线办公平台、以及视频会议等手段，在避免人群聚集的同时确保生产力的恢复。据不完全统计，近两个月来以"云办公""云课堂"形式实现复工复学的用户，已经达到了 1.5 亿以上。巨大的线上办公和视频会议流量，对存储、算力、AI 能力的需求，已经远远超过了传统 IT 架构下，单个企业或组织能够承受的范畴，用云计算平台满足日益增长的巨量 IT 需求，早已成为技术趋势。云作为底层能力，重要性愈加凸显，一些头部云基础服务提供商，则获得了广阔的发展空间。

目前，在云计算市场上的主流需求，基本都来自于对云办公、视频会议等生产活动有极高需求的 B 端、以及 G 端用户。他们大多数是政府机构、大型企业，对云计算基础设施所提出的技术要求较高，需求长期稳定。对于这些机构和企业而言，云计算服务的价格并非其选择服务平台的首要因素，云计算技术在解决实际问题中发挥的关键作用，是决定性因素。

1.5 物联网技术及典型应用

任务要点
1. 理解物联网的概念。
2. 了解物联网的关键技术。
3. 了解物联网技术的典型应用。
4. 了解物联网对其他产业融合的促进作用。

1.5.1 物联网的概念及由来

1. 物联网的概念

物联网是互联网、传统电信网等信息的承载体，它让所有具有独立功能的普通物体实现互联互通的网络。简单地说，物联网就是把所有能行使独立功能的物品，通过信息传感设备与互联网连接起来，进行信息交换，以实现智能化识别和管理。在物联网上，每个人都可以应用电子标签连接真实的物体，通过物联网可以用中心计算机对机器、设备、人员进行集中管理和控制，也可以对家庭设备、汽车进行遥控，以及搜索设备位置、防止物品被盗等，通过收集这些小的数据，最后聚集成大数据，从而实现物和物相连。

2. 物联网的由来

物联网(Internet of Things)起源于传媒领域，是信息科学技术产业的第三次革命。物联网概念最早出现于比尔盖茨1995年《未来之路》一书。在《未来之路》中，比尔盖茨已经提及物联网概念，只是当时受限于无线网络、硬件及传感设备的发展，并未引起世人的重视。

1998年，美国麻省理工学院创造性地提出了当时被称作EPC系统的"物联网"的构想。

1999年，美国Auto-ID首先提出"物联网"的概念，主要是建立在物品编码、RFID技术和互联网的基础上。过去在中国，物联网被称之为传感网。中科院早在1999年就启动了传感网的研究，并已取得了一些科研成果，建立了一些适用的传感网。同年，在美国召开的移动计算和网络国际会议提出"传感网是下一个世纪人类面临的又一个发展机遇"。

2003年，美国《技术评论》提出传感网络技术将是未来改变人们生活的十大技术之首。

2005年11月17日，在突尼斯举行的信息社会世界峰会(WSIS)上，国际电信联盟(ITU)发布了《ITU互联网报告2005：物联网》，正式提出了"物联网"的概念。报告指出，无所不在的"物联网"通信时代即将来临，世界上所有的物体从轮胎到牙刷、从房屋到纸巾都可以通过因特网主动进行交换。射频识别技术(RFID)、传感器技术、纳米技术、智能嵌入技术将得到更加广泛的应用。

1.5.2 物联网的关键技术

目前,物联网的发展非常迅速,尤其在智慧城市、工业、交通以及安防等领域取得了突破性的进展。未来的物联网发展,必须从低功耗、高效率、安全性等方面出发,必须重视物联网的关键技术的发展。物联网的关键技术主要有以下几项。

1. RFID 射频识别技术(Radio Frequency IDentification)

RFID 射频识别技术是一种通信技术,它同时融合了无线射频技术和嵌入式技术,在自动识别、物品物流管理方面的应用前景十分广阔,如图 1-5-1 所示。RFID 射频识别技术主要的表现形式是 RFID 标签,具有抗干扰性强、数据容量大、安全性高、识别速度快等优点,主要工作频率有低频、高频和超高频。但还存在一些技术方面的难点,比如选择最佳工作频率和机密性的保护等,尤其是超高频频段的技术还不够成熟,相关产品价格较高,稳定性却不理想。

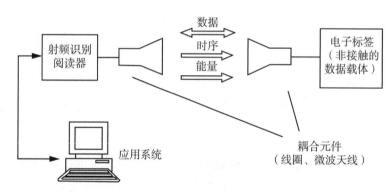

图 1-5-1 RFID 基本模型图

2. 传感器技术

传感器技术是计算机应用中的关键技术,通过传感器可以把模拟信号转换成数字信号供计算机处理,如图 1-5-2 所示。

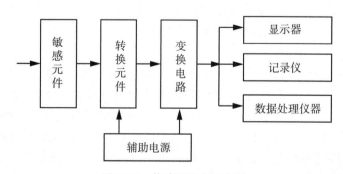

图 1-5-2 传感器组成示意图

目前，传感器技术的技术难点主要是应对外部环境的影响，比如，当受到自然环境中温度等因素的影响时，传感器零点漂移和灵敏度会发生变化。

3. 云计算技术

云计算是把一些相关网络技术和计算机发展融合在一起的产物，具备强大的计算和存储能力。常用的搜索功能就是一种对云计算技术的应用。

4. 无线网络技术

物体与物体"交流"需要高速、可进行大批量数据传输的无线网络，设备连接的速度和稳定性与无线网络的速度息息相关。目前，我们使用的大部分网络属于4G，正在向5G迈进，而物联网的发展也将受益，进而取得更大的突破。

5. 人工智能技术

人工智能技术是研究、开发用于模拟、延伸和扩展人的智能的理论、方法、技术及应用系统的一门新的技术科学。人工智能与物联网有着十分密切的关联，物联网主要负责使物体之间相互连接，而人工智能则可以让连接起来的物体进行学习，从而使物体实现智能化操作。

1.5.3 物联网技术的典型应用

物联网蓝图逐步变成了现实，在很多场合都有物联网的影子，包括物流、交通、安防、医疗、建筑、能源环保、家居、零售等。

1. 智慧物流

智慧物流指的是以物联网、人工智能、大数据等信息技术为支撑，在物流的运输、仓储、配送等各个环节实现系统感知、全面分析和处理等功能。但在物联网领域的应用主要体现在3个方面，包括仓储、运输监测和快递终端，通过物联网技术实现对货物以及运输车辆的监测，包括货物车辆位置、状态以及货物温湿度、油耗及车速等的监测。如图1-5-3所示。

图1-5-3 智慧物流

图1-5-4 智能交通

2. 智能交通

智能交通是物联网的一种重要体现形式，利用信息技术将人、车和路紧密地结合起来，改善交通运输环境、保障交通安全并提高资源利用率。智能交通在物联网技术的应用，包括智能公交车、智慧停车、共享单车、车联网、充电桩监测以及智能红绿灯等领域。如图 1-5-4 所示。

3. 智能安防

传统安防对人员的依赖性比较大，非常耗费人力，而智能安防能够通过设备实现智能判断。目前，智能安防最核心的部分是智能安防系统，该系统是对拍摄的图像进行传输与存储，并对其进行分析与处理。一个完整的智能安防系统主要包括 3 大部分，门禁、警报和监控，行业应用中主要以视频监控为主。如图 1-5-5 所示。

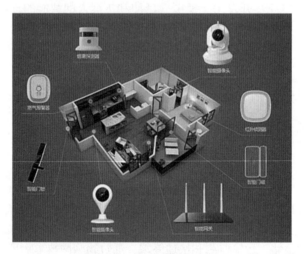

图 1-5-5　智能安防示意图

4. 智能医疗

在智能医疗领域，新技术的应用必须以人为中心。而物联网技术是数据获取的主要途径，能有效地帮助医院实现对人和物的智能化管理。对人的智能化管理指的是通过传感器对人的生理状态(如心跳频率、血压高低等)进行监测，将获取的数据记录到电子健康文件中，方便个人或医生查阅；通过 RFID 技术能对医疗设备、物品进行监控与管理，实现医疗设备、用品可视化，主要表现为数字化医院。如图 1-5-6 所示。

5. 智慧建筑

建筑是城市的基石，技术的进步促进了建筑的智能化发展，以物联网等新技术为主的智慧建筑也越来越受到人们的关注。当前的智慧建筑主要体现在节能方面，将设备进行感

1.5 物联网技术及典型应用

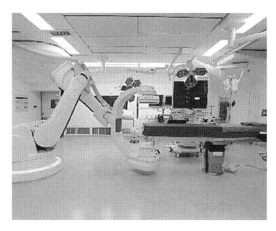

图 1-5-6　智能医疗

知、传输并实现远程监控,在节约能源的同时还减少了楼宇人员的维护工作。如图 1-5-7 所示。

图 1-5-7　智慧建筑示意图

6. 智慧能源环保

智慧能源环保属于智慧城市的一个部分,其物联网应用主要集中在水能、电能、燃气、路灯等能源,如智能水电表实现远程抄表。将物联网技术应用于传统的水、电光能设备,并进行联网,通过监测,不仅提升了能源的利用效率,而且还减少了能源的损耗。如图 1-5-8 所示。

7. 智能家居

智能家居指的是使用不同的方法和设备,来提高人们的生活能力,使家庭变得更舒适

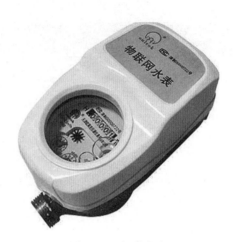

图 1-5-8　智慧水表

和高效。物联网应用于智能家居领域,能够对家居类产品的位置、状态、变化进行监测,分析其变化特征。智能家居行业的发展主要分为单品连接、物物联动和平台集成 3 个阶段。其发展的方向首先是连接智能家居单品,随后走向不同单品之间的联动,最后向智能家居系统平台发展。当前,各个智能家居类企业正处于从单品向物物联动的过渡阶段。如图 1-5-9 所示。

图 1-5-9　智能家居

8. 智能零售

行业内将零售按照距离分为了远场零售、中场零售、近场零售 3 种,三者分别以电商、超市和自动售货机为代表。物联网技术可以用于近场和中场零售,且主要应用于近场零售，即无人便利店和自动(无人)售货机。智能零售，通过将传统的售货机和便利店进行数字化升级和改造，打造无人零售模式。通过数据分析，充分运用门店内的客流和活动，为用户提供更好的服务。如图 1-5-10 所示。

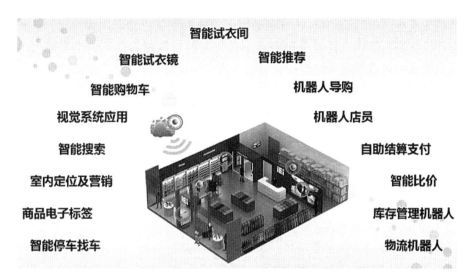

图 1-5-10　智能零售示意图

1.5.4　物联网让制造业和物流业深度融合成为可能

2019 年末，疫情的突袭让我们看到了 5G、人工智能和 IoT 等技术创新的应用层面，智慧物流便是其中的一个重要表现，而推动智慧物流发展的首要条件则是物联网的应用。

随着制造业的升级发展，制造企业对物流体系的要求越来越高，主要体现在：一方面要更精准掌控物流运作的信息，透明化需求逐渐加强；另一方面，又要求物流服务降低成本和管理便捷化。

针对这两个要求，物联网在其中所发挥的价值便是提供数字化接入、推动模式创新以及拉动行业外部资源。所以，越来越多的企业开始通过物流链条的数字化，将货主、第三方物流公司、运输公司、司机和收货人无缝互联，形成一个基于核心流程、平衡、多赢的现代运输商业网络，给客户创造价值。

2020 年，网络货运相关政策发布，以 G7 为代表的物流物联网服务提供者纷纷入局。以 G7 网络货运为例，通过帮助货主与物流企业实现更好的融合，将全链条生产要素数字化，实现车货匹配，运单调度，园区 IoT 可视化管理，在途监管，结算线上化，后市场等服务，达到全方位帮助企业降本增效的目的。通过 G7 网络货运，可以让综合运费降低 10%～15%、园区承载能力提升 50%、车辆平均等待时间从 24h 缩短至 2h，通过智能匹配，车辆利用率也可提升 50%。

当然，作为一家拥有 10 年经验的产业连接平台，10 年的数据积累让 G7 物联网平台连接的货运卡车超 180 万台，油气站点连接超近 1 万个。目前，G7 向超过 500 家中国最大货主与物流公司、7 万多家成长型车队以及 100 万以上司机提供服务。

前不久,G7CEO 翟学魂在《老翟:写在 G7 十周年的一封信》里提到:未来五年,供应链将与物联网深度集成。产业伙伴间复杂的交易确认、货物交付、支付结算的全过程都可以被实时数字化,供应链的资金周转效率将会从按月计变成按小时计,物流交付效率会从大量依赖人重复简单劳动到以 AI 自驱动为主;未来五年,物联网将渗透到各种物流中的工具资产,车辆、箱体、托盘等都将逐渐转化为拥有联网、计算、学习能力的智能装备,直接与企业的运营管理系统连接在一起,为企业提供平台化的即插即用的智能资产服务,大大改善资产效率;未来五年,物联网数据及算法的不断积累,运输安全的决定性因素将逐渐从司机转移到 AI 上。每年数万人的庞大伤亡数字将降低一个数量级。

1.6 移动通信技术及典型应用

 任务要点

1. 理解移动通信的概念。
2. 了解通信的技术及特点。
3. 了解移动通信技术的典型应用。
4. 了解移动通信技术在国家事务中的作用。

1.6.1 移动通信的概念及发展

1. 移动通信的概念

移动通信(Mobile communication 是移动状态中的物体之间的通信,或移动体与固定体之间的通信。)是进行无线通信的现代化技术,这种技术是电子计算机与移动互联网发展的重要成果之一。从模拟制式的移动通信系统、数字蜂窝通信系统、移动多媒体通信系统,到目前的高速移动通信系统,移动通信技术的速度不断提升,延时与误码现象减少,技术的稳定性与可靠性不断提升,为人们的生产生活提供了多种灵活的通信方式,如图 1-6-1 所示。

2. 移动通信的发展

在过去的半个世纪中,移动通信的发展对人们的生活、生产、工作、娱乐乃至政治、经济和文化都产生了深刻的影响,30 年前幻想中的无人机、智能家居、网络视频、网上购物等均已实现。目前,移动通信已从模拟通信发展到了数字移动通信阶段,并且正朝着个人通信这一更高级阶段发展。未来移动通信的目标是,能在任何时间、任何地点、向任何人提供快速可靠的通信服务,目前我国已进入 5G 移动通信技术高速发展期(图 1-6-2)。

(1)移动通信信号覆盖网络的升级。随着人们对移动通信技术需求的不断提升,更高质量的通信信号、更加稳定的通信传输,已经成为了移动通信技术未来发展的主要方向。

1.6 移动通信技术及典型应用

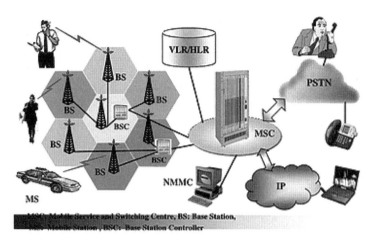

图 1-6-1　移动通信系统组成

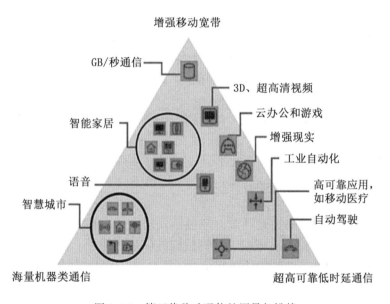

图 1-6-2　第五代移动通信的愿景与挑战

目前，我国的第四代移动通信技术已经基本覆盖，这一技术与智能终端设备的连接，将世界的移动系统，打造成了一张看不见的通信网，改变了人们生活的方方面面，为人们提供了畅通的交流方式，并降低了人们选择移动通信作为沟通方式的成本。目前，我国的第五代移动通信技术正在高速的发展当中，中国已经成为了第五代移动通信标准的制定者之一。第五代移动通信技术的到来，标志着移动终端设备将真正取代电脑等有线通信网络，进行实时的语音传输、视频传输，并保障用户的隐私安全，为用户提供更加真实、智能、自动化的信息传输服务。

（2）移动通信信号传输结构的升级。第五代移动通信技术的发展，是移动通信技术与信息技术的高度融合,推动第五代移动通信技术的全面推广,我们要对移动通信的结构进行一定程度的调整。在完善信息化系统的基础上,促进信息化系统与其他工作系统的深度交流与深度融合。不断突破发展方式上的限制,尤其是传输速率上的限制,提高具体应用的实际效率。利用原有的信号传输基站,对第五代移动通信技术的传输方式进行升级。利用多载波技术,提高信号传输过程当中的抗干扰能力,提高对于信号传输频谱的利用效率。通过对射频网络的优化控制,减少信号转换过程与调制过程当中的损耗。建设超密集异构网络,促进第五代移动通信技术投入到商用阶段,提高商用第五代移动通信技术的传输效率。

1.6.2 移动通信的技术及特点

1. 移动通信的关键技术

现代移动通信技术主要可以分为低频、中频、高频、甚高频和特高频几个频段。在这几个频段之中,技术人员可以利用多种技术对移动通信网络内的终端设备进行连接,满足人们的移动通信需求。

(1)功率控制技术,是移动通信信息技术当中的关键之一。这种技术主要采用CDMA系统核心技术,通过自干扰系统,克服了由于移动通信网络当中,信号台发射信号远近的问题,造成的"远近效应",从而提高移动通信的质量,通过开环功率控制技术与闭环功率控制技术,提高移动台和基站的通信效能。

(2)"码"技术,是移动通信信息技术当中的又一种关键技术。这种技术通过对功率控制技术的容量和抗干扰能力进行升级,从而提高接入到移动通信网络当中的信号控制的准确性,保障信号切换的速度提升。该技术通过PN码,为移动通信的功率控制技术,提供互相关联能力和编码优化技术方案。通过m序列和地址码,提高移动通信技术对于用户身份识别的准确性。

(3)移动通信技术当中的关键环节,还包括软切换技术和华音编码技术。这两种技术,通过对移动通信信号的覆盖网络,与自适应阀值进行调整,保障不同的移动基站之间,可以进行顺利的软切换,减少噪音环境对于移动通信信息传输的负面影响,为用户提供更加清晰的话音。

2. 移动通信的技术特点

(1)移动性。就是要保持物体在移动状态中的通信,因而它必须是无线通信,或无线通信与有线通信的结合。

(2)电波传播条件复杂。因移动体可能在各种环境中运动,电磁波在传播时会产生反射、折射、绕射、多普勒效应等现象,产生多径干扰、信号传播延迟和展宽等效应。

(3)噪声和干扰严重。在城市环境中的汽车火花噪声、各种工业噪声,移动用户之间的互调干扰、邻道干扰、同频干扰等。

(4)系统和网络结构复杂。它是一个多用户通信系统和网络,必须使用户之间互不干扰,能协调一致地工作。此外,移动通信系统还应与市话网、卫星通信网、数据网等互连,整个网络结构是很复杂的。

(5)要求频带利用率高、设备性能好。

1.6.3 5G移动通信技术的典型应用

1. 车联网与自动驾驶

5G车联网助力汽车、交通应用服务的智能化升级。5G网络的大带宽、低时延等特性,支持实现车载VR视频通话、实景导航等实时业务。借助于车联网C-V2X(包含直连通信和5G网络通信)的低时延、高可靠和广播传输特性,车辆可实时对外广播自身定位、运行状态等基本安全消息,交通灯或电子标志标识等可广播交通管理与指示信息,支持实现路口碰撞预警、红绿灯诱导通行等应用,显著提升车辆行驶安全和出行效率,后续还将支持实现更高等级、复杂场景的自动驾驶服务,如远程遥控驾驶、车辆编队行驶等。5G网络可支持港口岸桥区的自动远程控制、装卸区的自动码货以及港区的车辆无人驾驶应用,显著降低自动导引运输车控制信号的时延以保障无线通讯质量与作业可靠性,可使智能理货数据传输系统实现全天候全流程的实时在线监控。

2. 电力行业领域

目前,5G在电力领域的应用主要面向输电、变电、配电、用电四个环节开展,应用场景主要涵盖了采集监控类业务及实时控制类业务,包括:输电线无人机巡检、变电站机器人巡检、电能质量监测、配电自动化、配网差动保护、分布式能源控制、高级计量、精准负荷控制、电力充电桩等。当前,基于5G大带宽特性的移动巡检业务较为成熟,可实现应用复制推广,通过无人机巡检、机器人巡检等新型运维业务的应用,促进监控、作业、安防向智能化、可视化、高清化升级,大幅提升输电线路与变电站的巡检效率;配网差动保护、配电自动化等控制类业务现处于探索验证阶段,未来随着网络安全架构、终端模组等问题的逐渐成熟,控制类业务将会进入高速发展期,提升配电环节故障定位精准度和处理效率。

3. 医疗行业领域

5G通过赋能现有智慧医疗服务体系,提升远程医疗、应急救护等服务能力和管理效率,并催生5G+远程超声检查、重症监护等新型应用场景。

5G+超高清远程会诊、远程影像诊断、移动医护等应用,在现有智慧医疗服务体系上,叠加5G网络能力,极大提升远程会诊、医学影像、电子病历等数据传输速度和服务保障能力。在抗击新冠肺炎疫情期间,解放军总医院联合相关单位快速搭建5G远程医疗系统,提供远程超高清视频多学科会诊、远程阅片、床旁远程会诊、远程查房等应用,支援湖北新冠肺炎危重症患者救治,有效缓解抗疫一线医疗资源紧缺问题。

5G+应急救护等应用,在急救人员、救护车、应急指挥中心、医院之间快速构建5G应急救援网络,在救护车接到患者的第一时间,将病患体征数据、病情图像、急症病情记录等以毫秒级速度、无损实时传输到医院，帮助院内医生做出正确指导并提前制定抢救方案，实现患者"上车即入院"的愿景。

4. 文旅行业领域

5G 在文旅领域的创新应用将助力文化和旅游行业步入数字化转型的快车道。5G 智慧文旅应用场景主要包括景区管理、游客服务、文博展览、线上演播等环节。5G 智慧景区可实现景区实时监控、安防巡检和应急救援，同时可提供 VR 直播观景、沉浸式导览及 AI 智慧游记等创新体验。大幅提升了景区管理和服务水平，解决了景区同质化发展等痛点问题；5G 智慧文博可支持文物全息展示、5G+VR 文物修复、沉浸式教学等应用，赋能文物数字化发展，深刻阐释文物的多元价值，推动人才团队建设；5G 云演播融合 4K/8K、VR/AR 等技术，实现传统曲目线上线下高清直播，支持多屏多角度沉浸式观赏体验，5G 云演播打破了传统艺术演艺方式，让传统演艺产业焕发了新生。

1.6.4 移动通信技术全面助力脱贫攻坚

以宽带网络为基础的新一代信息通信技术与传统产业深度融合，为传统产业带来了新机遇新空间；基于宽带网络的信息技术广泛应用已成为实现脱贫攻坚、乡村振兴的有力手段。

近几年，借助于宽带信息网络和电子商务的发展，一些贫困村、贫困县已经走上了"离土不离乡"、在家创业的致富道路。江苏省沙集镇东风村是贫困县睢宁县下的一个小村庄，睢宁县人均收入江苏省倒数第二。2006 年，村里两个年轻人凭着一根网线、两台电脑，做起了网上订制和销售家具的生意，带动了全村成为著名的淘宝家具村。沙集全镇已形成电子商务、互联网定制制造、新型物流的"一条龙"产业链，农村人均收入从 4000 多元突破到数万元，"沙集模式"已成为农村电商的典范。位于四川大凉山地区的"悬崖村"，深处深山之中，农民一年到头也出不了几次村子，自从电信普遍服务实现了宽带网络通达后，不少村民在家里将一些土特产通过电商平台交易，实现了初步脱贫。随着农村宽带信息网络的不断建设和延伸，类似的这种贫穷村镇旧貌换新颜的故事每天都在发生，已经成为我国脱贫攻坚进程中一道亮丽的风景线。

长期以来我国的农业发展面临着规模化生产不足，生产方式较粗放，农产品质量难以得到保障等难题，一些贫困地区的农业生产方式更加落后。将新一代通信技术应用于农产品生产、加工、流通、消费各个环节，将极大的改变农业发展模式，提升农业生产效率。例如，利用现代互联网及物联网技术实现"精准农业"生产，采用地理信息技术、决策系统技术和网络技术等，结合地形地貌、土壤类型、化肥农药使用以及产量等信息，可实现田间施肥、灌溉、喷药的自动化、智能化、规模化；通过远程视频监控、先进感知与遥感；通过农产品的物联网标识和感知技术，可实现对农产品从原料供应、加工、包装、销售等整个流通过程的全程追溯管理。这些都使农业的规模化、集约化、产业化、智能化成为可能，从而加快农业现代化的步伐，推动农民脱贫致富和乡村振兴的步伐。

1.7 区块链技术及典型应用

✎ 任务要点
1. 理解区块链的概念。
2. 了解区块链的核心技术。
3. 了解区块链技术的典型应用。
4. 了解区块链与对其他产业融合发展趋势。

1.7.1 区块链的概念及由来

1. 区块链的概念

区块链(Blockchain)是一种将数据区块有序连接,并以密码学方式保证其不可篡改、不可伪造的分布式账本(数据库)技术。通俗的说,区块链技术可以在无需第三方背书情况下实现系统中所有数据信息的公开透明、不可篡改、不可伪造、可以追溯。如图 1-7-1 所示。

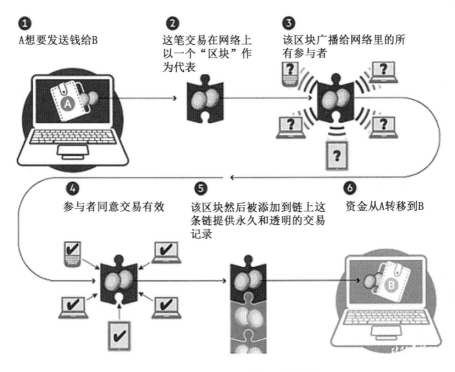

图 1-7-1 区块链工作流程示意图

狭义来讲,区块链是一种按照时间顺序将数据区块以顺序相连的方式组合成的一种链式数据结构，并以密码学方式保证的不可篡改和不可伪造的分布式账本。

广义来讲，区块链技术是利用块链式数据结构来验证与存储数据、利用分布式节点共识算法来生成和更新数据、利用密码学的方式保证数据传输和访问的安全、利用由自动化脚本代码组成的智能合约来编程和操作数据的一种全新的分布式基础架构与计算方式。

区块链系统由数据层、网络层、共识层、激励层、合约层和应用层组成。其中，数据层封装了底层数据区块以及相关的数据加密和时间戳等基础数据和基本算法；网络层则包括分布式组网机制、数据传播机制和数据验证机制等；共识层主要封装网络节点的各类共识算法；激励层将经济因素集成到区块链技术体系中来，主要包括经济激励的发行机制和分配机制等；合约层主要封装各类脚本、算法和智能合约，是区块链可编程特性的基础；应用层则封装了区块链的各种应用场景和案例。

2. 区块链的由来

区块链起源于比特币。2008年11月1日，一位自称中本聪(Satoshi Nakamoto)的人发表了《比特币：一种点对点的电子现金系统》一文，阐述了基于P2P网络技术、加密技术、时间戳技术、区块链技术等的电子现金系统的构架理念，标志着比特币的诞生。2009年1月9日出现序号为1的区块，并与序号为0的创世区块相连接形成了链，标志着区块链的诞生。

近年来，世界对比特币的态度起起落落，但作为比特币底层技术之一的区块链技术日益受到重视。在比特币形成过程中，区块是一个一个的存储单元，记录了一定时间内各个区块节点全部的交流信息。各个区块之间通过随机散列(也称哈希算法)实现链接，后一个区块包含前一个区块的哈希值，随着信息交流的扩大，一个区块与一个区块相继接续，形成的结果就叫区块链。

区块链按准入机制分成3类：公有链、私有链和联盟链，以后还可能诞生其他类型的区块链，见表1-7-1。

表1-7-1　　　　　　　　　　区块链的分类及优势

类型	特征	优势	承载能力	适用业务
公有链	去中心化 任何人都可参与	匿名 交易数据默认公开 访问门槛低 社区激励机制	10~20笔/秒	面向互联网公众，信任基础薄弱且单位时间交易量不大
联盟链	多中心化 联盟机构间参与	性能较高 节点准入控制 易落地	>1000笔/秒	有限合作伙伴间信任提升，可以支持较高的处理效率
私有链	中心化 公司/机构内部适用	性能较高 节点可信 易落地	>1000笔/秒	特定机构的内部数据管理与审计、内部多部门之间的数据共享，改善可审计性

1.7.2 区块链的核心技术

区块链具有去中心化、开放性、独立性、安全性、匿名性等显著特征，其核心技术主要体现在以下三个方面。

1. 分布式账本

分布式账本也称为共享账本，是一种可在网络成员之间共享、复制和同步的数据库，如图1-7-2所示。分布式账本记录网络参与者之间的交易，比如资产或数据的交换。该技术可以移除当前市场基础设施中的效率极低和成本高昂的部分，通过广泛的应用场景去提高生产力。

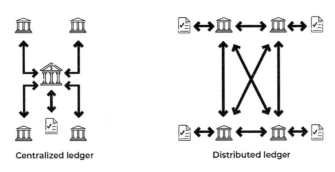

图1-7-2 分布式账本示意图

跟传统的分布式存储有所不同，区块链的分布式存储的独特性主要体现在两个方面：一是区块链每个节点都按照块链式结构存储完整的数据，传统分布式存储一般是将数据按照一定的规则分成多份进行存储。二是区块链每个节点存储都是独立的、地位等同的，依靠共识机制保证存储的一致性，而传统分布式存储一般是通过中心节点往其他备份节点同步数据。没有任何一个节点可以单独记录账本数据，从而避免了单一记账人被控制或者被贿赂而记假账的可能性。也由记账节点足够多，理论上讲除非所有的节点被破坏，否则账目就不会丢失，从而保证了账目数据的安全性。

2. 非对称加密

存储在区块链上的交易信息是公开的，但是账户身份信息是高度加密的，只有在数据拥有者授权的情况下才能访问到，从而保证了数据的安全和个人的隐私。

3. 共识机制

共识机制就是所有记账节点之间怎么达成共识，去认定一个记录的有效性，这既是认定的手段，也是防止篡改的手段。区块链提出了四种不同的共识机制，适用于不同的应用场景，在效率和安全性之间取得平衡。

区块链的共识机制具备"少数服从多数"以及"人人平等"的特点，其中"少数服从多数"并不完全指节点个数，也可以是计算能力、股权数或者其他的计算机可以比较的特征量。"人人平等"是当节点满足条件时，所有节点都有权优先提出共识结果、直接被其他节点认同后并最后有可能成为最终共识结果。以比特币为例，采用的是工作量证明，只有在控制了全网超过51%的记账节点的情况下，才有可能伪造出一条不存在的记录。当加入区块链的节点足够多的时候，这基本上不可能，从而杜绝了造假的可能。

4. 智能合约

智能合约是存储在区块链上的一类特殊软件，可以按预先设定规则、按顺序、安全、可验证的方式实施特定的流程，合约的执行就是根据规定好的合约条款对合约方的合约信息（状态、行为）进行的判别，并根据执行的结果采取相应的动作，职能类似于商业交易、监督管理过程中法律、法规的执行者，如图1-7-3所示。

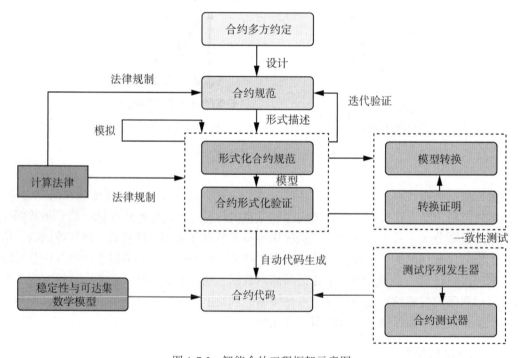

图1-7-3　智能合约工程框架示意图

以保险为例，如果说每个人的信息（包括医疗信息和风险发生的信息）都是真实可信的，那就很容易的在一些标准化的保险产品中，去进行自动化的理赔。在保险公司的日常业务中，虽然交易不像银行和证券行业那样频繁，但是对可信数据的依赖是有增无减。因此，笔者认为利用区块链技术，从数据管理的角度切入，能够有效地帮助保险公司提高风险管理能力。具体来讲主要分投保人风险管理和保险公司的风险监督。

1.7.3 区块链技术的典型应用

区块链作为一种底层协议或技术方案可以有效地解决信任问题，实现价值的自由传递，在数字货币、金融资产的交易结算、数字政务、存证防伪数据服务等领域具有广阔前景。

1. 数字货币

在经历了实物、贵金属、纸钞等形态之后，数字货币已经成为数字经济时代的发展方向。相比实体货币，数字货币具有易携带存储、低流通成本、使用便利、易于防伪和管理、打破地域限制，能更好整合等特点。

比特币技术上实现了无需第三方中转或仲裁，交易双方可以直接相互转账的电子现金系统。2019年6月互联网巨头Facebook也发布了其加密货币天秤币（Libra）白皮书。无论是比特币还是Libra其依托的底层技术正是区块链技术。

我国早在2014年就开始了央行数字货币的研制。我国的数字货币DC/EP采取双层运营体系：央行不直接向社会公众发放数字货币，而是由央行把数字货币兑付给各个商业银行或其他合法运营机构，再由这些机构兑换给社会公众供其使用。2019年8月初，央行召开下半年工作电视会议，会议要求加快推进国家法定数字货币研发步伐。

2. 金融资产交易结算

区块链技术天然具有金融属性，它正对金融业产生颠覆式变革。支付结算方面，在区块链分布式账本体系下，市场多个参与者共同维护并实时同步一份"总账"，短短几分钟内就可以完成现在两三天才能完成的支付、清算、结算任务，降低了跨行跨境交易的复杂性和成本。同时，区块链的底层加密技术保证了参与者无法篡改账本，确保交易记录透明安全，监管部门方便地追踪链上交易，快速定位高风险资金流向。证券发行交易方面，传统股票发行流程长、成本高、环节复杂，区块链技术能够弱化承销机构作用，帮助各方建立快速准确的信息交互共享通道，发行人通过智能合约自行办理发行，监管部门统一审查核对，投资者也可以绕过中介机构进行直接操作。数字票据和供应链金融方面，区块链技术可以有效解决中小企业融资难问题。目前的供应链金融很难惠及产业链上游的中小企业，因为他们与核心企业往往没有直接贸易往来，金融机构难以评估其信用资质。基于区块链技术，我们可以建立一种联盟链网络，涵盖核心企业、上下游供应商、金融机构等，核心企业发放应收账款凭证给其供应商，票据数字化上链后可在供应商之间流转，每一级供应商可凭数字票据证明实现对应额度的融资。

3. 数字政务

区块链可以让数据跑起来，大大精简办事流程。区块链的分布式技术可以让政府部门集中到一个链上，所有办事流程交付智能合约，办事人只要在一个部门通过身份认证以及电子签章，智能合约就可以自动处理并流转，顺序完成后续所有审批和签章，如图1-7-4所示。

区块链发票是国内区块链技术最早落地的应用。税务部门推出区块链电子发票"税链"平台，税务部门、开票方、受票方通过独一无二的数字身份加入"税链"网络，真正实现"交易即开票""开票即报销"——秒级开票、分钟级报销入账，大幅降低了税收征管成本，有效解决数据篡改、一票多报、偷税漏税等问题。扶贫是区块链技术的另一个落地应用。利用区块链技术的公开透明、可溯源、不可篡改等特性，实现扶贫资金的透明使用、精准投放和高效管理。

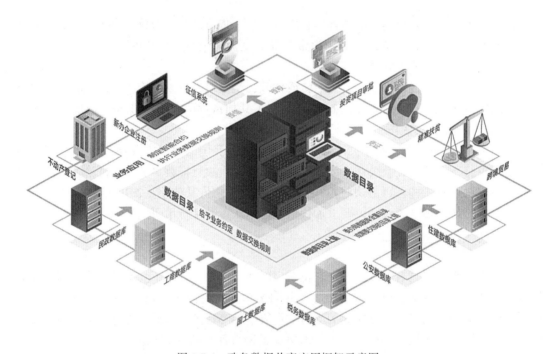

图1-7-4　政务数据共享应用框架示意图

4. 存证防伪

区块链可以通过哈希时间戳证明某个文件或者数字内容在特定时间的存在，加之其公开、不可篡改、可溯源等特性为司法鉴证、身份证明、产权保护、防伪溯源等提供了完美解决方案。在知识产权领域，通过区块链技术的数字签名和链上存证可以对文字、图片、音频视频等进行确权，通过智能合约创建执行交易，让创作者重掌定价权，实时保全数据形成证据链，同时覆盖确权、交易和维权三大场景。在防伪溯源领域，通过供应链跟踪区块链技术可以被广泛应用于食品医药、农产品、酒类、奢侈品等各领域。

5. 数据服务

区块链技术将大大优化现有的大数据应用，在数据流通和共享上发挥巨大作用。未来互联网、人工智能、物联网都将产生海量数据，现有中心化数据存储（计算模式）将面临巨大挑战，基于区块链技术的边缘存储（计算）有望成为未来解决方案。再者，区块链对数据的不可篡改和可追溯机制保证了数据的真实性和高质量，这成为大数据、深度学习、人工智能等一切数据应用的基础。最后，区块链可以在保护数据隐私的前提下实现多方协作的数据计算，有望解决"数据垄断"和"数据孤岛"问题，实现数据流通价值。针对当前的区块链发展阶段，为了满足一般商业用户区块链开发和应用需求，众多传统云服务商开始部署自己的 BaaS("区块链即服务")解决方案。区块链与云计算的结合将有效降低企业区块链部署成本，推动区块链应用场景落地。未来区块链技术还会在慈善公益、保险、能源、物流、物联网等诸多领域发挥重要作用。

1.7.4 区块链与文旅产业深度融合是大势所趋

文旅作为一个朝阳产业，目前已被列为世界第三大产业。随着我国经济的快速发展和人民生活水平的不断提高，人们对旅游消费也进一步提升。

近几年来，我国的旅游业一直保持平稳较快增长，已经进入全民大众旅游阶段，数据显示，2018 年，我国国内旅游 55.39 亿人次，收入 5.13 万亿元，2019 年我国共实现旅游总收入 6.63 万亿元，同比增长 11%。旅游业对 GDP 的综合贡献为 10.94 万亿元，占 GDP 总量的 11.05%。旅游直接就业 2825 万人，旅游直接和间接就业人数合计 7987 万人，占全国就业总人口的 10.31%。面对如此庞大的产业规模，特别是文旅消费日益全球化的趋势，文旅产业平台信息数据链和电子交易的安全隐患也越来越突出，中心化运营模式下的文旅产业仍存在运营成本高、效率低、交易成本高、信任风险高、投资难等生态缺陷。而这无疑为更安全、可靠的区块链技术提供了新的机遇。

财经评论员、区块链行业研究员敬锐表示："借助区块链技术等科技力量，重塑文旅生态是大势所趋，随着各地政策的落地，文旅产业与区块链深度融合的进程必然加快。可以预见，各省市基于区块链底层技术的智慧旅游服务平台也会加速发展，交通、住宿、餐饮、娱乐等领域也将融入进来。在区块链等技术的助力下，旅游不再繁琐，不再需要精心准备攻略，不再担心遇上黑导游、住进黑店了。区块链技术等科技的力量会让人们旅游更便捷、更舒心、更享受。"

1.8 量子信息技术及典型应用

 任务要点

1. 理解量子信息的概念。
2. 了解量子信息的技术特点。
3. 了解量子信息技术的典型应用。
4. 了解量子信息与区块链等领域的融合。

1.8.1 量子信息的概念及由来

1. 量子信息的概念

量子信息是量子力学与信息科学的交叉学科，量子信息的目的，就是利用量子力学的特性，实现经典信息科学中实现不了的功能，例如永远不会被破解的保密方法（就是后面要解释的"量子密码术"）、科幻电影中的"传送术"（是的，传送术原则上是可以实现的，它的专业名称叫做"量子隐形传态"）。

在量子力学中，量子信息（quantum information）是关于量子系统"状态"所带有的物理信息。通过量子系统的各种相干特性（如量子并行、量子纠缠和量子不可克隆等），进行计算、编码和信息传输的全新信息方式。量子信息最常见的单位是量子比特（qubit）——也就是一个只有两个状态的量子系统。

2. 量子信息的由来

从1970年量子比特首次被提出，量子信息学先后实现了量子电路、量子隐形传输、量子拓扑序、量子因数分解、量子纠错、量子卫星、量子通信网络的实践和应用，其重要性不言而喻。量子信息是下一代信息技术发展的战略方向，我国将量子信息等前沿领域列为事关国家安全和发展全局的"国家战略科技力量"，并提出要加强基础研究、注重原始创新，优化学科布局和研发布局，推进学科交叉融合，实施一批具有前瞻性、战略性的国家重大科技项目。

（1）量子计算。1965年，英特尔公司的创始人之一戈登·摩尔针对电子计算机技术的发展提出了"每18个月计算能力翻倍"的摩尔定律。然而，由于传统技术的物理局限性，这一能力或将在未来10~20年之内达到极限。据保守估计，2018年芯片制造业就将步入16纳米的工艺流程，业内专家则认为，16纳米制程已经是普通硅芯片的尽头。事实上，当芯片的制程小于20纳米之后，量子效应就将严重影响芯片的设计和生产，单纯通过减小制程将无法继续遵循摩尔定律，而突破的希望恰在于量子计算。

今天，倘若我们要追溯风靡全球的信息化战争之科技源头的话，无疑是1946年世界第一台计算机"ENIAC"诞生所开启的电子信息科技革命。然而，这一曾彻底颠覆机械化战争图景的电子信息科技，在遵循"摩尔定律"飞速前行了数十年之后，制约其进一步发展的系列问题日渐凸显：电子计算机的极限运算速度是否存在？越来越一体化的电子信息网络如何应对"网电空间战"等等。对此，近年来不断突破的量子信息科技正在开启新的机遇之门，势必在未来重新涂抹战神的面孔。

（2）量子通信。2005年，中国科技大学合肥微尺度物质科学国家实验室潘建伟教授和他的同事杨涛、彭承志等通过"自由空间纠缠光子的分发"实验。

2006年，中国科技大学合肥微尺度物质科学国家实验室在光纤通信中实现了一种抗干扰的量子密码分配方案，保证了长距离光纤量子通信的安全和质量。

2008年，中国科学技术大学合肥微尺度物质科学国家实验室潘建伟教授领导的研究小组完成了"量子中继器的实验实现"。

2012年，潘建伟等人在国际上首次成功实现百公里量级的自由空间量子隐形传态和纠缠分发，为发射全球首颗"量子通讯卫星"奠定技术基础。

2015年，国际权威物理学期刊《物理评论快报》[Phys. Rev. Lett. 114, 090501（2015）]

发表中国科学技术大学多方量子通信方案，该方案在实用化、远距离多方量子通信方面迈出了重要的一步。

2021年1月7日，中国科学技术大学宣布中国科研团队成功实现了跨越4600公里的星地量子密钥分发，标志着我国已构建出天地一体化广域量子通信网雏形。

1.8.2　量子信息的技术特点

以分子、原子、原子核、基本粒子等微观粒子的量子态表示信息，并利用量子力学原理进行信息存储、传输和处理的技术。量子态是描述具有波粒二相性的微观粒子运动状态的函数。量子信息技术是量子物理学与信息技术相结合的新兴技术。目前，主要包括量子计算技术、量子通信技术和量子探测技术等。

1. 量子计算技术

基于量子力学原理，借助微观粒子量子态的叠加、纠缠和不确定性，以全新的方式进行编码、存储和计算的技术。其核心特征是具有超强计算能力和存储能力。量子计算机是存储及处理量子信息、运行量子算法的物理装置，主要通过控制微观粒子产生的叠加态和纠缠态来记录和运算信息，如图1-8-1所示。其突出优点是：能够实现量子并行计算，运算速度快；利用量子叠加效应，n个量子比特可存储2n个数据，存储能力强。

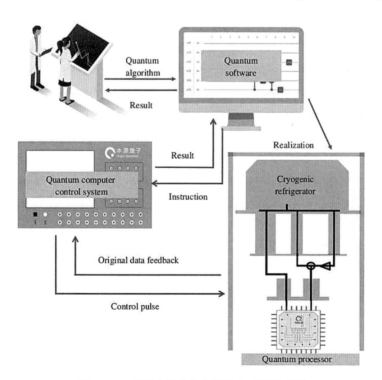

图1-8-1　量子计算机的实际操作过程示意图

2. 量子通信技术

利用量子力学原理和微观粒子的量子特性进行信息传输的通信技术，主要包括量子密钥传输和量子隐形传态两种。

量子密钥传输，是利用微观粒子量子态不可复制的特点，解决经典通信系统中密钥传输的安全问题，如图 1-8-2 所示。在量子通信传输过程中，一旦中途遭到"窃听"，其量子态就会自动发生改变，从而可以实现理论上的绝对安全。

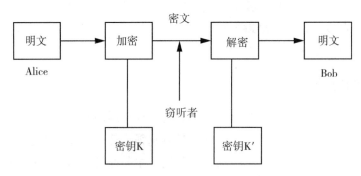

图 1-8-2　量子密钥的基本原理示意图

量子隐形传态，是以量子系统的量子态作为信息载体，利用量子纠缠效应，实现信息远程实时传输，如图 1-8-3 所示。量子纠缠是指在微观世界里，有共同来源的两个微观粒子之间存在量子纠缠关系，不管它们距离多远，只要其中一个粒子状态发生变化，另一个粒子状态也会随即发生改变。量子隐形传态就是将由一个源产生的两个相互纠缠的量子分发到通信双方，其中一方对量子进行量子态测量，在该量子的量子态确定的同时，通信另一方的纠缠量子会实时产生感应，其量子态立刻变为被测量量子的量子态，从而实现信息远程实时传输。与传统的通信技术相比，量子通信技术具有安全、实时、高效等优点。

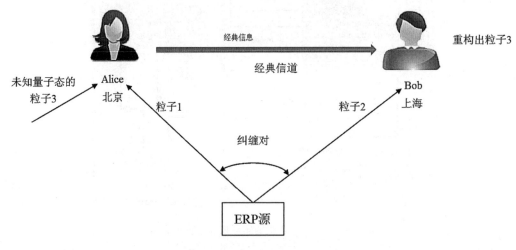

图 1-8-3　量子隐形传态原理图

3. 量子探测技术

利用量子纠缠和相干叠加特性，对物体进行测量或成像的技术。主要包括：量子成像技术、量子雷达技术和量子传感技术等。量子成像技术，是利用量子光场实现超高分辨率成像；量子雷达技术，是基于量子纠缠理论，将量子信息调制到雷达信号中，从而实现目标探测；量子传感技术，是利用量子信号对环境变化的极高敏感性来提高测量精度。量子探测技术还很不成熟，但其具有重要的军事应用价值，将对未来作战模式产生深远影响，真正实现全天候、反隐身、抗干扰作战。

1.8.3 量子信息的典型应用

1. 量子通信

美国在 2005 年建成了 DARPA 量子网络，连接美国 BBN 公司、哈佛大学和波士顿大学 3 个节点。中国在 2008 年研制了 20km 级的 3 方量子电话网络。2009 年构建了一个 4 节点全通型量子通信网络，大大提高了安全通信的距离和密钥产生速率，同时保证了绝对安全性。同年，"金融信息量子通信验证网"在北京正式开通，是世界上首次将量子通信技术应用于金融信息安全传输。2014 年中国远程量子密钥分发系统的安全距离扩展至 200 公里，刷新世界纪录。2016 年 8 月 16 日，中国发射一颗量子科学试验卫星"墨子号"，连接地面光纤量子通信网络，并力争在 2030 年建成 20 颗卫星规模的全通型量子信息网，如图 1-8-4 所示。

图 1-8-4 墨子号量子通信卫星

2. 量子计算

量子计算机由包含有导线和基本量子门的量子线路构成，导线用于传递量子信息，量子门用于操作量子信息。

2015年5月，IBM在量子运算上取得两项关键性突破，开发出四量子位原型电路（Four Quantum Bit Circuit），成为未来10年量子电脑基础。另外一项是，可以同时发现两项量子的错误型态，分别为Bit-Flip（比特翻转）与Phase-Flip（相位翻转），不同于过往在同一时间内只能找出一种错误型态，使量子电脑运作更为稳定。2016年8月，美国马里兰大学学院市分校发明世界上第一台由5量子比特组成的可编程量子计算机。

3. 量子雷达

量子雷达属于一种新概念雷达，是将量子信息技术引入经典雷达探测领域，提升雷达的综合性能。量子雷达具有探测距离远、可识别和分辨隐身平台及武器系统等突出特点，未来可进一步应用于导弹防御和空间探测，具有极其广阔的应用前景，如图1-8-5所示。

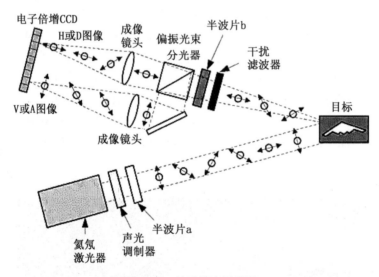

图1-8-5 量子雷达原理图

根据利用量子现象和光子发射机制的不同，量子雷达主要可以分为三个类别：一是量子雷达发射非纠缠的量子态电磁波；二是量子雷达发射纠缠的量子态电磁波；三是雷达发射经典态的电磁波。2008年美国麻省理工学院的Lloyd教授首次提出了量子远程探测系统模型。2013年意大利的Lopaeva博士在实验室中达成量子雷达成像探测，证明其有实战价值的可能性。中国首部基于单光子检测的量子雷达系统由中国电科14所研制，中国科学技术大学、中国电科27所以及南京大学协作完成。不过专家表示，量子雷达想要实现工程化可能还有比较漫长的路要走，如图1-8-6所示。

4. 量子博弈

量子博弈是Eisert等人在1999年提出的，游戏者可以利用量子规律摆脱所谓的囚徒困境，防止某一玩家因背叛而获利。

图 1-8-6 中国首创量子雷达

1.8.4 量子信息与区块链等领域深度融合应用

2019年3月15日,齐鲁晚报消息称,济南市政府正式批复同意《济南市量子信息产业发展规划(2019—2022年)》,根据规划,济南将建设量子信息国家实验室济南基地,打造世界级量子信息科学中心。规划指出,到2030年,量子通信和量子测量领域实现大规模商用,推动实现小规模、专用量子计算机产业应用,相关技术在人工智能、机器学习、高性能计算、区块链、大数据、云计算、物联网等领域得到深度融合与广泛应用,成为全球量子技术及产业发展战略高地,实现量子信息产业规模300亿元,具备千亿级产业发展能力。

【思政园地】

我国首个量子计算机操作系统发布

2021年2月8日,首款国产量子计算机操作系统——"本源司南"在安徽省合肥市正式发布。该系统由合肥本源量子计算科技有限责任公司自主研发,实现了量子资源系统化管理、量子计算任务并行化执行、量子芯片自动化校准等新功能,可以使量子计算机的运行更加高效、稳定。

相比于经典计算机,量子计算机最突出的优势在于强大的计算能力,但目前全球范围内可供使用的量子计算机只有50台左右,如果不能做到有效利用,就会出现算力浪费的情况。因此,量子计算机也需要操作系统对其进行有效调配和管理,硬软件协同发展才能让量子计算机实现落地应用。

据悉，下一步，本源量子研发团队将基于具备完全自主知识产权的本源量子计算机集群、"本源司南"量子计算机操作系统、本源量子云平台以及丰富的量子软件与应用，打造完善且开放的量子计算服务生态，与量子计算产业链企业共同实现量子计算的广泛应用。

（来源：人民日报）

【课后思考】

1. 冯·诺依曼在计算机发展史上的伟大贡献是什么？
2. 未来计算机的发展趋势是什么？
3. 计算机的应用领域主要有哪些？
4. 你还了解哪些新一代信息技术及其应用？

第 2 章 文档处理

🎯 **学习目标**

1. 认识 Word 2016 窗口的操作方法。
2. 熟悉 Word 2016 的基础设置:字符的输入和基础编辑,字符格式设置、段落设置、页面设置、保存与保护文档、打印文档。
3. 掌握图文混排,图片、文本框、艺术字等的插入、格式设置和美化等操作。
4. 熟悉 Word 2016 表格的应用,插入和编辑表格,对表格进行美化,灵活应用公式处理表格数据。
5. 掌握长文档编辑技巧,分页符和分节符的插入,页眉、页脚、页码的插入和编辑,样式、目录的创建和编辑。
6. 掌握邮件合并的操作流程。

Word 是 Microsoft 公司推出的 Office 办公软件的核心组件之一,它是一个功能强大的文字处理软件。使用 Word 不仅可以进行简单的文字处理,制作出图文并茂的文档,实现 Word 表格的制作和美化,还能进行长文档的排版和特殊版式的编排。

2.1 Word 2016 基本应用——制作公司简介

✏️ **任务要点**

1. 认识 Word 2016 的工作界面。
2. 了解文档的创建和打开方式。
3. 熟悉字符的输入方式,字体、字号、字形的设置,段落格式的设置。
4. 掌握页面设置的内容和方法。
5. 掌握保存和保护文档的方法。

2.1.1 任务描述

小季来公司上班第二天,因公司后天要举行一个大型业务洽谈会,办公室主任要求小季制作一个美观实用的公司简介,作为资料发给各位客户。

任务要求如下:
(1)在桌面上新建空白 Word 文档,并命名为"公司简介.docx"。

(2) 页面设置:"纸张大小为 A4,纸张方向为纵向,页边距上下为 2.45 厘米,左右为 1.8 厘米"。

(3) 文本录入,录入素材"河北聚盛泵业有限公司简介(素材).docx"中的所有内容。

(4) 设置文章标题格式:"字体为黑体、字号为小二、字形为加粗,段前段后均为 0.5 行,对齐方式为居中",为标题文本应用深红色底纹。

(5) 设置正文文字格式:"字体为宋体、字号为四号,首行缩进 2 字符"。

(6) 为文本"销售理念"加粗并添加着重号。

(7) 为最后四个自然段"手机……村北 1000 米处"段落文字添加字符边框。

(8) 设置最后四段中的文本"手机""电话""传真""厂址"字符格式为加粗倾斜。

(9) 保存文档。

2.1.2 技术分析

1. 启动 Word 2016

Word 2016 的扩展名为".docx",有的电脑中显示扩展名,有的隐藏了扩展名,在 Windows 7 电脑系统中,双击桌面上的"计算机"图标,在"计算机"窗口点击"组织"菜单,打开"文件夹和搜索选项"对话框,如图 2-1-1 所示,切换到"查看"选项卡,在"高级设

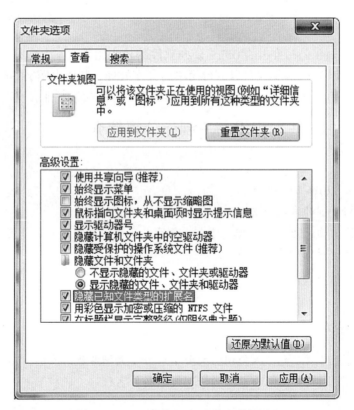

图 2-1-1　Win7 系统显示/隐藏文件扩展名

置"列表框中选中"隐藏已知文件夹的扩展名"单选按钮,然后单击"确定"按钮,计算机中全部文件的扩展名就会都显示出来;在 Windows 10 电脑系统中,双击桌面上的"此电脑"图标,打开"此电脑"窗口,点击"查看"选项卡,在"显示/隐藏"组中,勾选"文件扩展名"即显示文件扩展名,去掉"文件扩展名"前面的"√"就隐藏了文件扩展名,如图 2-1-2 所示。

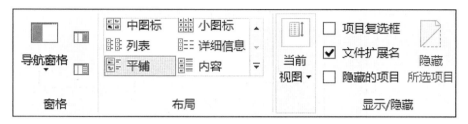

图 2-1-2　Win10 系统显示/隐藏文件扩展名

(1)启动现有 Word 2016 文档。按路径找到已有文件,双击鼠标左键即可。

(2)创建新的 Word 2016 文档。创建新的 Word 2016 文档的方法很多,下面介绍最常用的三种方法:

①双击桌面上的 Word 快捷方式图标。

②单击任务栏中的 Word 图标,选择"开始",或者"新建",然后点击右侧的"空白文档"。

③在桌面空白处右击鼠标,选择"新建/Microsoft Word 文档",桌面上就会出现如图 2-1-3所示的图标,然后敲击键盘上的回车键,或者把鼠标光标移至桌面的其他位置,单击一下鼠标左键即可。也可以此时在文件名框中输入想用的文件名。

图 2-1-3　新建 Word 文档

2. 认识 Word 2016 的工作界面

启动 Word 2016 后,将进入其工作界面,如图 2-1-4 所示。下面介绍 Word 2016 的工作界面的窗口。

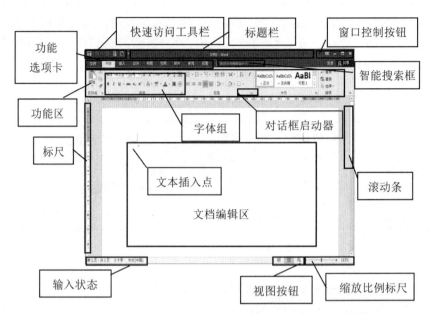

图 2-1-4　Word 2016 工作界面窗口

- 快速访问工具栏：用于放置使用频率较高的按钮，用户可以自定义快速访问工具栏，通常有"保存""撤销""恢复""打印预览和打印"等按钮。
- 标题栏：用于显示文档的名称。
- 窗口控制按钮：包含"最小化""最大化(还原)"和"关闭"按钮，可以最小化、最大化(还原)和关闭窗口。
- 功能选项卡：每一选项卡对应一个功能区，每个选项卡中包含了相应的功能集合，称为"组"。
- 功能区：每个选项卡下的功能区包含几个相关的功能组，有些功能组右下方有小箭头，是对话框启动器，可以启动相应的对话框。
- 智能搜索框：智能搜索框是 Word 2016 新增的一项功能，通过该搜索框，用户可以很轻松的找到相关的操作说明。
- 标尺：用于定位文档内容，位于文档编辑区上侧的标尺称为水平标尺，左侧的标尺称为垂直标尺，拖动水平标尺可调节首行缩进和悬挂缩进。标尺可以隐藏或显示，在"视图"选项卡的"显示"组中选择。
- 文档编辑区：是工作的主要区域，是输入和编辑文本的区域，对文本进行的各种操作都显示在这里，闪烁的鼠标插入点为当前插入文本的位置，新建的空白文档光标插入点在文档编辑区的左上角。
- 输入状态信息：用于显示当前文档的页数、字数、使用语言。
- 视图按钮：用于切换文档的视图方式，包括"阅读视图、页面视图、Web 版式视图"。打开文档时默认在"页面视图"状态下。
- 缩放比例标尺：用于调整当前文档的显示比例，点击"-"缩小比例，点击"+"放大

- 比例。
- 滚动条：垂直滚动条用于调整页面的上下显示位置；当显示比例过大，桌面不能显示完整页面时，在文档下面会显示水平滚动条，拉动它会使页面左右移动。

3. 页面设置

通过"布局"选项卡的页面设置组可完成"纸张大小、纸张方向、页边距、文字方向、分栏"等的设置，既可以通过相应命令下的下拉箭头实现，也可以启动页面设置对话框来实现，如图 2-1-5 所示。

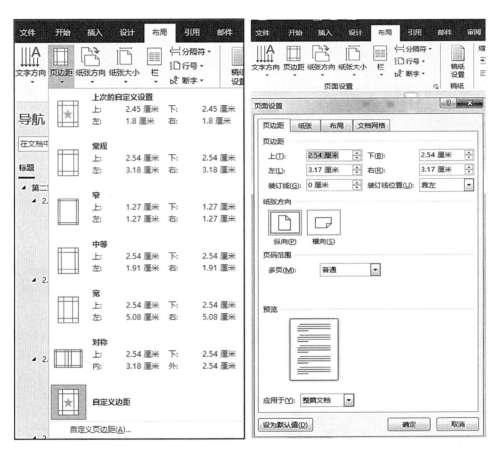

图 2-1-5 页面设置

4. 文本录入

在文档编辑区中有一条闪烁的小竖线叫插入点，表示输入文本出现的位置。在输入的过程中，插入点会随着文字的输入而向右边移动，待输入满一行后，Word 会自动换行。当一个段落输入完毕后，按"Enter"键作为段落结束，系统将插入一个段落标记"↵"并换行。一页输入满时系统将自动换页。

Word 2016 有插入和改写两种输入状态。插入状态下，输入文字时，光标处原来的文字将依次向右移动。改写状态下，输入的文字将依次代替光标后的文字。按"Insert"键可切换"插入"和"改写"两种输入状态。

5. 字符格式设置

打开"开始"选项卡，在"字体"组中可完成字体、字号、加粗、倾斜、添加着重号、添加字符边框等的设置，如图 2-1-6 所示。

6. 段落设置

打开"开始"选项卡，在"段落"组中可完成对齐方式、缩进、段前、段后、行间距、文本边框和底纹等的设置，如图 2-1-7 所示。

图 2-1-6　字符格式设置　　　　　　图 2-1-7　段落设置

7. 保存文档

打开"文件"选项卡，依次选择"另存为""这台电脑""桌面"，填写正确的文件名，选择正确的保存类型，再点击"保存"即可。打开的 Word 文档，保存时默认保存类型就是"Word 文档(＊.docx)"(这里的"＊"叫做通配符，代表任意多个字符。还有一个很重要的通配符是"？"，代表一个字符。)，一般不用做其他选择。

8. 保护文档

出于对内容、版权、隐私等保护的目的，有的 Word 文档不希望其他人能够打开，可设置打开权限密码，选择"文件/信息"命令，在弹出的"信息"对话框中选择"保护文档"的"用密码进行加密"选项，在弹出的"加密文档"对话框中的"密码"文本框中输入密码，单击"确定"按钮，并在弹出的"确认密码"对话框中再次输入密码，单击"确定"按钮即可，如图 2-1-8 所示。

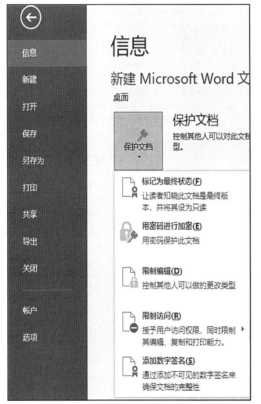

图 2-1-8　保护文档

保存文档关闭后，再次打开该文档时，将会出现"密码"对话框，要求用户输入密码，密码正确，则文档打开；否则文档将不能打开。

警告：如果丢失或忘记密码，则无法将其恢复。建议将密码列表及其相应文档名放在一个安全位置。(请注意：密码是区分大小写的。)

2.1.3　示例展示

根据任务要求，小季做好的文档效果如图 2-1-9 所示。

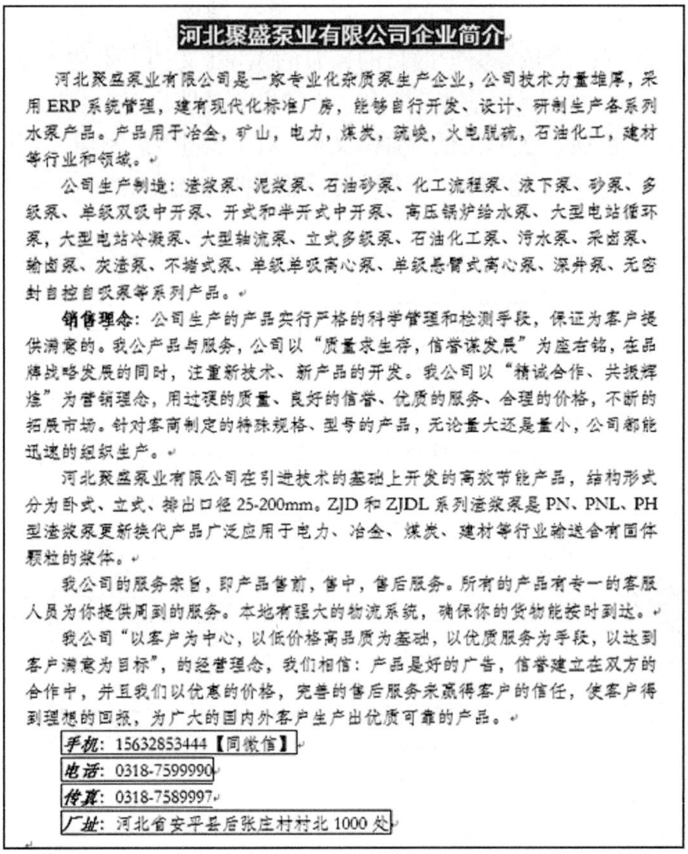

河北聚盛泵业有限公司企业简介

河北聚盛泵业有限公司是一家专业化杂质泵生产企业，公司技术力量雄厚，采用 ERP 系统管理，建有现代化标准厂房，能够自行开发、设计、研制生产各系列水泵产品。产品用于冶金，矿山，电力，煤炭，疏峻，火电脱硫，石油化工，建材等行业和领域。

公司生产制造：渣浆泵、泥浆泵、石油砂泵、化工流程泵、液下泵、砂泵、多级泵、单级双吸中开泵、开式和半开式中开泵、高压锅炉给水泵、大型电站循环泵，大型电站冷凝泵、大型轴流泵、立式多级泵、石油化工泵、污水泵、采卤泵、输卤泵、灰渣泵、不堵式泵、单级单吸离心泵、单级悬臂式离心泵、深井泵、无密封自控自吸泵等系列产品。

销售理念：公司生产的产品实行严格的科学管理和检测手段，保证为客户提供满意的。我公产品与服务，公司以“质量求生存，信誉谋发展”为座右铭，在品牌战略发展的同时，注重新技术、新产品的开发。我公司以“精诚合作、共振辉煌”为营销理念，用过硬的质量、良好的信誉、优质的服务、合理的价格，不断的拓展市场。针对客商制定的特殊规格、型号的产品，无论量大还是量小，公司都能迅速的组织生产。

河北聚盛泵业有限公司在引进技术的基础上开发的高效节能产品，结构形式分为卧式、立式、排出口径 25-200mm。ZJD 和 ZJDL 系列渣浆泵是 PN、PNL、PH 型渣浆泵更新换代产品广泛应用于电力、冶金、煤炭、建材等行业输送含有固体颗粒的浆体。

我公司的服务宗旨，即产品售前，售中，售后服务。所有的产品有专一的客服人员为你提供周到的服务。本地有强大的物流系统，确保你的货物能按时到达。

我公司“以客户为中心，以低价格高品质为基础，以优质服务为手段，以达到客户满意为目标”，的经营理念，我们相信：产品是好的广告，信誉建立在双方的合作中，并且我们以优惠的价格，完善的售后服务来赢得客户的信任，使客户得到理想的回报，为广大的国内外客户生产出优质可靠的产品。

手机：15632853444【同微信】

电话：0318-7599990

传真：0318-7589997

厂址：河北省安平县后张庄村村北 1000 处

图 2-1-9　“公司简介”文档效果

2.1.4　任务实现

1. 新建文档

（1）启动 Word 程序后，选择“开始/空白文档”。

（2）打开空白文档窗口后，点击左上角快速访问工具栏的“保存”按钮。

（3）启动“另存为”命令后，选择“另存为/这台电脑/桌面”。

（4）在“另存为”对话框的“文件名”输入框中输入文件名“公司简介 . docx”，点击“保存”按钮，如图 2-1-10 所示。

2. 页面设置

打开“布局”选项卡，在“页面设置”组中，单击“纸张大小”的下拉按钮，在弹出的下拉菜单中选择“A4”，如图 2-1-11 所示。单击“纸张方向”的下拉按钮，在弹出的下拉菜单中选择“纵向”。单击“页边距”的下拉按钮，在弹出的下拉菜单中选择“自定义边距”，

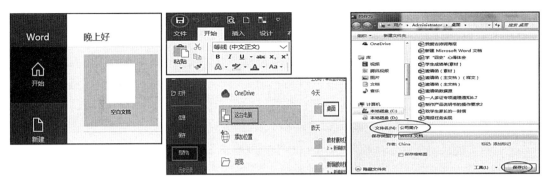

图 2-1-10　新建文档流程

"上""下"数值框中输入"2.45 厘米","左""右"数值框中输入"1.8 厘米",如图 2-1-12 所示。

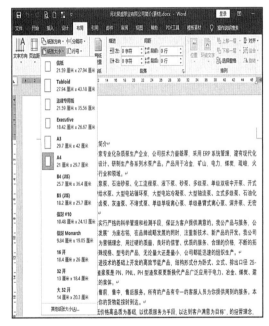

图 2-1-11　设置纸张大小

图 2-1-12　设置页边距

3. 输入文本

在桌面上选中素材文件"河北聚盛泵业有限公司简介(素材).docx",双击,或者右击鼠标选择"打开",选择一种输入法,按照素材文件,在文档"公司简介.docx"中输入所有文本。输入文本时,可以将素材文件和要输入文本的文件并排平铺显示在屏幕上,如图 2-1-13 所示,这样比较方便操作。

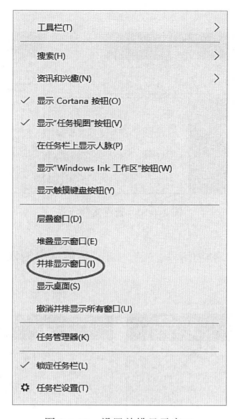

图 2-1-13　设置并排显示窗口

4. 设置标题的字符格式和段落格式

选中标题"河北聚盛泵业有限公司企业简介",选择"开始"选项卡。

(1)在"字体"组中单击"对话框启动器"按钮,在"字体"对话框的"字体"选项卡中,单击"中文字体"表框的下拉按钮,在弹出的下拉列表中选择"黑体",在"字号"下列表框中选择"小二",单击"字形"列表的"加粗"按钮,最后点击"确定"按钮,如图 2-1-14 所示。

(2)在"段落"组中,单击右下角的"对话框启动器",打开"段落"对话框,单击"缩进和间距"选项卡,单击"常规"栏的"对齐方式"下拉表框的右侧下拉按钮,在弹出的下拉列表中选择"居中",在"间距"栏的"段前"和"段后"数值框中分别输入"0.5 行",如图 2-1-15 所示,单击"确定"按钮。

(3)单击"段落"组中的"边框"右侧的下拉按钮,在弹出的下拉列表中选择"边框和底纹",此时,打开了"边框和底纹"对话框,单击"底纹"选项卡,在"填充"栏的下拉列表框中选择"标准色/深红",右侧的"应用于"表框中选择"文字",单击"确定"按钮。如图 2-1-16 所示。

2.1 Word 2016 基本应用——制作公司简介

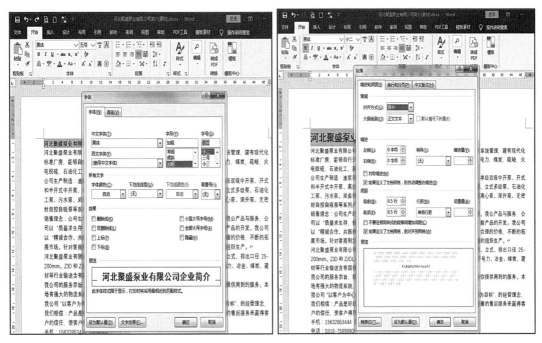

图 2-1-14　设置字体格式　　　　　　图 2-1-15　段落设置

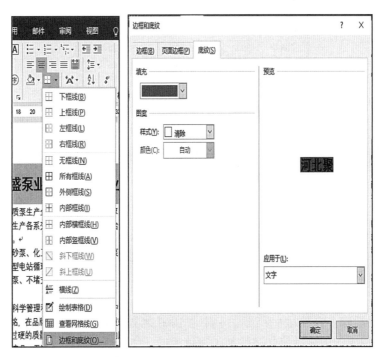

图 2-1-16　设置标题底纹

5. 正文的字体格式和段落设置

打开"开始"选项卡。

(1)选中正文所有文本,在"字体"组中单击"字体"下拉列表框右侧的下拉按钮,在弹出的下拉列表中选择"宋体",单击"字号"下拉列表框右侧的下拉按钮,在弹出的下拉列表中选择"小四号"。

(2)在"段落"组中,单击右下角的"对话框启动器",打开"段落"对话框,单击"缩进和间距"选项卡,单击"缩进"栏的"特殊"下拉表框的右侧下拉按钮,在弹出的下拉列表中选择"首行缩进",在"缩进值"数值框中输入"2 字符",如图 2-1-17 所示,点击"确定"按钮。

图 2-1-17　设置首行缩进

(3)选中最后四个自然段"手机……村北 1000 米处"段落文本,在"字体"组中单击"字符边框"按钮,即为该段落文字添加了字符边框,如图 2-1-18 所示。

(4)选种"销售理念"文本,在"字体"组中单击右下角的"对话框启动器",打开"字体"对话框,选择"字体"选项卡,单击"字型"下拉表框下的"加粗"按钮,再单击"所有文

2.1 Word 2016 基本应用——制作公司简介

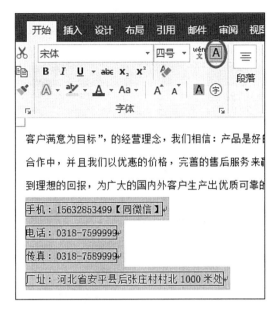

图 2-1-18 设置字符边框

字"栏的"着重号"下拉表框的右侧下拉按钮，在弹出的下拉列表中选择"●"，如图 2-1-19 所示，点击"确定"按钮。

图 2-1-19 添加着重号

71

(5)选中最后四个自然段中的文本"手机""电话""传真""厂址",在"字体"组中单击"加粗""倾斜"按钮,如图 2-1-20 所示。

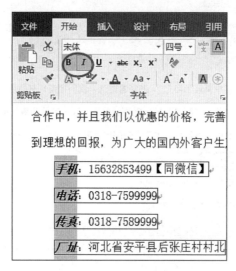

图 2-1-20　设置文本加粗、倾斜

6. 保存文档

完成文档的各种编辑操作后,必须将其保存在计算机中,便于对其进行查看和修改,完成后单击窗口左上角的"保存"按钮即可。

2.1.5　能力拓展

1. 文件扩展名

每个文件都有自己的扩展名。扩展名是 Windows 系统用来识别文件类型的一种机制。作用是:让系统来判断,当我们双击文件时,要自动调动哪种对应的程序来把它打开。扩展名重要但不必需,可以显示,也可以隐藏。扩展名不区分大小写。

常见文件类型对应的扩展名如下:

文件类型	扩展名	文件类型	扩展名
Word 文件	.doc/.docx	动态链接库	.dll
Excel 文件	.xls/.xlsx	图形图像文件	.gif/.png/.jpg（jpeg）
Powerpoint 文件	.ppt/.pptx	音频文件	.mp3/.wav
记事本	.txt	视频文件	.mp4/.avi/.flv

续表

文件类型	扩展名	文件类型	扩展名
pdf 文件	.pdf	压缩文件	.rar/.zip/.7z
网页文件	.htm/.html	二进制码	.bin
可执行文件	.exe	Auto CAD 文件	.dwg

其中，.doc、.xls、.ppt 为 Office 2007 之前版本的扩展展，.docx、.xlsx、.pptx 为 Office 2007 及之后版本的扩展名，新版本优化做得比较好，文档的体积较小，是基于标准格式创建的。

2. 文本选中技巧

在 Word 2016 中，要对某些文字进行相应操作处理时，首先需要选定相应的文字，否则对文字的操作是没有作用的。选定文字的方式很多，常采用按住鼠标左键拖动的方法进行选定。除此之外，熟悉以下文本选中操作技巧可以大大提高办公速度。

(1) 选定一行。

把鼠标移动到窗口左边选定区中，停在某一行的行首，单击鼠标左键进行选定。

(2) 选定一段。

在 Word 窗口的左边选定区中某一段的行首，双击鼠标左键进行选定。

(3) 选定多段。

先在要选定的一行单击，以定位选择的起始位置，拖动窗口右边的滚动条，找到选定的结束位置，按"Shift"键，用鼠标左键单击结束位置，这样就可以选定长文档中指定的段落，选定区域可以跨越多页。

(4) 选定全文。

选定全文的方法较多，常用有以下三种方法：①使用"Ctrl+A"组合键进行全文选定；②在 Word 窗口的左边选定某一段的行首，三次单击鼠标左键进行全文选定；③选择"开始/编辑/选择/全选"命令进行全文的选定。

【课后训练】

制作班级介绍，具体要求如下：

1. 打开"班级介绍(素材).docx"文档，另存为"＊＊＊班班级介绍.docx"。
2. 根据你的班级情况，充实文章内容，全文不得少于 500 字。
3. 页面设置为"纸张大小 A4，纸张方向纵向，页边距'常规'"。
4. 标题文字：字体为隶书，字号为二号，字形为加粗，字体颜色为蓝色，文本效果为"阴影/外部/偏移：右"；段前、段后各为 0.5 行，对齐方式为居中对齐。
5. 在标题左边插入符号"☝"(在"符号/其他符号/字体 wingdings"中)，字号为初号，颜色为红色。
6. 正文：字体为宋体，字号为四号；行距为 1.2 倍行距，首行缩进 2 字符。

7. 落款两段对齐方式为右对齐,并与正文之间间隔 1 行。

8. 保存并保护文档。

"班级介绍"文档排版效果如图 2-1-21 所示。

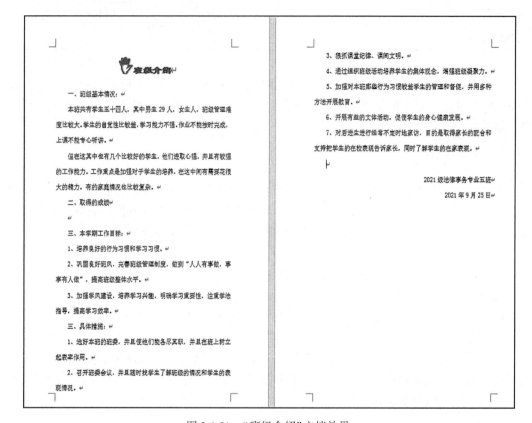

图 2-1-21 "班级介绍"文档效果

2.2 Word 2016 基本应用——制作购置仪器设备清单

 任务要点

1. 了解 Word 表格的插入和编辑方法。
2. 熟悉表格中输入数据的方式。
3. 熟悉特殊符号的输入方法。
4. 掌握灵活应用公式对表格中的数据进行处理等操作。
5. 了解对表格进行美化的操作。

2.2.1 任务描述

根据教学服务和学科发展需求,计算机系决定对大数据技术研训室进行二期扩容,以实现资源升级、认证模块搭建、丰富教学服务等目标。大数据技术研训室二期项目涵盖原有资源扩容及升级、认证模块新建、教学服务采购等，项目组必须事先对相关仪器设备进行考察，在"项目建设立项申请书"中列出欲购置仪器设备清单。

任务要求如下：

（1）在桌面上新建Word文档，文件名为"购置仪器设备清单.docx"。

（2）页面设置为"纸张大小A4，纸张方向横向，页边距常规"。

（3）表格标题为"购置仪器设备清单"设置格式为"黑体、小二、加粗，段前段后均为0.5行，居中对齐"。

（4）按照"购置仪器设备清单（样文）.docx"添加单元格。

（5）利用公式计算"合计"列和"总计"中的数据。

（6）按照"购置仪器设备清单（素材）.docx"中的格式创建表格并输入数据，设置字符格式为"小四号，宋体"，设置表格居中，设置表格的第一行内容居中，其他行的第一列居中，第2、3、4列左对齐，其他列右对齐。

（7）套用表格样式为"网格表3-着色6"。

（8）设置表格外边框线为"双线，0.75磅"，内边框线为"单实线，0.5磅"。

2.2.2 技术分析

1. 认识Word表格

使用表格对文字进行排版可以使文档逻辑清楚、简介有效。在Word中创建表格的方式一般有三种，一是拖动行列数快速创建表格，二是通过对话框插入指定行列表格，三是手动绘制表格。都可在"插入"选项卡的"表格"组完成，如图2-2-1所示。横向称为"行"，用阿拉伯数字表示，纵向称为"列"，用英文字母表示，"A"为第一列，依此类推，如第二行第三列的单元格用"C2"表示。有光标闪烁的单元格也就是当前输入数据的单元格称为活动单元格。

2. 选择表格

包括选择整个表格、选择整行表格、选择整列表格，选择一个或几个单元格。

选择整个表格：把鼠标放在表格左上角，鼠标指针就会变成十字箭头✥，按住鼠标左键单击此处，就选中了整个表格。

选择整行表格：把鼠标放在要选定行的左侧选定区，当鼠标指针变成斜向右上的空心箭头时，单击鼠标左键就选中了整行表格。

选择整列表格：把鼠标放在要选定列的上方横线处，当鼠标指针变成向下的实心剪头时，单击鼠标左键就选中了整列表格。

选择一个单元格：把鼠标放在要选定单元格的左下角，当鼠标指针变成斜向右上的实心箭头时，单击鼠标左键就选中了该单元格。

选择几个单元格：如果要选定的是几个连续的单元格，在区域内按住鼠标左键拖动鼠标即可；如果要选定的是几个不连续的单元格，需要选定第一片连续的区域，然后按住键

图 2-2-1　插入表格

盘上的"Ctrl"键，再去选择其他的区域，每选择好一片连续的区域，要抬起鼠标左键，到下一个区域再按下鼠标左键，全部选择完毕后，在松开"Ctrl"键即可。

3. 调整表格大小

把鼠标放在表格左上角，当鼠标指针变成十字箭头时，按住鼠标左键，拖动表格左上角的十字箭头，可以移动表格。将鼠标光标移至表格的右下角，指针变成左上右下的箭头，按住鼠标左键，拖动到适当的位置，放开鼠标，则可以使表格放大或缩小。

4. 设置表格对齐方式

把鼠标放在表格左上角，当鼠标指针变成十字箭头时，点击鼠标左键，即选中整个表格，点开"开始"选项卡，在"段落"组中选择合适的对齐方式，如图 2-2-2 所示。

5. 合并与拆分单元格

当创建表格以后只要光标插入点在表格内，就会出现一个"表格工具"上下文选项卡，包括"设计"和"布局"，在"布局"选项卡的"合并"组中就可以看到"合并单元格"和"拆分单元格"，还可以"拆分表格"。

合并单元格时，选定需要合并的单元格区域，单击"表格工具/布局/合并/合并单元格"；合并单元格还可以用"橡皮擦"来实现，把光标插入点放在表格中，单击"表格工具/布局/绘图/橡皮擦"，这时鼠标指针变成橡皮的形状，想擦哪条线，就把"橡皮擦"放在上

2.2 Word 2016 基本应用——制作购置仪器设备清单

图 2-2-2 设置表格对齐方式

面，点击鼠标左键即可。擦除完毕后再次单击"绘制表格"按钮，返回输入状态。

拆分单元格时，把光标放在需要拆分的单元格中，单击"表格工具/布局/合并/拆分单元格"，在弹出的"拆分单元格"对话框中，填写需要拆分的行数和列数，然后点击"确定"按钮，如图 2-2-3 所示。拆分单元格还可以用"绘制表格"来实现，把光标插入点放在表格中，单击"表格工具/布局/绘图/绘制表格"，这时鼠标指针变成笔的形状，就可以在表格中绘制需要拆分的单元格内的线条了。绘制完毕后再次单击"绘制表格"按钮，返回输入状态。

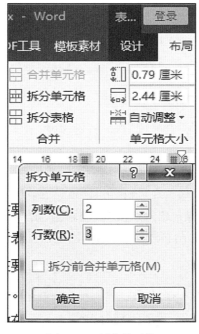

图 2-2-3 拆分单元格

6. 插入行、列或单元格

将光标定位在单元格中，在"表格工具/布局"选项卡的"行和列"组中，按照需要选择"在上方插入"或"在下方插入"或"在左侧插入"或"在右侧插入"命令，即可完成行、列或单元格的插入。如图2-2-4所示。

7. 删除行、列或单元格

将光标定位在单元格中，选择"表格工具/布局"选项卡的"行和列"组中的"删除"选项，即可删除单元格、删除行、删除列、删除表格。如图2-2-4所示。

图 2-2-4　插入（删除）行、列或单元格

8. 删除单元格、行或列的内容

选择相应单元格、行或列，直接按"Delete"键即可。

9. 设置单元格的大小

选中需要设置大小的单元格，在"表格工具/布局"选项卡的"单元格大小"组中，填写"高度"和"宽度"的数值框完成；或者点击"自动调整"的下拉按钮，设置为"根据内容自动调整表格"或"根据窗口自动调整表格"或"固定列宽"；还可以平均分布行和平均分布列。如图2-2-5所示。

10. 设置单元格对齐方式

单元格的对齐方式有9种，"靠上两端对齐""靠上居中对齐""靠上右对齐""中部两端对齐""水平居中""中部右对齐""靠下两端对齐""靠下居中对齐""靠下右对齐"，选中

2.2 Word 2016 基本应用——制作购置仪器设备清单

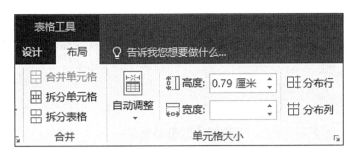

图 2-2-5　设置单元格大小

单元格，在"表格工具/布局"选项卡的"对齐方式"组中完成。如图 2-2-6 所示。

图 2-2-6　设置单元格内容对齐方式

11. 设置标题行重复

如果一个表格分成了多页，为了醒目，通常希望在每一页的第一行重复显示表格的标题行，Word 2016 为表格标题的设置提供了非常友好的工具，使用户不必在每页表格中输入标题，只需选中标题行，选择"表格工具/布局"选项卡的数据组中的"重复标题行"选项，则在每页的表格都会出现标题行，如图 2-2-7 所示。

12. 美化表格

包括设置表格的边框、底纹以及表格样式的套用，在"表格工具/设计"选项卡下完成。

(1) 设置表格边框：可以设置表格的边框线型、颜色和粗细等，还可以单独设置某一条边框的线型、颜色和粗细等。选中需要添加边框的单元格区域，单击"边框"组的对话框启动器，打开"边框和底纹"对话框，在对话框中，单击"边框"选项，选择边框样式，选择边框线型(磅值)，最后选择需要设置边框出现的位置，然后点击"确定"，如图 2-2-8 所示。

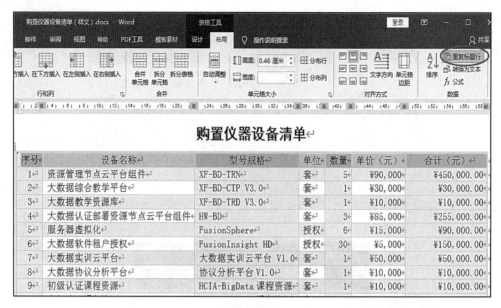

图 2-2-7 设置标题行重复

图 2-2-8 设置表格边框

(2)设置表格底纹：在"边框和底纹"对话框中，单击"底纹"选项，选择要填充的"颜色"和"样式"，然后一定要选择"应用于""单元格"还是"表格"或"文字"或"段落"，如图 2-2-9 所示。

(3)套用表格样式：Word 2016 给我们提供了大量的表格样式，点击"表格样式"的"其他"按钮，选择所需要的样式即可。如图 2-2-10 所示。

2.2 Word 2016 基本应用——制作购置仪器设备清单

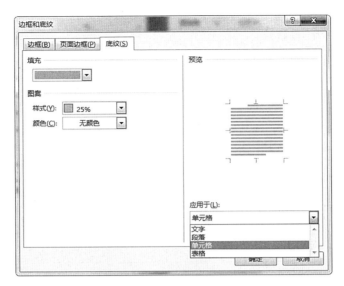

图 2-2-9 设置表格底纹

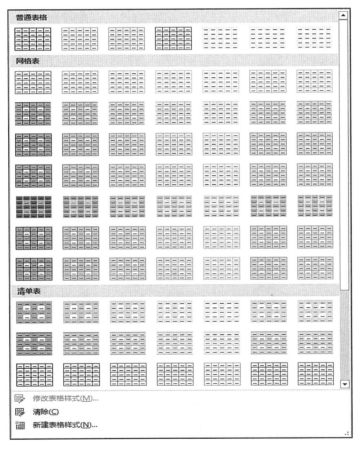

图 2-2-10 设置表格样式

13. 计算表格中的数据

将光标放置在需要计算数据的单元格中，在"表格工具/布局"选项卡下，单击"数据"组的"公式"命令。在"公式"对话框的"公式"栏下，自动出现了向左求和函数"=SUM（LEFT）"，如图 2-2-11 所示，即左边所有单元格内的数据求和，等号后的是函数名称，括号内的是方向。如果需要改变数据源的方向，"ABOVE"是向上，"BELOW"是向下，"RIGHT"是向右。如果需要其他函数，可在"粘贴函数"列表中选择，或者在"公式"栏中直接输入。

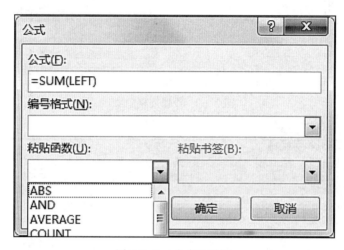

图 2-2-11　公式对话框

2.2.3　示例展示

"购置仪器设备清单"文档效果如图 2-2-12 所示。

序号	设备名称	型号规格	单位	数量	单价（元）	合计（元）
1	资源管理节点云平台组件	XF-BD-TRN	套	5	¥90,000	¥450,000.00
2	大数据综合教学平台	XF-BD-CTP V3.0	套	1	¥30,000	¥30,000.00
3	大数据教学资源库	XF-BD-TRD V3.0	套	1	¥10,000	¥10,000.00
4	大数据认证部署资源节点云平台组件	HW-BD	套	3	¥85,000	¥255,000.00
5	服务器虚拟化	FusionSphere	授权	6	¥15,000	¥90,000.00
6	大数据软件租户授权	FusionInsight HD	授权	30	¥5,000	¥150,000.00
7	大数据实训云平台	大数据实训云平台 V1.0	套	1	¥50,000	¥50,000.00
8	大数据协议分析平台	协议分析平台 V1.0	套	1	¥10,000	¥10,000.00
9	初级认证课程资源	HCIA-BigData 课程资源	套	1	¥10,000	¥10,000.00
10	中级认证课程资源	HCIP-BigData 课程资源	套	1	¥10,000	¥10,000.00
11	教学服务支持	课程授课支持服务	套	1	¥50,000	¥50,000.00
总计（元）						¥1,115,000.00

图 2-2-12　"购置仪器设备清单"文档效果

2.2.4 任务实现

1. 新建 Word 文档

新建 Word 文档,文件名为"购置仪器设备清单.docx"。按任务要求进行页面设置。

2. 添加表格标题

在文档的第一行输入表格标题"购置仪器设备清单",设置字体格式为"小二号,黑体,加粗,段前段后均为 0.5 行,居中"。然后按"Enter"键。

3. 插入表格

在"插入"选项卡的"表格"组中单击"表格"的下拉接钮,在打开的下拉列表中选择"插入表格"命令,打开"插入表格"对话框。在"表格尺寸"栏下的"列数"和"行数"数值框中分别输入"6"和"12",然后单击"确定"按钮即可创建表格。如图 2-2-13 所示。

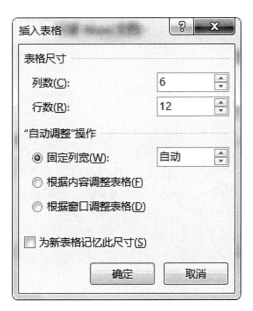

图 2-2-13 插入表格

4. 输入文本

在表格中输入"购置仪器设备清单(素材).docx"素材文本,并按任务要求调整字符格式。

(1)关于人民币封头符号"￥"的输入。

①单击输入法中的软键盘,在弹出的列表中选择"特殊符号",在"符号大全"对话框中单击"数学/单位",向下拉动右侧的滚动条,就可以看到符号"￥",单击该符号,然后

关闭对话框。如图2-2-14所示。

图2-2-14 输入人民币符号

②按住键盘上的"Alt"键,在小键盘中输入"0165"这四个数字,然后松开"Alt"键,就显示"￥"符号了。

(2)输入大于"千"的数字时用千分位分隔符。

5. 添加行和列

把光标插入点放在最后一列的任意单元格内,在"表格工具/布局"选项卡的"行和列"组中,单击"在右侧插入",然后把光标插入点放在最后一行的任意单元格内,在"表格工具/布局"选项卡的"行和列"组中,单击"在下方插入",即插入了一行一列。选中最后一行的"A-F"列,在"表格工具/布局"选项卡的"合并"组中,单击"合并单元格"命令,完成"A-F"列的合并任务,并在该单元格中输入"总计(元)",在最右上角的单元格中输入"合计(元)"。

6. 计算表格中的数据

将光标插入点放在G2单元格内,在"表格工具/布局"选项卡下,单击"数据"组的"公式"命令,如图2-2-15所示,启动对话框,在下方的"公式"栏的数值框中输入"=E2*F2",单击"确定"按钮,即可完成该单元格数据计算,如图2-2-16所示。

将光标插入点放在G3单元格内,在"表格工具/布局"选项卡下,单击"数据"组的"公式"命令,启动对话框,在下方的"公式"栏的数值框中输入"=E3*F3",单击"确定"按钮,即可完成该单元格数据计算。

用同样的方法完成计算G4-G12单元格的数据。

将光标插入点放在G13单元格内,在"表格工具/布局"选项卡下,单击"数据"组的"公式"命令,启动对话框,在下方的"公式"栏的数值框中出现的"=SUM(ABOVE)"正是

2.2 Word 2016 基本应用——制作购置仪器设备清单

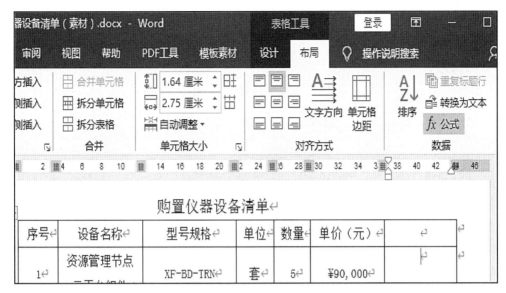

图 2-2-15 插入公式

图 2-2-16 输入函数

我们所要的公式，单击"确定"按钮，即可完成该单元格数据计算。

7. 美化表格

(1) 套用表格样式。将光标插入点放在任意单元格内，在"表格工具/设计"选项卡下，单击"表格样式"组的"其他"按钮，在打开的列表中选择"网格表"下的"网格表 3-着色 6"，即完成了表格样式的套用，如图 2-2-17 所示。

(2) 设置边框。把鼠标放在表格的左上角，当鼠标指针变成十字箭头时，单击鼠标左键选中整个表格，然后单击"表格工具/设计"选项卡，在"边框"组中单击"边框"按钮的下拉箭头，在列表中选择"边框和底纹"选项，打开"边框和底纹"对话框，在"设置"栏中

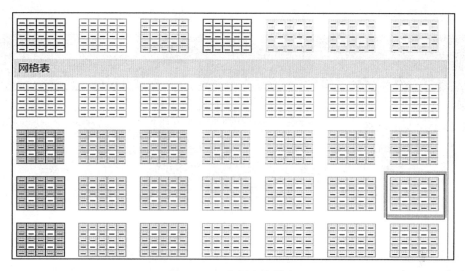

图 2-2-17　套用表格样式

选择"虚框"选项,在"样式"列表中选择"双线",宽度为"0.75 磅,单击"确定"按钮。如图 2-2-18 所示。

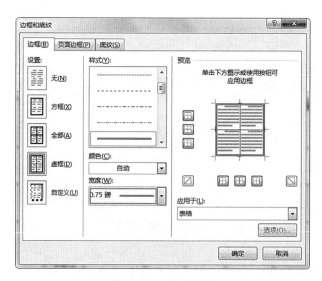

图 2-2-18　设置边框

8. 保存文档

2.2.5　能力拓展

当处理的表格需要跨页显示时,为了使列名称能够清楚地呈现在每一页,我们常常会使用"标题行重复"。下面我们以 2020 东京奥运会中国代表团赛程表为例,看看如何使用标题行重复,结合边框和底纹,把表格设计得规范又美观。

(1)打开"2020 东京奥运中国代表团赛程表.docx",在第一行的上方插入一空行,并且合并该行,键入文字"2020 东京奥运中国代表团赛程表",设置字体格式为"楷体、小二号"。

(2)在第二行的下方插入一行,合并整行。设置行高固定值 0.2 厘米,底纹橙色标准色。

(3)将表格中所有单元格对齐方式设置为"水平居中",设置第二行的底纹"蓝色,个性色 5,淡色 80%"。

(4)选中第二行至最后一行,设置该区域外框线 1.5 磅蓝色粗实线;内框线 0.5 磅蓝色双窄线,其中第三行上下两条线为 1.5 磅蓝色粗实线。将表格第一行的左右、上方的线条设置成"无"。

(5)选中表格前 3 行,单击"表格工具"的"布局"选项卡,在功能区的"数据"组单击"重复标题行"命令,表格的第二页就会重复显示表格前三行。完成效果如图 2-2-19 所示。

图 2-2-19　完成效果图

注意:"重复标题行"可以选择重复第一行,也可以选择重复连续的几行。

使用"重复标题行"后,无论表格跨几页,每一页都显示标题行。

(6)保存文档。

【课后训练】

制作学生成绩单，具体要求如下：

1. 打开文档"学生成绩单(素材)"。
2. 页面设置：页边距"中等"，纸张方向"横向"，纸张大小"A4"，表格居中，表格内容居中。
3. 设置表格标题字符格式为"三号、黑体、加粗"，段前段后为"0.5 行"。
4. 在表格的右侧添加两列分别为"总成绩"列和"平均成绩"列，并计算相应数据。
5. 设置表格外边框为"单实线、1.5 磅、深蓝色"，内边框为"单实线、0.5 磅、浅蓝色"。

"学生成绩单"文档效果如图 2-2-20 所示。

学号	姓名	思想道德修养	军事理论	形势与政策	中国文化精粹	C语言程序设计	互联网趋势与应用	体育	总成绩	平均成绩
20060105007	陈雨	91	92	76	99	94	92	91	635	90.71
20060105006	王子健	91	92	75	98	97	90	91	634	90.57
20060105008	杜鑫沐	90	91	75	96	97	89	91	629	89.86
20060105011	董洋	90	93	80	100	82	96	87	628	89.71
20060105026	郝嘉鑫	90	96	78	93	86	96	89	628	89.71
20060105014	张小雪	90	93	85	95	87	89	87	626	89.43
20060105013	平家宁	91	94	85	95	80	91	87	623	89
20060105029	郭艳芹	90	92	70	94	89	95	89	619	88.43
20060105037	邢冬梅	97	96	86	100	73	90	77	619	88.43
20060105057	谭鑫宇	87	94	65	95	100	90	87	618	88.29

图 2-2-20 "学生成绩单"文档效果

2.3 Word 2016 综合应用——制作海报(古诗词鉴赏)

任务要点

1. 掌握图文并排的技巧。
2. 掌握图片、图形、艺术字等对象的插入、编辑和美化等操作。
3. 熟悉分页符、分节符的作用及插入方法。
4. 掌握页眉、页脚以及页码的插入和编辑操作。
5. 掌握打印预览和打印操作的相关设置。

2.3.1 任务描述

中华民族几千年的灿烂文化，是我们的宝贵财富。蕴藏独特力量的传统经典，像烛火一般指引着后人前进的方向。为更好地践行和弘扬中华民族的文化自信，计算机系决定承办学院的"我爱古诗词"古诗词鉴赏海报大赛，2020级知识产权专业1班的杨珮哲同学开始了她的海报设计。

任务要求如下：

(1) 新建Word文档，文件名为"我爱古诗词海报.docx"。

(2) 页面设置为"纸张大小A3，纸张方向纵向，页边距'中等'"。海报共有两个版面。

(3) 整个海报分为两栏，并加分割线。

(4) 根据示例展示格式布局版面。

(5) 利用页眉文本框设置文本"坚定文化自信，建设社会主义文化强国"，字体"宋体""加粗"，字体颜色"白色"，字号为"42"，段前"2.5行"，形状填充为"深蓝"；大小：形状高度"4.5厘米"，形状宽度"29.65厘米"；环绕文字"四周型"；位置：水平对齐方式"居中"，垂直对齐方式"顶端对齐"。利用正文文本框设置"作品原文""注释""译文""创作背景""作品鉴赏"和"作者生平"，设置字符格式为"宋体""白色""加粗"，字号为"小一"，形状填充"紫色"，形状轮廓"无轮廓"，环绕文字"嵌入型"。

(6) 插入艺术字"我爱古诗词"（宋体，42号，加粗），"艺术字样式"为"腰鼓"，布局"文字环绕/嵌入型"。

(7)《劝学》原文（"《劝学》三更……读书迟"），字符格式为"楷体，一号"，段落设置为"左侧缩进7字符"，将文中用于注释的"(1)(2)(3)"设为上标。

(8) "注释"下的文本"(1)更：……方：才。"设为"宋体，小二"左边插入图片"劝学1"，将其设为"紧密型"环绕。

(9) "译文"下的文本"每天三更……勤奋学习"设为"宋体，一号"，并"首字下沉"。

(10) "创作背景""作品鉴赏"及"作者生平"下的文本"颜真卿……后人所作""《劝学》中的……行为修养"和"颜真卿出生……墙上练字"均设为"宋体，小二"，首行缩进2字符。

(11) 插入图片"劝学2""劝学3""颜真卿"并适当调整其大小，文字环绕分别为"嵌入型""嵌入型""紧密型"。

(12) 保存文档，将文档保存在桌面上。

(13) 打印前预览文档并双面打印文档。

2.3.2 技术分析

1. 添加分页符

分页符是标记一页结束下一页开始的位置。也可以插入分节符，分节符可以把文档划分为若干"节"，在不同的"节"中可以设置不同的页面格式，如页边框、页眉页脚等。此功能在"布局"选项卡的"页面设置"组中完成。如图2-3-1所示。

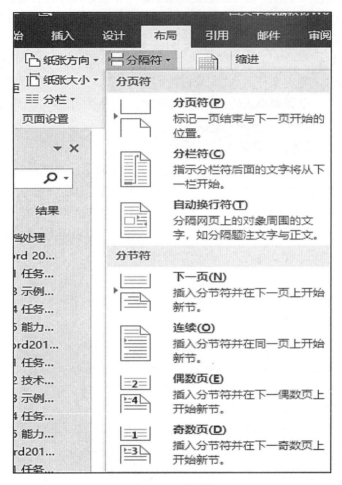

图 2-3-1　分隔符

2. 添加页眉、页脚和页码

页眉：是文档中每个页面的顶部区域，常用于显示文档的附加信息，可以插入时间、图形、公司徽标、文档标题、文件名或作者姓名等。页眉可以帮助在每页顶部显示相同的内容。插入页眉在"插入"选项卡的"页眉和页脚"组中完成。页眉有多种样式，而且可以"奇偶页不同"，奇偶页设置不同的页眉；也可以"首页不同"，首页与其他页页眉不同。Word 2016 为我们提供了丰富多样的页眉内置样式达 20 种之多，如图 2-3-2 所示。

页脚：页脚是文档中每个页面的底部的区域。可以添加的内容同页眉。

页码：文档每一页面上标明次第的数目字。用以统计文档、书籍的面数，便于读者检索。页码可以放在页面顶端、页面底端或者页边距内，而且可以设置放在上述区域的不同位置，而且设置能够表示序号的多种格式，如图 2-3-3 所示。

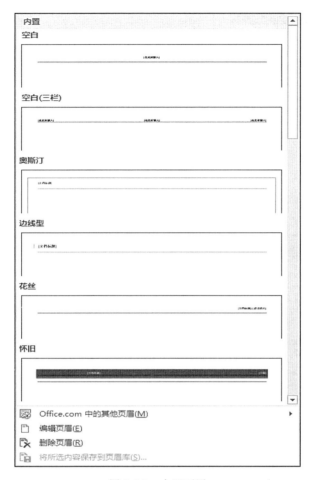

图 2-3-2　内置页眉

3. 分栏

分栏是文档排版中常用的一种版式,在各种报纸和杂志中广泛运用。它使页面在水平方向上分为几个栏,文字是逐栏排列的,填满一栏后才转到下一栏,文档内容分列于不同的栏中这种分栏方法使页面排版灵活,阅读方便。"分栏"在"布局"选项卡的"页面设置"组中完成。点击"分栏"命令的下拉按钮,在列表的最下面选择"更多分栏",可以进行更多设置。

4. 插入文本框

文本框是 Word 中可以放置文本的容器。使用文本框可以将文本放置在页面中的任意位置,文本框也属于一种图形对象,因此可以为文本框设置各种边框格式、选择填充色、添加阴影,也可以对文本框内的文字设置字体格式和段落格式。插入文本框在"插入"选

图 2-3-3　页码

项卡的"文本"组完成。可以插入横排文本框、竖排文本框以及更多种内置文本框。

5. 插入图片

文档中插入合适的图片，并设置不同的边框、形状、位置、环绕方式，使得文档活泼灵动。插入图片在"插入"选项卡的"插图"组中完成，选择"插图"组中的"图片"命令，按路径找到要插入的图片选中，文件名就会出现在下面的"文件名"框中，然后点击插入。如图 2-3-4 所示。

插入图片后，选中图片，就会出现"图片工具/格式"上下文选项卡，点击该选项卡后，就可以对图片进行各种设置。如图 2-3-5 所示。

设置图片的"环绕文字"方式就是设置图片与周围文字的位置关系，其中各选项的作用如下。

2.3 Word 2016综合应用——制作海报(古诗词鉴赏)

图 2-3-4 插入图片

图 2-3-5 "图片工具/格式"选项卡

- 嵌入型：图片作为一个对象嵌入到段落的一行中，此时与"位置"下拉菜单中的"嵌入文本行中"选项的效果相同。
- 四周型环绕：不管图片是否为矩形图片，文字以矩形方式环绕在图片四周。
- 紧密型环绕：如果图片是矩形，则文字以矩形方式环绕在图片周围，如果图片是不规则图形，则文字将紧密环绕在图片四周。
- 穿越型环绕：和紧密型环绕类似，但当移动顶部或底部的编辑点，使中间的编辑点低于两边时，文字将进入图片的边框。
- 上下型环绕：图片作为单独一行，文字环绕在图片上方和下方。
- 衬于文字下方：图片在下、文字在上分为两层，文字将覆盖图片。
- 浮于文字上方：图片在上、文字在下分为两层，图片将覆盖文字。
- 编辑环绕顶点：用户可以编辑文字环绕区域的顶点，实现更个性化的环绕效果。

6. 插入艺术字

艺术字就是对普通文字添加了填充、轮廓、阴影、发光、三维等效果，并将文字放置在文本框中，文字和文本框一起称为艺术字。艺术字具有美术效果，能够美化版面。插入艺术字在"插入"选项卡的"文本"组完成。插入艺术字后，选中艺术字，就会出现"绘图工具/格式"上下文选项卡，点击该选项卡后，就可以对艺术字进行各种设置。如图 2-3-6 所示。

图 2-3-6 "绘图工具/格式"选项卡

7. 首字下沉

首字下沉是段落第一行第一字的字体变大，并且下沉一定的距离。首字下沉起着美观、明显段落标记的作用，可以是一个字或词。"首字下沉"在"插入"选项卡的"文本"组中完成。首字下沉选项中可以设置首字下沉的字体和行数。如图 2-3-7 所示。

图 2-3-7 "首字下沉"选项

8. 打印预览与打印

（1）打印预览：为确保文档的打印效果，在正式打印之前，应该先预览一下打印效果，看看是否满意，避免盲目打印。点击文档窗口左上角快速访问工具栏的打印预览按钮，就可以预览到文档的打印效果。如图 2-3-8 所示。

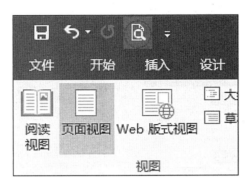

图 2-3-8　"打印预览"按钮

（2）打印：预览文档满意后，填写打印分数，选择好打印页面，点击"打印"按钮开始打印。如图 2-3-9 所示。

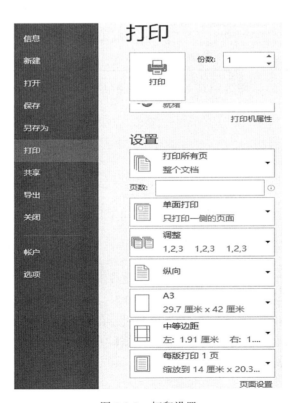

图 2-3-9　打印设置

2.3.3 示例展示

"我爱古诗词海报"文档效果如图 2-3-10 所示。

图 2-3-10 "我爱古诗词海报"文档效果

2.3.4 任务实现

1. 创建文档

新建 Word 空白文档,在文档窗口的快速访问工具栏单击保存按钮,将文档保存在桌面上,文件名为"我爱古诗词海报.docx"。

2. 页面设置

打开"布局"选项卡,在"页面设置"组中,单击"纸张大小"的下拉按钮,在弹出的下拉菜单中选择"A3"。单击"纸张方向"的下拉按钮,在弹出的下拉菜单中选择"纵向"。单击"页边距"的下拉按钮,在弹出的下拉菜单中选择"中等",单击"分隔符"命令的下拉箭头,在列表中选择"分页符/分页符"。

3. 添加页眉

（1）单击"插入"选项卡，在"页眉和页脚"组中单击"页眉"的下拉按钮，选择内置的"空白"页眉，如图2-3-11所示。

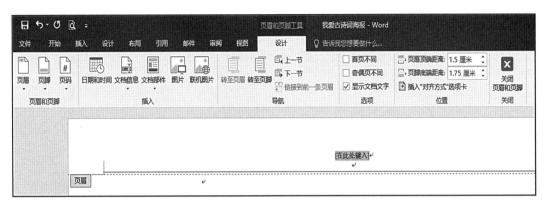

图2-3-11　添加页眉

（2）选中"[在此处链入]"，点击键盘上的"Delete"键，这时页眉上有两个回车符号和一条实线，再点击一个"delete"键，删除一个回车符，然后选中剩下的一个回车符，单击"开始"选项卡下的"段落"组中的"边框"右侧的下拉按钮，选择列表中最下面的命令"边框与底纹"，打开"边框与底纹"对话框。在对话框中，点击"边框"选项卡，在"应用于"选项中，选择"段落。"选择"设置"栏中的"无(N)"，最后点击"确定"按钮。

（3）单击"插入"选项卡，在"文本"组中单击"文本框/绘制横排文本框"，这是鼠标变成"十"字形，按住鼠标左键拖动鼠标即可绘制文本框，文本框内有光标在闪烁，在文本框中输入"坚定文化自信，建设社会主义文化强国"，选中输入的文字，设置字符格式为"宋体，42，白色，加粗"。

（4）单击"段落"组的对话框启动器，打开"段落"对话框，单击"缩进和间距"选项卡，单击"常规"栏的"对齐方式"下拉表框的右侧下拉按钮，在弹出的下拉列表中选择"居中"；在"间距"栏的"段前"的数值框中输入"2.5行"，点击"确定"按钮。

（5）选定文本框，在"绘图工具/格式"选项卡的"大小"组的"高度"值中填写"4.5厘米"，"宽度"值中填写"29.65"厘米；在"排列"组中，点击"位置"右侧的下拉按钮，单击"其他布局选项"，打开"布局"对话框，单击"文字环绕"选项卡，选择"环绕方式"栏中的"四周型"，单击"位置"选项卡，在"水平"栏中依次选择"对齐方式：居中""相对于：页面"，在"垂直"栏中依次选择"对齐方式：顶端对齐""相对于：页面"，点击"确定"按钮，如图2-3-12所示。

（6）选中文本框，在"形状样式"组中，点击"形状填充"的下拉按钮，选择"标准色/深蓝"；点击"形状轮廓"的下拉按钮，选择"无轮廓"，如图2-3-13所示，最后点击"关闭页眉和页脚"。

图 2-3-12 设置文本框布局

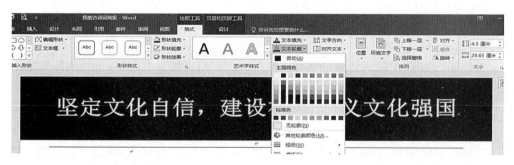

图 2-3-13 设置文本框形状样式

4. 分栏

在"布局"选项卡的"页面设置"组中，单击"分栏"的下拉按钮，点击"更多分栏"，打开"分栏"对话框，在"预设"中选择"两栏"，并选中"分隔线"复选框，点击"确定"，如图 2-3-14 所示。

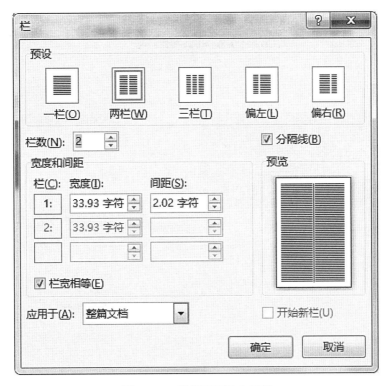

图 2-3-14　设置页面分为两栏

5. 插入艺术字

（1）把光标放在正文回车符处，单击"开始"选项卡"段落"组的对话框启动器，在"段落"对话框中，选择"对齐方式：居中，特殊：无"，单击"确定"按钮。再选择"插入"选项卡，在"文本"组中单击"艺术字"的下拉按钮，在弹出的下拉列表中选择第二行第四列，并输入"我爱古诗词"。选中艺术字"我爱古诗词"，设置字符格式为"宋体，初号，加粗"。

（2）选中艺术字，单击"绘图工具/格式"选项卡，在"艺术字样式"组中点击"文字效果"右侧的下拉按钮，依次选择"转换""弯曲""腰鼓"，如图 2-3-15 所示。

（3）选中艺术字文本框，单击"绘图工具/格式"选项卡，在"排列"组中，单击"环绕文字"下拉按钮，选择"嵌入型"。

6. 插入文本框

（1）把光标放在艺术字文本框外，点击键盘上的回车键 12 次，选中这些回车符，单击"开始"选项卡下段落组的"左对齐"命令。如图 2-3-16 所示。把光标放在第一个回车符处，插入横排文本框，输入文字"作品原文"，设置字符格式为"宋体，24 号，白色，加粗"，文字环绕为"嵌入型"，"形状填充"为"紫色"，并适当调整其大小和位置。

图 2-3-15　设置艺术字样式

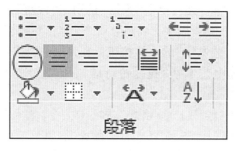

图 2-3-16　设置段落左对齐

（2）把光标放在第三个回车处，按照步骤（1）插入文本为"注释"的第二个文本框，调整其大小与上一个文本框相同。以此类推设置完毕 6 个文本框（中间留空行是为了方便后面添加文本。），如图 2-3-17 所示。

（做好第一个文本框后，使用"复制""粘贴"的方法复制第一个文本框，隔行粘贴，再修改文本框内的文字，也可以完成 6 个文本框的制作。）

2.3 Word 2016综合应用——制作海报(古诗词鉴赏)

图 2-3-17 插入 6 个文本框

7. 插入编辑文本

(1)将文档"劝学(素材).docx"中各子标题的文本复制到"我爱古诗词海报"对应的标题下。

(2)选中文本"《劝学》三更……读书迟",将其设为"楷体,一号",选中《劝学》设置为居中,选中"三更灯火……读书迟"段落设置为左侧缩进 2 字符。选中此段文本中的"(1)(2)(3)",选择"开始"选项卡,单击"字体"组的对话框启动器,打开"字体"对话框,在"效果"栏中选中"上标"复选框。如图 2-3-18 所示。

(3)选中"(1)更:……方:才。",将其设为"宋体,小二"。

(4)选中"每天三更半夜……勤奋学习",设置字符格式为"宋体,一号",选择"插入"选项卡,在"文本"组中单击"首字下沉"的下拉按钮,选择"首字下沉选项"选项,打开"首字下沉"对话框,在"位置"栏中选择"下沉",在"下沉行数"数值框中输入"2 行",点击"确定"按钮。如图 2-3-19 所示。

(5)选中"创作背景""作品鉴赏"及"作者生平"下的文本"颜真卿……后人所作""《劝学》中的……行为修养"和"颜真卿出生……墙上练字",均设为"宋体,小二",首行缩进 2 字符。

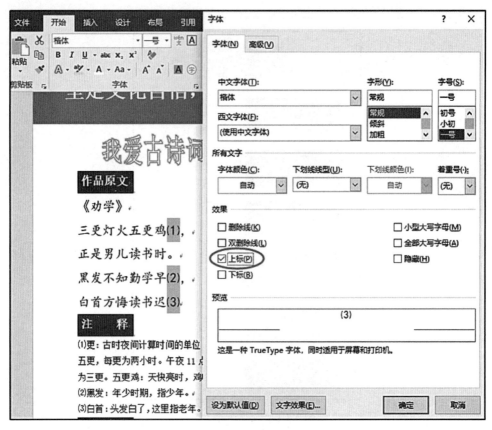

图 2-3-18 设置字体上标

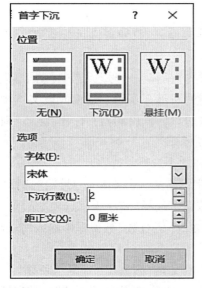
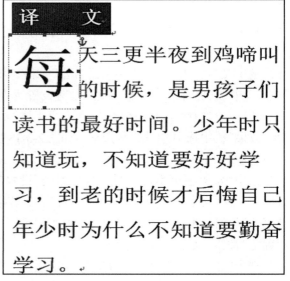

图 2-3-19 设置首字下沉

8. 插入编辑图片

选择"插入"选项卡,在"插图"组中选择"图片"命令,按路径找到并选中"劝学1"图片,点击"插入"按钮。选中图片,选择"图片工具/格式"选项卡,在"排列"组中单击"环绕文字"的下拉按钮,选择"嵌入型",并适当调整其大小和位置。

用同样的方法插入图片"劝学2""劝学3""颜真卿"到合适位置,并按要求设置其环绕方式。

9. 保存文档

10. 打印预览文档并打印文档

点击文档窗口左上角的打印预览按钮预览文档效果。感觉满意后,在"设置"下面的"页数"框中填写"1",先打印第一页,然后把打印出来的纸反过来正确放入打印机纸盒,按同样的方法打印第2页,这样就反正面打印好了"我爱古诗词海报.docx"。如图2-3-20所示。

图 2-3-20　打印文档

2.3.5 能力拓展

1. 检查拼写和语法

执行"文件"-"选项"命令，弹出"Word 选项"对话框，在左侧列表中选择"校对"选项，在右侧界面中，依次选中相应的复选框，并单击"确定"按钮。如图 2-3-21 所示。

图 2-3-21　Word 选项

如果把"在 Word 中更正拼写和语法时"栏中的 4 个"√"都去掉，就能去掉 Word 文档中的纠错提醒波浪线。

2. 统计文档中的字数

在"审阅"选项卡的"校对"组中，单击"字数统计"按钮。弹出"字数统计"对话框，可查看到文档中的页数、字数及段落数等，如图 2-3-22 所示。

3. 使用书签定位文档

选择需要添加书签的文本比如说"拓展"，在"插入"选项卡的"链接"组中，单击"书签"按钮，打开"书签"对话框如图 2-3-23 所示。

2.3 Word 2016 综合应用——制作海报(古诗词鉴赏)

 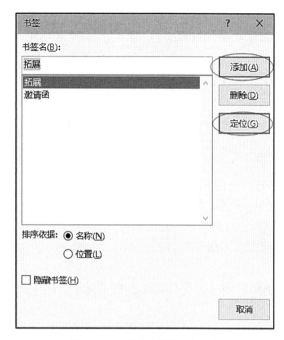

图 2-3-22　字数统计　　　　　　　图 2-3-23　书签的添加和定位

添加：在"书签名"文本框中输入"拓展"，单击添加按钮即完成书签添加操作，同样的操作，选择"邀请函"文本添加到书签。

定位：在"插入"选项卡的"链接"组中，单击"书签"按钮，打开"书签"对话框，在列表框中选择"拓展"书签，单击"定位"按钮，这样就可以通过书签来定位文档内容。添加书签后还可以通过"查找和替换"功能"定位"书签的位置，如图 2-3-24 所示。

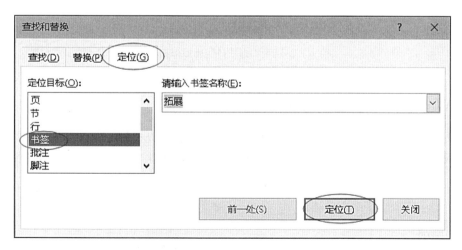

图 2-3-24　定位书签

105

【课后训练】

制作明信片，具体要求如下：

1. 新建 Word 空白文档，命名为"河北政法职业学院明信片"。
2. 页面设置：页边距"中等"，纸张方向"横向"，纸张大小"A4"。
3. 添加版面：添加一个空白页（依次选择"布局-页面设置-分隔符-分节符-下一页"）。
4. 设置页眉：奇偶页不同。第一页：插入空白页眉（三栏），最左侧插入图片"学院大门口"，文字环绕"衬于文字下方"，调整其大小使之充满页面；中间括号内输入"河北政法职业学院"，删除最右侧括号。第二页：插入空白页眉（三栏），最左侧插入图片"学院标志"衬于文字下方，调整其大小使之充满页面；中间标签内输入"河北政法职业学院"，删除最右侧标签。
5. 分栏：将页面分为两栏"偏左"，将《明信片（素材）》中的"河北政法职业学院简介"下文字复制在左侧，"专业名称"及下面的表格复制在右侧。
6. 第二页不做分栏，插入图片"课程.png"，并调整其大小和位置，在右侧插入如效果图所示表格。

"明信片"排版效果如图 2-3-25 所示。

图 2-3-25　"明信片"排版效果

2.4　Word 2016 高级应用——长文档排版

长文档制作是常常面临的任务，如制作工作总结、调查报告、标书及技术手册等。长文档排版是 Word 高级应用之一，本节以毕业论文排版为例，详细介绍长文档排版方法和技巧。

任务要点

1. 掌握样式与模板的创建和使用，掌握目录的制作和编辑操作。
2. 学会分页符和分节符的插入，熟悉导航窗格，掌握页眉页脚和页码的插入和编辑。

3. 掌握打印预览和打印操作，了解多人协同编辑文档的方法和技巧。

2.4.1 任务描述

小杨是某职业院校大三的学生，本学期主要任务是根据要求完成"大学生网络消费状况的调查"的毕业设计任务，接下来是使用 Word 2016 排版调查与分析的结果，任务要求按如下：

（1）页面设置：①页边距：上下边距 2.5cm，左右边距 3.0cm，左侧装订线为 0.5cm，纸张方向为纵向。②纸张大小 A4。③布局中设置页眉距边界 2cm，页脚距边界 1.75cm。④文档网格："网格"单选"指定行和字符网格"，设置每行字符数为 39，每页 43 行。

（2）标题设置：样式中"标题1"黑体二号加粗，居中，段前段后 0.5 行。

（3）正文格式、标题格式要求如表 2-4-1 所示。

表 2-4-1　　样式要求

样式名称	大纲级别	字体	段落	多级列表编号
我的正文	正文	宋体小四号	首行缩进 2 字符，1.25 倍行距	无
我的一级标题	1	黑体、加粗、三号、居中、黑色	段前段后 0.5 行，单倍行距	一、
我的二级标题	2	黑体、四号、黑色	段前段后 6 磅，单倍行距，无首行缩进	1.
我的三级标题	3	黑体、小四号、黑色	首行缩进 2 字符，段前 0.5 行，单倍行距	（1）
特殊正文	正文	华文行楷、小四号、加粗	字符颜色为标准深红色；添加文字边框为三维、蓝色、1.5 磅；添加字符底纹为蓝色，个性 5，淡色 60%，样式基于默认文字格式。	

①作者姓名单位的字号为小四号、仿宋、居中、段后 0.5 行，内容摘要、关键字中内容为宋体、小四号，其中内容摘要、关键字设置为黑体。

②文档中红色字设置为"我的一级标题"，蓝色的字设置成"我的二级标题"，绿色的字设置为"我的三级标题"，黄色的字设置为"特殊正文"。

（4）自定义多级列表设置各级标题编号。勾选"导航窗格"查看文档结构，然后设置文档分节，分别在每个"我的一级标题"的前面插入分页符；

（5）设置每节文档中不同的页眉。

（6）封面要求图文混排。

(7) 自动生成目录。

(8) 封面和目录无页码，正文页码连续。

(9) 保存文件，再导出同名的 PDF 格式文件。

2.4.2 技术分析

1. 样式及应用

样式是指一组已经命名的字符格式和段落格式的集合。样式集字体格式、段落格式、编号和项目符号格式于一体。用样式编排长文档格式，可实现文档格式与样式同步自动更新，快速且高效。

(1) 内置样式和自定义样式：Word 2016 本身带了许多样式，称为内置样式。如果这些样式不能满足用户的全部要求，也可以创建新的样式，称为自定义样式。内置样式和自定义样式在使用和修改时没有任何区别，用户可以删除自定义样式，但不能删除内置样式。

(2) 应用现有样式：将光标定位于文档中要应用样式的段落或选中相应字符，选择"开始"选项卡，在"样式"组中单击快速样式列表框中的任意样式，即可将该样式应用于当前段落或所选字符。

(3) 修改样式：如果现有样式不符合要求，可以修改样式使之符合个性化要求。

(4) 清除样式：如果要清除已经应用的样式，可以选中要清除样式的文本，选择"开始"选项卡，单击"样式"组的按钮，在打开的"样式"任务窗格中选择"全部清除"，命令即可。

(5) 删除样式：要删除已定义的样式，可以在"样式"任务窗格中右击样式名称，在弹出的快捷菜单中选择"删除"命令，但不能删除内置样式。

2. 页面版式

(1) 自动生成目录。要实现目录的自动生成功能，首先完成对全文档的各级标题的样式设置工作，再确定插入目录的位置，最后进行各级目录格式的设置。如果目录生成后又进行了调整，此时要更新目录，使之与正文匹配，只需在目录区域中右击，在打开的快捷菜单中选择"更新域"命令，在打开的"更新目录"对话框中选中"更新整个目录"单选按钮即可。

(2) 插入封面。Word 2016 提供了一个内置的封面库，其中包含预先设计的各种封面。选择"插入"-"页"组中选择封面，从内置封面中选择其中一个作为封面，无论哪个内置封面都有占位符，可以有选择的占用。如果要删除所插入的封面，可以在"插入"-"页"组中单击"封面"，在弹出的下拉列表中选择"删除当前封面"命令。

3. 分页和分节

(1) 插入分页符：有时需要人工插入分页符进行强制分页。具体操作方法是：将光标定位在需要分页的位置，选择"插入"选项卡，在"页"组中单击"分页"按钮，将在当前位置插入一个分页符，后面的文档内容另起一页，如果单击"空白页"按钮，将在光标处插入一个新的空白页。

（2）插入分节符："节"是 Word 2016 用来划分文档中的一种方式，能实现在同一文档中设置不同的页面格式的功能。插入分节符的操作方法如下：将光标定位在需要分节的位置，选择"页面布局"选项卡，在"页面设置"组中单击"分隔符"下拉按钮，在其下拉列表中选择需要的分节方式：

- 下一页：分节符后的文档从下一页开始显示，即分节同时分页。
- 连续：分节符后的文档与分节符前的文档在同一页显示，即分节不分页。
- 偶数页：分节符后的文档从下一个偶数页开始显示。
- 奇数页：分节符后的文档从下一个奇数页开始显示。

删除分节符很简单，只需像删除字符那样可以删除分节符。

注意：切记分节符控制其前面文字的节格式，即删除某个分节符，其前面的文字将合并到后面的节中，并且采用后者的格式设置。文档的最后一个段落标记控制文字时，切记用分节符控制其前面文字的节格式，即删除某个分节符后，其前面的文字将合并到后面的节中，并且采用后者的格式设置。文档的最后一个段落标记控制文档最后一节的节格式（如果文档没有分节，则控制整个文档的格式）。

4. 文档页面方向的横纵混排

一般情况下全文纸张方向是一致的，但有时需要设置个别纸张方向与其他不同，至少有两种方法可以实现：一是在"页面设置"的最下边有"应用于"插入点之后即可。二是如果文档已经分节，可以选中要改变页面方向的节，在"应用于"下拉列表框中选择"所选节"选项即可。

5. 多人协同办公

Word 2016 中在大纲视图中，展开主文档，按 1 级大纲可把全文拆分成多个独立的文档，分别发给多人编辑，完成之后再发回，合并到主文档中。另外 Office 2016 和 Office 365 版本加载了网络存储，能很方便地实现多人协同办公，还有很多第三方软件能实现在线多人协同编辑文件的功能。

2.4.3 示例展示

根据任务描述，编辑排版结果如图 2-4-1 所示。

2.4.4 任务实现

1. 页面设置

在"布局"-"页面设置"组中单击"对话框启动器"按钮，弹出"页面设置"对话框，有四个选项卡，根据任务描述中"1. 页面设置"的要求对页边距、纸张、版式和文档网格进行设置。

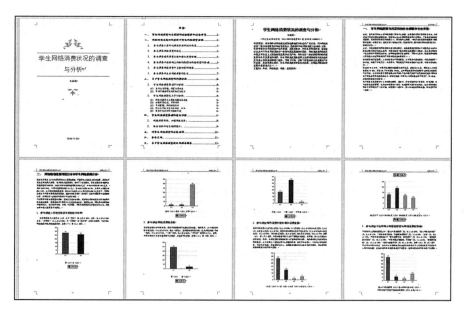

图 2-4-1　示例样图

2. 新建样式

将插入点置于文档段尾(Ctrl+End)。

(1)切换选项卡到"开始"-"样式",在样式组中单击"对话启动器",打开样式窗格,(Ctrl+Alt+Shift+s)如图 2-4-2 所示。

图 2-4-2　样式

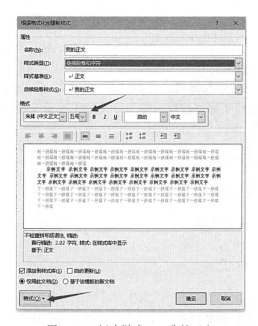

图 2-4-3　新建样式——我的正文

(2)单击"样式"任务窗格左下角的"新建样式"按钮,打开"根据格式设置创建新样式"对话框,如图 2-4-3 所示。在"属性"选项组中设置名称为我的正文,"样式类型"设置为"链接段落和字符",样式基准设置为正文,"后续段落样式"为我的正文。在如图 2-4-3 中箭头所指的"格式"组中设置字体、段落、边框等项。

(3)创建三级标题样式:单击"新建样式"按钮,打开"根据格式设置创建新样式"对话框,在"属性"选项组中设置名称为"我的一级标题","样式类型"设置为"段落",样式基准为"标题1","后续段落样式"为"我的正文",如图 2-4-4 所示。再打开"格式"中的字体(黑体、加粗、三号、居中、黑色)和段落(段前段后 0.5 行,单倍行距),根据表 2-4-1 要求设置字体和段落。

依照同样的方法创建"我的二级标题"和"我的三级标题"样式。

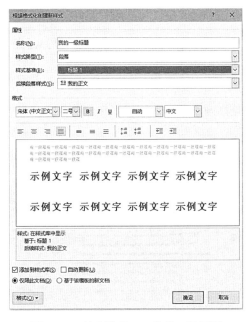

图 2-4-4 新建样式——我的一级标题

图 2-4-5 新建样式——特殊正文

(4)创建"特殊正文":单击"新建样式"按钮,打开"根据格式设置创建新样式"对话框,在"属性"选项组中设置名称为"特殊正文","样式类型"为"字符",样式基准设置为"a 默认段落字符",如图 2-4-5 所示。根据表 2-4-1 要求设置字体、段落和边框设置边框和底纹如下:单击"格式"在下拉列表中选择"边框"命令,弹出"边框和底纹"对话框,设置边框为"三维、蓝色、1.5 磅";底纹为"蓝色,个性 5,淡色 60%",如图 2-4-6 所示。

3. 为文档添加多级列表

(1)将插入点置于有文档开头(Ctrl+Home 组合键)处,切换到"开始"选项卡,在段落组中单击"多级列表"下拉列表中选择"定义新的多级列表"命令,打开对话框如图 2-4-7 所示,如果右侧没有显示,单击对话框左下侧的"更多"按钮。

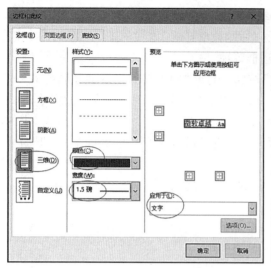
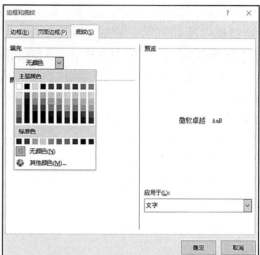

图 2-4-6　特殊正文的边框和底纹

（2）为"我的一级标题"设置编号。在"单击要修改的级别"的列表中选择"1"；在"将级别链接到样式"下拉列表中选择刚刚创建的"我的一级标题"，则所有应用"我的一级标题"样式的内容自动加入一级列表。如图 2-4-7 所示（左图）。

图 2-4-7　自定义多级列表——一级列表和三级列表编号

在"要在库中显示的级别"下拉列表框中选择"级别 1"。

在"编号格式"选项组的"此级别的编号样式"下拉列表框中选择"一．二．三

(简)……"选项,使"输入编号的格式"文本框中显示"一、"格式(顿号是添加的)。在"编号之后"下拉列表中选择"不特别标注或空格"选项,使一级列表编号后直接(或加一个空格)连接文字。在"位置"选项组中单击"设置所有级别"按钮,打开"设置所有级别"对话框,将所有位置均设为0厘米,则设置各级编号的缩进量均为0厘米。

(3)用同样的方法设置"我的二级标题"和"我的三级标题"编号。如图2-4-7所示(右图)。

注意:"我的三级标题"编号的括号是添加上的。保留带底纹的编号,其他的可以添加,比如第一章中的"第"和"章"添加上的。

4. 利用样式快速格式化文档

(1)选中标题后,在样式中单击"标题1";再根据要求设置"作者、作者单位",还有"内容摘要"和"关键词"。

(2)选中文中所有红色的文字,单击样式中的"我的一级标题";所有蓝色的文字设置为"我的二级标题";所有黄色的文字设置为"特殊正文"。

(3)选择其他文字,设置为"我的正文"。

小技巧:选择正文时,因为内容很多,可以按以下方式操作"开始"-"编辑"组中-"选择"-"选择格式相似的文本",能快速选择多段正文文本。

因为设置的样式均具体大纲级别,切换到"视图"显示组中勾选"导航窗格"复选框,可在窗口左侧显示文档的层次结构。如图2-4-8所示。

图2-4-8 导航窗格

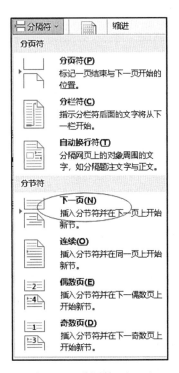

图2-4-9 分隔符-下一页

5. 插入分节符

本文档有七个部分(七个一级标题)，现要求每部分文档均另起一页，即对文档进行分节设置。具体操作如下：将光标定位在需要分节的位置，切换到"页面布局"选项卡，在"页面设置"组中单击"分隔符"下拉按钮，选择"下一页"命令，后面的文档内容另起一页，实现对文档的分节操作，如图2-4-9所示。

小技巧：显示"分页符/分节符"的方法：自动分页就是满一页后自动到下一页显示，有两种显示方式，一种是中间有空白区的显示，另一种是在空白区双击左键，就显示出一条横穿页面的一条直线如图2-4-10所示。

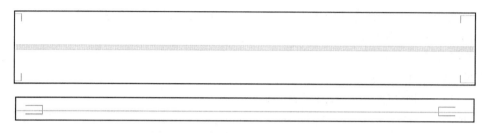

图 2-4-10　自动分页的两种显示方式

人工手动分页后默认不显示标记，如果要显示的话，打开显示/隐藏段落标记(Ctrl+Shift+*)就看到了如图4-2-11所示。在分节符上单击删除按钮，就可删除分节符。

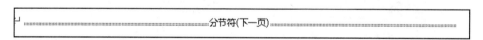

图 2-4-11　手动分页的显示方式

6. 制作不同的页眉页脚

要求：封面、目录和摘要上没有页眉和页脚。其他各节的页眉不同，页码连续。

(1)添加页眉：从"一、学生网络消费……"开始设置页眉，具体要求是页眉左侧显示论文名，右侧显示本节后四个字。

具体操作如下：将插入点置于一级标题"一、学生网络消费……"本页的任意位置，菜单栏切换到"插入"选项卡在"页眉和页脚"组中单击页眉，下拉列表中选择"编辑页眉"，在插入点处输入"学生网络消费状况的调查与分析"和"社会背景"在两句之间加空格，平均分配到两端，如图2-4-12所示。在输入文字之前必须把"链接到前一节"高亮显示取消。

设置完成后点"下一条"，页面就切换到了下一节的页眉，重复以上操作。单击"关闭页眉和页脚"回到页面编辑状态。

(2)添加页码：封面和目录不显示页码，所以在目录之后再设置页码，正文页码从1

图 2-4-12　添加页眉

开始，将插入点定位在文档的开始处，菜单栏切换到"插入"选项卡，在"页眉和页脚"组中单击页脚，在下拉列表中选择"编辑页脚"，如图 2-4-13 所示。

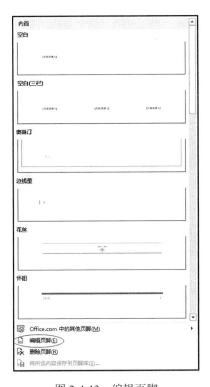
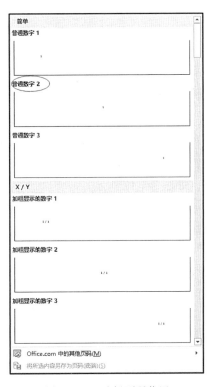

图 2-4-13　编辑页脚　　　　　图 2-4-14　选择页码位置

在"页眉和页脚工具"-"设计"窗口中选择"页眉和页脚"组中的单击"页码"下拉列表的"页面底端"的下拉列表中单击"普通数字 2"，如图 2-4-14 所示。再次单击"页码"下拉列表中选择"设置页码格式"命令，在弹出的"页码格式"对话框如图 2-4-15 所示，设置编号格式为"1，2，3，…"，起始页码为"1"。

在导航组中单击"下一节"，再次调出"设置页码格式"，在页码编号中选择"续前节"如图 2-4-16 所示。重复上述，将以后各节页码编号均设置成"续前节"，即可完成页码的设置。

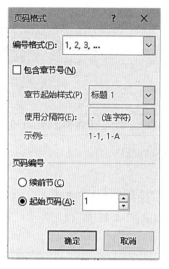
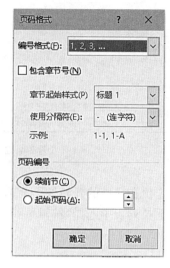

图 2-4-15　页码格式　　　　　图 2-4-16　续前节

7. 快速生成目录

将插入点置于文档首页（目前空白页）第一行，在"开始"-"样式"组中选择"标题"样式，输入"目录"，插入点在行尾。

切换到"引用"选项卡，在"目录"组中下拉菜单中选择"自定义目录"命令，打开"目录"对话框，如图 2-4-17 所示。

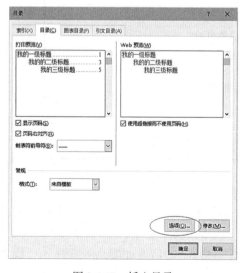
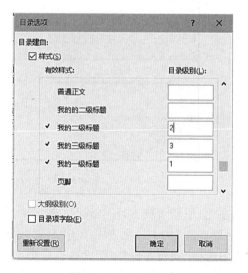

图 2-4-17　插入目录　　　　　图 2-4-18　目录选项

单击"选项"命令，在弹出的对话框中，保留"我的一级标题""我的二级标题""我的三级标题"对应的"目录级别"中的"1""2""3"如图 2-4-18 所示，其余的数字全都删除。

单击"修改"命令，在弹出的对话框中，单击"样式"中"TOC1"，再单击"修改"弹出对话框如图2-4-19所示，再按表2-4-2目录样式的要求设置一级目录格式，包括字体和段落格式。

图2-4-19 修改目录格式

在样式对话框中依次选择"TOC2"和"TCO3"选项，设置它们的字体格式如表2-4-2所示。

表2-4-2　　　　　　　　　　　目录样式要求

样式名称	字体字号	段落格式
TOC1 我的一级标题	楷体小三号加粗	段前段后0行，单倍行距
TOC2 我的二级标题	楷体四号	段前段后0行，首行缩进2字符
TOC3 我的三级标题	楷体小四号	段前段后0行，首行缩进3字符

设置完成后返回"目录"对话框，最后单击"确定"完成目录的制作。系统自动生成目录如图2-4-20所示。

目录设置完成后，如果内容更改了，只需"更新目录"就可与内容同步更改了。插入点在"目录"中，按F9键也可打开"更新目录"。

8. 快速添加封面

插入点置于目录前，切换到"插入"选项卡，在空白页上插入封面，在"封面"下拉列表中很多内置的封面样式如图2-4-21所示，"封面"下拉列表中，选择"花丝"样式的作为

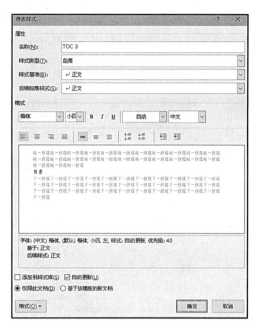

图 2-4-20　修改目录格式和自动生成目录样式

封面，标题处自动生成论文标题，副标题插入姓名，日期占位符插入日期，其他的都删除，如图 2-4-22 所示。

图 2-4-21　内置封面样式

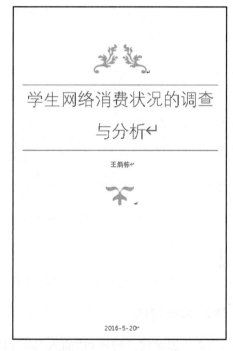

图 2-4-22　封面样图

小技巧：

（1）清除格式：选中要清除样式的文本，选择"开始"选项卡，单击"样式"组的按钮，在打开的"样式"任务窗格中选择"全部清除"，命令即可。

（2）删除空行：选择"开始"选项卡，单击"编辑"组中的"查找"-"高级查找"，查找内容中输入"^p^p"，替换为中输入"^p"，就把全文的空行删除了。

9. 文件保存和导出

（1）保存文件：保存在桌面，文件名为："学号+姓名+班级.docx"。

（2）导出 PDF 文件：在"文件"下拉菜单中选择"导出"-"创建 PDF/XPS"命令，在弹出的对话中选择保存位置、输入文件名即可导出为 PDF 文件。

2.4.5 能力拓展

1. 如何在 Word 文档中添加批注、题注、脚注和尾注？

批注、题注、脚注和尾注都不是文档的正文，但是文档的组成部分。它们在文档中的作用相同，都是补充说明文档中的文本。题注是给文档中的图片、表格、图表、公式等项目添加的名称和编号。脚注是用于标明资料来源、为文章补充注解的一种方法。尾注是对文本的补充说明，一般位于文档的末尾，列出引文的出处等。

（1）批注：在"插入"选项卡中"批注"中单击批注即可插入，还可互动提问或答复。在批注上右击选择"删除批注"即可删除。

（2）题注：如果文档中有许多插图和图表，还要为这些插图和图表进行编号，则可以使用"题注"功能来实现。"题注"功能可以为文档中插入的有连续性的图片和表格等自动进行编号，而且有自动提示功能。插入编号后，删除其中一个编号时，系统还会自动调整编号的正确顺序。

选择"引用"-"插入题注"如图 2-4-23 所示。

图 2-4-23 插入题注

（3）脚注和尾注：是对文章添加的注释，经常在专业文档中看到。在页面底部所加的注释称为脚注，在文档的末尾添加的注释称为尾注。Word 2016 提供了插入脚注和尾注的功能，并且会自动为脚注和尾注添加编号。举例应用：把插入点置于要添加脚注的文字之后，例如课后训练"人工智能"第一部分第二段的"2017 年度中国媒体十大流行语"之后。在"引用"选项卡的"脚注"组右下角单击"对话框启动器"按钮，打开"脚注和尾注"对话框如图 2-4-24 所示。位置-脚注-页面底端；格式-编号格式-①.②.③.…单击"插入"，插入点自动置于页面底端的脚注编辑位置，输入如图 2-4-25 所示内容，退出脚注编辑状态，完成插入脚注的工作。同时在正文插入点位置显示如图 2-4-25 所示。

图 2-4-24　脚注和尾注对话框

① 2017 年中国媒体十大流行语：十九大、新时代、共享、雄安新区、金砖国家、人工智能、人类命运共同体、天舟一号、撸起袖子加油干、不忘初心，牢记使命

人工智能入选"2017 年度中国媒体十大流行语①"。

图 2-4-25　脚注显示结果

要添加尾注在图 2-4-24 所示脚注和尾注的对话框中切换到"尾注"即可。

2. 如何实现多人以上协同办公？在工作当中，为了提高工作效率，有的长文档需要协同操作的，有什么办法可以实现多人共同编辑文档呢？

有很多方法，大体分为在线协同办公和主控文档协同办公两种。

（1）在线协同办公：

①利用 Word 2016 中文件-共享-与人共享-保存到云。

②Word 2016 和 Word 365 新增功能 OneDrive 能实现协同办公。

③用第三方软件实现协同办公如腾讯文档、金山文档、石墨文档、亿方云等，在线协同办公的方法很多，尤其是 Office 2019 以上新版本，增加有"特色功能"-"协作"，就是协同办公的功能。

（2）主控文档协同办公：

①快速拆分：首先设置要协同办公的长文档分级即是设置大纲级别，然后进行快速拆分。切换到"大纲视图"在"主控文档"单击"显示文档"，把要协同办公的几部分文档选中，单击"创建"如图 2-4-26 所示，把主文档分成了几部分（按标题 1 即一级大纲）每部分自动用虚线框起来了。

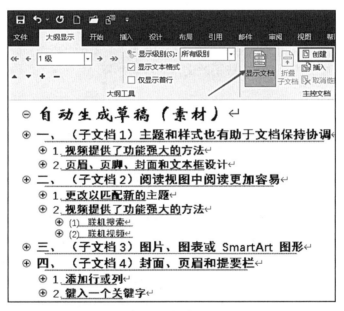

图 2-4-26 拆分主文档

把主文档保存在一个新建的文件夹（如协同办公）中，打开新建的文件夹（协同办公），会发现除了有主文档外还有新建的按一级大纲各部分标题命名的几个独立的文件如图2-4-27所示，这时候就可以把几个独立的文件分配给协同办公的几个人了。注意：不能改名。

②汇总修订：完成后的同名的几个文件发回来后，覆盖文件夹中的文件即可完成汇总。

图 2-4-27 独立子文档

③转成普通文档：打开主文档后，在"大纲视图"-"展开子文档"选中全文后"取消链接"就恢复成了普通文档，至此完成了此文档的协同办公。

【课后训练】

综合掌握了 Word 2016 的知识，现编辑排版一篇"人工智能.docx"的长文档，具体要求如下：

1. 页面设置：纵向 A4，常规页边距；页眉页脚距边界 2cm，指定行和字符网格每行 38 字符数，每页 40 行。

2. 标题"人工智能"设置黑体二号加粗，居中，段前段后 0.5 行；

3. 红色字为一级标题，蓝色字为二级标题，绿色字为三级标题，其他为正文。正文及各级标题样式要求如下：①正文格式，宋体五号，首行缩进 2 字符，1.25 倍行距。②一级标题格式，标题 1（大纲级别 1 级），修改后黑体三号加粗段前段后 0.5 行，居中，单倍行距。段前分页。③二级标题格式，标题 2（大纲级别 2 级），修改后华文新魏四号字，段前段后 6 磅，首行缩进 2 字符。④三级标题，标题 3（大纲级别 3 级），黑体五号字，其他默认。

4. 多级列表编号：一级标题为"一、"二级标题为"1."三级标题为"（1）"。

5. 用题注为文档中的图片添加标题，并创建交叉引用。

6. 每节设置不同的页眉，封面和目录不显示页码，其他页码连续。页码格式为"-1-，-2-，-3-，…"，在底端中间。

7. 自动生成目录，目录格式要求：目录 1 仿宋小三号加粗，单倍行距；目录 2 仿宋四号加粗，首行缩进 2 字符，行距固定值 18 磅；目录 3 仿宋小四号，首行缩进 3 字符，行距固定值 18 磅。

8. 自动生成封面，使用内置封面"运动型"单击点位符处输入文字。
9. 为文档添加图片水印或文字水印。图片或文字自定。
10. 在文档最后添加图片目录，格式默认.
11. 保存文件到桌面，文件名为"学号后两位+姓名+班级.docx"样图如图 2-4-28 所示。

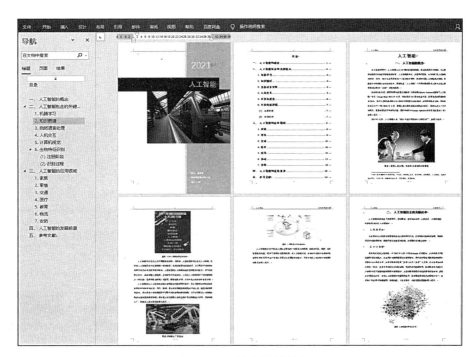

图 2-4-28　课后训练样图

2.5　Word 2016 邮件合并应用——制作邀请函

任务要点

1. 熟悉邮件合并的概念和意义。
2. 掌握邮件合并的操作流程。
3. 了解合并域格式设置。

2.5.1　任务描述

河北政法大学前身是河北省建筑建设学院，成立于 1951 年 7 月，具有辉煌的办学历史，是河北省法学教育的发源地，为河北省民主法制建设和经济社会发展作出了重要贡献。2021年10月,为更好地弘扬历史,激励奋进,开拓未来,学校决定于2021年10月12日隆重举行建校70周年大会,学校欲邀请100余位毕业生代表参会,其中计算机系毕业生代表10人,系党总支书记接到通知后马上展开了工作,多措并举联系毕业生,并收取他们的有关资料,发邀请函。

任务要求如下:

(1)利用Word表格创建数据源,文件名为"邀请函(数据源).docx"。

(2)创建主文档,文件名为"邀请函(主文档).docx"。

(3)运用"邮件合并"功能将"邀请函(数据源).docx"中的数据合并到"邀请函(主文档).docx"中,生成每位毕业生代表的邀请函。

2.5.2 技术分析

1. 邮件合并的概念

"邮件合并"是将一组变化的信息逐条插入到一个包含模板内容的Word文档中,从而批量生成需要的文档,大大提高工作效率。

包含模板内容的Word文档称为邮件文档(也称为主文档),而包含变化信息的文件称为数据源(也称为收件人),数据源可以是Word及Excel的表格、Access数据表等。

邮件合并功能主要用于批量填写格式相同、只需修改少数内容的文档。"邮件合并"除了可以批量处理信函、信封等与邮件相关的文档外,还可以轻松地批量制作标签、工资条、成绩单和准考证等。"邮件合并"在文档窗口的"邮件"选项卡下实现。

图2-5-1 "邮件"功能区

2. 邮件合并的实现方式

实现邮件合并有两种方式,采用"邮件合并分步向导"或者使用"邮件"功能区来执行邮件合并。

(1)邮件合并分步向导是Word提供的一个向导式邮件合并工具,通过采用交互方式,引导用户按系统设计好的步骤分步完成信函、电子邮件、信封、标签或目录的邮件合并工作。打开邮件合并的主文档,在"邮件"选项卡的"开始邮件合并"组中,单击"开始邮件合并"按钮,在弹出的下拉列表中选择"邮件合并分步向导"选项,如图2-5-2所示。用户可以根据提示完成选择数据源文件、插入合并域、预览信函和完成合并等步骤,最终生成邮件合并文件。

2.5 Word 2016 邮件合并应用——制作邀请函

图 2-5-2　邮件合并分步向导

（2）在文档窗口的右边将出现"邮件合并"窗格，如图 2-5-3 所示。点击"下一步：开始文档"，就会出现图 2-5-4。

注意：在第 2 步要选择"使用当前文档"。

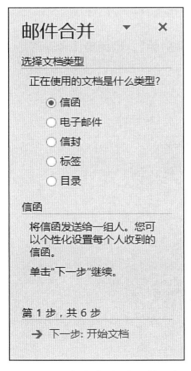

图 2-5-3　"邮件合并"窗格第 1 步

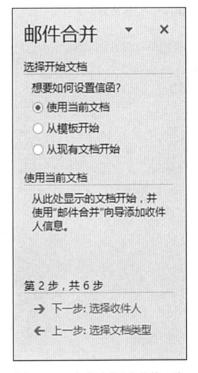

图 2-5-4　"邮件合并"窗格第 2 步

（3）点击"下一步：选择收件人"在这一步中注意选择"使用现有列表"。如图 2-5-5 所示然后点击"下一步：撰写信函"，按路径查找到"数据源"选中，如图 2-5-6 所示，再单击"打开"按钮，就会出现"邮件合并收件人"列表，点击"确定"。

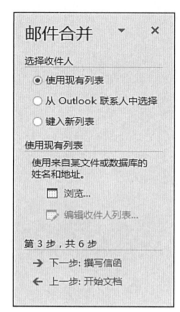 

图 2-5-5　"邮件合并"窗格第 3 步　　　　图 2-5-6　选中数据源

（4）这时回到主文档，继续点击"下一步：撰写信函"，出现邮件合并的第 4 步，如图 2-5-7 所示。

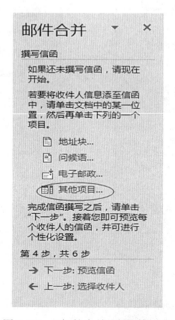

图 2-5-7　"邮件合并"窗格第 4 步

(5)逐个单击文档中需要填写收件人信息的位置,然后再单击"其他项目",选择正确的域名,插入需要合并的"域",如图 2-5-8 所示。插入合并域完毕后,点击"下一步:预览信函"。

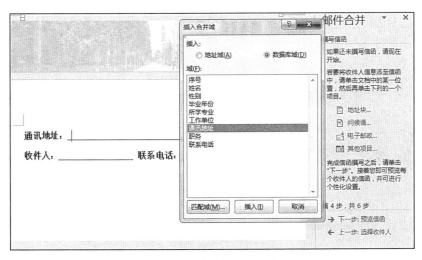

图 2-5-8　合并收件人信息

(6)见图 2-5-9,通过"收件人"左右两侧的翻页按钮,可以预览到所有收件人的信函,单击"下一步:完成合并",出现"邮件合并"的第 6 步,如图 2-5-10 所示。

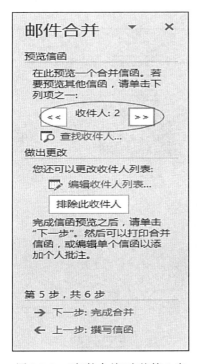 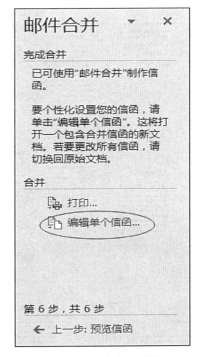

图 2-5-9　"邮件合并"窗格第 5 步　　图 2-5-10　"邮件合并"窗格第 6 步

（7）单击"编辑单个信函"，打开"合并到新文档"对话框，选择"全部"，点击"确定"。生成一个新文档"信函1"，点击文档"信函1"的"保存"按钮，输入文件名，把文档保存在桌面，方便打印。

（8）关闭主文档并时一定要点击保存。

（9）数据源表可以更新，再次打开主文档时，一定要选择"是"，否则原来合并好的文档会丢失。如图2-5-11所示。

图 2-5-11　重新打开主文档

2.5.3　示例展示

"邀请函"文档效果如图2-5-12所示。

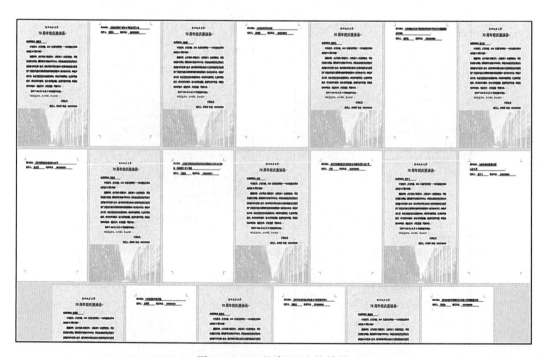

图 2-5-12　"邀请函"文档效果

2.5.4 任务实现

1. 创建数据源

新建 Word 文档,在其中创建如图 2-5-13 所示的表格,保存该文档,文件名为"邀请函(数据源).docx"。

序号	姓名	性别	毕业年份	所学专业	工作单位	通讯地址	职务	联系电话
1	李勇志	男	2006	信息管理与信息系统	石家庄众联科技有限公司	石家庄长安区广安街24号财富大厦A座	副总经理	18032352789
2	王树春	男	2009	电子商务	河北盛春堂健康管理有限公司	河北省沧州市运河区	董事长	18932723237
3	张伟光	男	2009	经济信息管理	河北盛千企业咨询管理有限公司	河北省衡水市安平县北新大道与和平街交叉口领超国际盛千网络	创始人	18833845666
4	骆义凯	男	2009	经济信息管理	邢台强文教育培训学校	邢台市桥东区泉南大街156号	校长	18835929595
5	刘彦波	男	2010	计算机信息管理	石家庄云里信息科技有限公司	石家庄市裕华区建设南大街与东岗路交口东行80米路南 长宏锦园一区1号楼	总经理	13603335313
6	王刚	男	2011	计算机信息管理	北京轻松筹信息技术有限公司	北京市东城区安定门东大街28号雍和大厦F座7层	高级dba	18210395908
7	曹宇飞	男	2017	电子商务	任丘市中洲网络科技有限公司	任丘市会战道创新大厦A座20层	董事长	13283258695
8	白圣熙	男	2017	经济信息管理	廊坊江南风情家具有限公司	河北省霸州市胜芳镇	总经理	13932612223
9	张玺龙	男	2018	计算机信息管理	北京和勤通信技术有限公司	北京市丰台区南三环东路23号F创胜芳中心	工程督导	13754598628
10	盖玫涵	女	2012	经济信息管理	西藏民族大学	陕西省咸阳市渭城区文汇东路6号西藏民族大学	硕士研究生	13313548998

图 2-5-13 邮件合并数据源表格

2. 创建主文档

新建 Word 文档,制作如图 2-5-14 所示的邀请函主文档,保存该文档,文件名为"邀请函(主文档).docx"。

3. 合并文档

(1)打开主文档文件"邀请函(主文档).docx",在"邮件"选项卡的"开始邮件合并"组中,单击"开始邮件合并"下拉按钮,在弹出的下拉列表中选择"信函"命令或"普通 Word 文档"命令。

(2)在"邮件"选项卡的"开始邮件合并"组中单击"选择收件人"下拉按钮,在弹出的

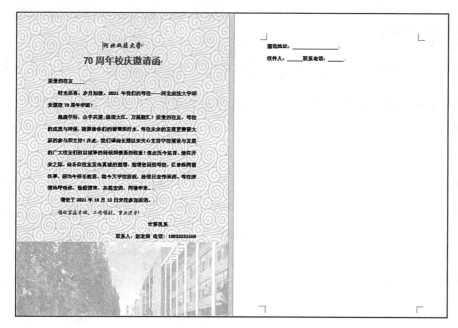

图 2-5-14 "邀请函"主文档

下拉列表中选择"使用现有列表"命令。如图 2-5-15 所示。

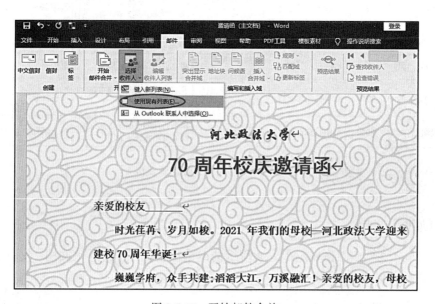

图 2-5-15 开始邮件合并

打开"选取数据源"对话框。选择"邀请函(数据源)"文件,单击"打开"按钮,可以将数据源中的数据链接至当前的主文档。

(3)将光标定位于"邀请函(主文档)"中的"亲爱的校友"后的下划线上,在"邮件"选项卡的"编写和插入域"组中单击"插入合并域"下拉按钮,在其下拉列表中将显示数据源中的所有域名(字段名),如图 2-5-16 所示。选择"姓名"域,就可在光标位置插入所选域,如图 2-5-17 所示。

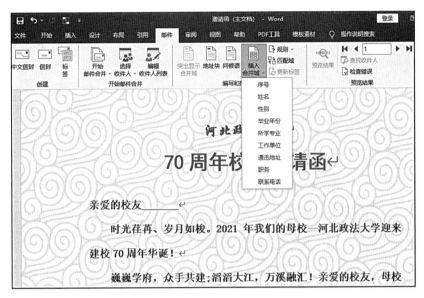

图 2-5-16　插入合并域

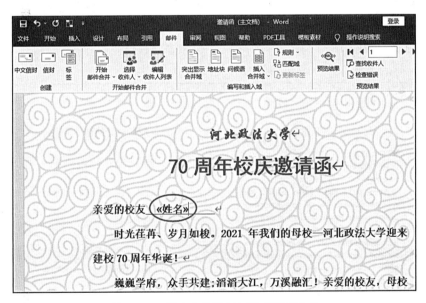

图 2-5-17　插入合并域《姓名》后效果合并

(4)重复步骤(3),在"邀请函(主文档)"中插入如图 2-5-18 所示的所有合并域。

(5)在"邮件"选项卡的"预览结果"组中单击"预览结果"按钮,可以查看合并后的效

第 2 章 文档处理

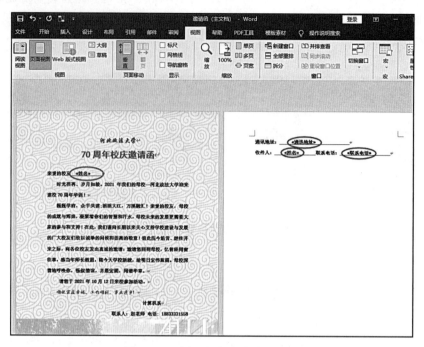

图 2-5-18　插入所有合并域后效果

果,如图 2-5-19 所示。其中使用导航条可以按记录号查看合并后的邀请函,或者单击"查找收件人"按钮,在弹出的"在域中查找"对话框中,通过指定查找域及查找内容,可以查看相应的合并后的邀请函。

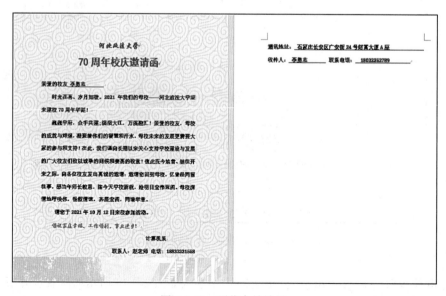

图 2-5-19　预览合并效果

注意：返回主文档进入编辑前，必须取消"预览结果"，在"预览结果"按钮上单击即可。

（6）预览确认文档没有错误，在"邮件"选项卡的"完成"组中，单击"完成并合并"下拉按钮，在其下拉列表中选择"编辑单个文档"命令，弹出"合并到新文档"对话框，如图 2-5-20 所示。选择要合并的记录，若选中"全部"单选按钮，则合并了所有记录。

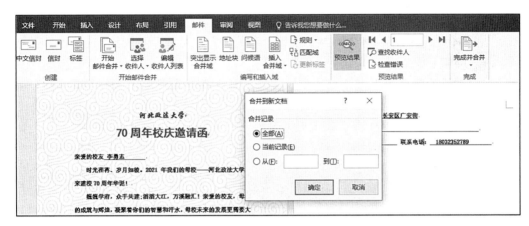

图 2-5-20　合并到新文档

（7）合并完成后将自动生成一个包含所有记录的新文档，可以保存该结果文档到桌面，文件名为"邀请函"，也可直接打印输出这些邀请函。

至此，批量制作邀请函任务完成。

2.5.5　能力拓展

1. 如何将 Excel 中的表格内容复制到 Word 表格中

（1）打开 Excel 表格内容，将需要复制的表格全部选中，右击鼠标选择复制。

（2）打开 Word 文档，点击"插入/表格"，按照 Excel 的表格样式设置 Word 表格行列数。

（3）将插入的表格全部选中，右击鼠标选择"粘贴"，此时 Excel 中的表格内容就复制到 Word 表格中了。

2. 邮件合并的注意事项

（1）邮件合并只能使用一个数据源。
（2）引用的数据源表格不可以有合并单元格的表格标题。
（3）数据源文档必须和主文档存放在同一个文件夹下。

【课后训练】

制作致家长的一封信，具体要求如下：

利用已给的"学生成绩单(数据源)"和"致家长的一封信(主文档)"制作致家长的一封信,利用邮件合并功能填写姓名以及"致家长的一封信(主文档)"中的"成绩单"表格中的内容。

【思政园地】

CPU——中国缺芯之觞

1904年、1947年和1958年,英国人和美国人分别发明了电子管、晶体管和半导体集成电路(IC),人类从此步入芯片时代。

通过几个简单的事实来说明中国与最先进技术在发明时间上的差距:1957年,中国研制出锗单晶,差距为10年;1966年底,上海元件五厂的TTL电路产品通过鉴定,差距为8年;1994年,沈阳东北微电子所研制出中国第一个X86处理器,差距为16年。

其实我国早已认识到集成电路的重要性,更急于改变当时的落后面貌,但采用的是运动、会战或突击的方式,幻想以市场换技术。如早在1974年,国家就组织了大规模集成电路会战。1982年国务院成立"电子计算机和大规模集成电路领导小组"。之后国家制定"863计划""531战略"等。由于追赶的方法不对,以行政命令代替市场规律,以引进代替自我研制,最终的结果是资金漫撒、效率低下;技术没换来,市场失去了;时间过去了,差距拉大了。总之是弊大于利。

进入21世纪,中国的努力已结出一些硕果。如北京大学程旭课题组的微处理器,星光一号、方舟一号、龙芯一号、银河飞腾FT-1500A等研制成功,上海兆芯拿到威盛的技术,比特大陆奠定挖矿"霸主"地位,中芯国际挖来世界顶尖大师等。大批人才回国,大批民企成立,中国进入海归创业和民企崛起的新时代。

在大势向好的同时也是充满坎坷,泥沙俱下。如2006年中芯第一次认输赔款,陈进"汉芯"事件,2018年红芯浏览器造假等。

中国在军事、国防等领域基本能够满足自身需要,在封闭测试环节已具有一定水平。通用芯片已形成神威等系列,嵌入式芯片形成星光等系列。

所谓中国缺芯之殇,缺的是世界最顶级的芯片。差距主要在民用领域,如电脑芯片和应用量很大的手机芯片等。在这个变数丛生的时代,中国芯片行业暗流涌动,已经孕育着走向成功的诸多因素。

(资料来源:周坤,我的计算机收藏之旅,中国计算机学会通讯,2020.8)

第 3 章 电子表格处理

学习目标

1. 认识 Excel2016 的工作界面,掌握基本概念和基本操作。
2. 掌握单元格格式的设置和主要的数据类型。
3. 掌握常用函数的使用方法,了解公式的加权运算。
4. 熟练掌握图表的创建与编辑。
5. 掌握数据管理的操作,如排序、筛选和分类汇总等。
6. 能根据数据列表创建数据透视表,进一步创建数据透视图。

Excel 2016 是 Microsoft 开发的一款专业的电子表格处理软件。Excel 2016 以其直观的界面、强大的数据处理功能和图表工具而被消费者认可,加上成功的市场营销,很快成为比较流行的个人计算机数据处理软件。

3.1 Excel 2016 基本应用——制作学生成绩统计表

任务要点

1. 认识 Excel2016 的工作界面,掌握基本概念和基本操作。
2. 掌握 Excel2016 单元格的格式设置及数据的录入技巧。
3. 掌握 Excel2016 主要的数据类型及表示方法。
4. 掌握条件格式和样式的使用。
5. 掌握常用函数的应用,理解函数的加权运算。

3.1.1 任务描述

每到期末,辅导员小王老师都会非常忙碌:除了一些日常的工作,还要处理班级的学习成绩。小王老师管理的 2019 级软件技术专业 1~3 班,本学期四门考试课:毛概、大学英语、高等数学和信息技术。单科成绩可以从教务系统导出,小王老师需要把各科成绩汇总到一张工作表中,并且把每个同学的成绩进行分析,评出等级,计算排名,统计不及格同学人数等。今天我们就一起来看看,怎样帮助小王老师快速理清数据,完成成绩分析。我们先看软件 1 班的成绩分析。

3.1.2 技术分析

要完成本次任务,需要掌握数据的输入技巧,工作表的基本操作,格式设置以及公式与函数的使用等处理方法。

首先单科成绩已经导出，如图 3-1-1 所示。我们需要创建一个新的工作簿，把各科成绩整理到一张空白工作表中。

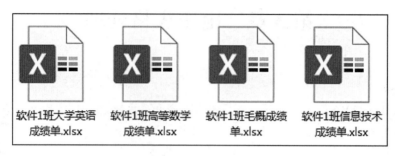

图 3-1-1　各科成绩表

要完成工作表的数据录入与处理，还必须具有基本的知识储备。

通常情况下，Excel 2016 创建的文件扩展名为 .xlsx，我们称之为"工作簿"。每个工作簿可以包含多张工作表。启动 Excel 2016 时，自动创建"工作簿 1"，如图 3-1-2 所示。默认情况下，工作簿包含 1 张工作表：Sheet1。可以通过"文件/选项"命令更改默认设置。

图 3-1-2　Excel 的工作界面

每个工作表都是一个由若干行和列组成的二维表格，它是 Excel 的工作区。行号用阿拉伯数字表示，范围 1~1048576 行，列标用大写英文字母表示(A，B，C，…，Z，AA，AB，AC，…，AZ，BA，BB，BC，…，XFD)，最多可达 16384 列。

行与列的交叉部分称为单元格。每个单元格用其所在的列标和行号来表示，称为单元格地址。例如，工作表第五列、第五行的单元格用 E5 表示。

当前被选中的单元格就是活动单元格。数据只能在活动单元格中输入。输入的数据除了在单元格显示，同时还会出现在编辑栏中。我们可以在单元格中输入数据，也可在编辑栏中直接键入或修改。

名称框用于显示活动单元格的地址或定义单元格区域的名称。

工作表标签一般位于工作表的下方，用于显示工作表的名称。默认情况下工作表以 Sheet1、Sheet2、Sheet3……命名，双击工作表标签可以更改工作表的名称。用鼠标单击工作表标签，可以在不同的工作表之间切换。当前可以编辑的工作表称为活动工作表。

1. 常用的数据类型及输入技巧

（1）Excel 中的数据类型。Excel 中包含多种数据类型，最常用的有：文本型、数值型、日期型、货币型、百分比型和自定义等。

在平时的工作生活中，我们会经常用到学号、编号、电话号码、身份证号、邮政编码之类的用数字表示的序列，这些数字信息不需要参与数学运算，但又需要完全显示出来。对于这类数字，我们就可以将它设置为"文本"类型。

文本型数据包括字母、数字、空格和符号，常规格式下默认左对齐；数值型数据包括 0~9、( )、+、−等符号，默认对齐方式右对齐。

（2）数据的输入技巧。Excel 的数据输入有很多技巧。比如自动填充、填充序列、在多个不相邻的单元格中填充相同数据等。通过拖动填充柄（鼠标指向活动单元格右下角时出现的黑色十字），可以进行文本、数字、日期等序列的自动填充，也可以对公式和函数进行复制。Excel 的"自动填充"功能，减少了数据输入的工作量，极大地提高了工作效率。

2. 单元格格式的设置

单元格格式的设置包括设置数字类型、设置对齐方式、设置字体、设置单元格边框及填充等。设置单元格格式可以单击"开始"选项卡的功能区的"字体"组、"对齐"组、"数字"组右下角的箭头，启动对话框，在"设置单元格格式"对话框中完成。如图 3-1-3 所示。

（1）设置数字格式。通常情况下，Excel 2016 输入单元格中的数据是未经格式化的，尽管 Excel 会尽量将其显示为最接近的格式，但并不能满足所有需求。因此，我们需要进行数字格式的设置，使得工作表更便于阅读、更规范，也更美观。

Excel 内置的数字格式有多种。

- 常规：默认格式。数字显示为整数、小数。当单元格宽度不够时，小数自动四舍五入，较大的数字使用科学计数法表示。
- 数值：可以设置小数位数，选择是否使用千位分隔符，以及如何表示负数。
- 货币：可以设置小数位数，选择货币符号，以及如何显示负数。该格式总是使用逗号分隔千位。
- 会计专用：货币符号总是垂直对齐排列，且不能指定负数方式。
- 日期：分为多种类型，可以根据区域选择不同的日期格式。

图 3-1-3 "设置单元格格式"对话框

- 时间：分为多种类型，可以根据区域选择不同的时间格式。
- 分数：根据所指定的分数类型以分数形式显示数字。
- 科学记数：用指数(E)显示较大或较小的数字。例如：1.5E+05 表示 150000；1.5E-05 表示 0.000015，小数位数可以设定。
- 文本：将单元格中的数据视为文本，并在输入时准确显示内容。
- 特殊：包括 3 种附加的数字格式，即邮政编码、中文小写数字和中文大写数字。
- 自定义：如果以上的数字格式还不能满足需要，可以自定义数字格式。

设置数字格式，选择需要设置数字格式的单元格，单击"开始"选项卡的"数字"组的"数字格式"下拉箭头，在打开的下拉列表中选择相应的格式即可。利用该组的其他按钮可进行百分数、小数位数等格式的快速设置。更详细设置可以在"设置单元格格式对话"中完成。如图 3-1-4 所示。

(2) 设置对齐。选择需要设置对齐方式的单元格区域，在"开始"选项卡的"对齐方式"组中单击不同按钮即可设置不同的对齐方式、缩进，以及合并单元格。如果需要进行更多设置，打开"设置单元格格式"对话框，在"对齐"选项卡中完成。"对齐"选项卡不仅能设置对齐方式，还能完成"合并单元格"的设置，如图 3-1-5 所示。

(3) 设置字体。选择需要设置字体的单元格区域，在"开始"选项卡的"字体"组中单击不同按钮即可设置。如果需要进行更多设置，打开"设置单元格格式"对话框，在"字体"选项卡中完成。

图 3-1-4　设置数字格式

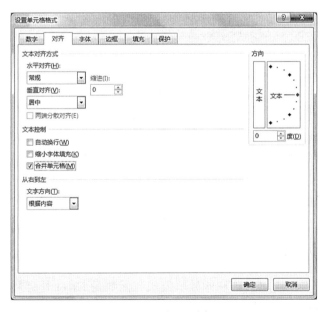

图 3-1-5　设置"对齐"

（4）设置边框。虽然 Excel 工作区有单元格和虚框线，但如果不设置单元格的边框线，打印时，这些虚框是不可见的。要给表格加边框线，常用的方法有以下三种。

①选中要设置单元格的区域，单击鼠标右键，在弹出的快捷菜单中选择"设置单元格格式"命令，弹出"设置单元格格式"对话框，选择"边框"选项卡，设置边框参数后单击"确定"按钮来设置边框线，在该选项卡中，用户可以对边框线条的样式、颜色，以及位置进行选择，如图3-1-6所示。

图3-1-6　设置"边框"

②选中要设置单元格的区域，单击"开始"选项卡"字体"组中的"边框"命令旁的下拉箭头，在展开的下拉列表中选择需要的边框或者选择"其他边框"选项，弹出"设置单元格格式"对话框，在对话框中进行边框设置，如图3-1-7所示。

③选中要设置单元格的区域，单击"开始"选项卡中"格式"组的下拉箭头，在展开的下拉列表中选择"设置单元格格式"选项，弹出"设置单元格格式"对话框，选择"边框"选项卡进行设置，如图3-1-8所示。

(5)设置填充。在"设置单元格格式"对话框中完成。

3. 公式与函数的使用

Excel单元格中可以使用公式和函数。公式与函数是Excel处理数据的强大工具，熟练掌握常用函数的用法可以极大地提高工作效率。

(1)公式是指在单元格中执行运算功能的等式，可以根据需要任意编辑。所有公式必须以"="开头，后面是公式表达式。回车确认后单元格显示公式运算的结果，编辑栏显示公式表达式。

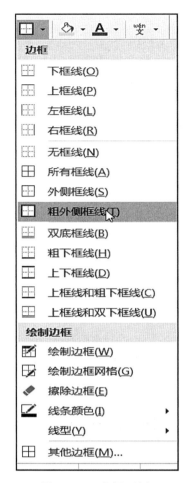

图 3-1-7 "边框"列表

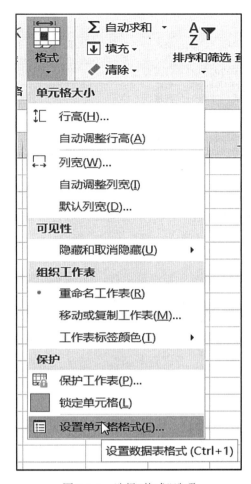

图 3-1-8 选择"格式"选项

（2）函数是 Excel 内置的公式，是预先编辑好的，我们可以直接调出使用。所有函数都包含三部分：函数名称、函数参数和一对圆括号。

我们以 SUM 函数为例来说明。

SUM（Number1，Number2，…），"SUM"是函数名称，从其名称我们也可以大致了解它的含义和用途。使用时函数名字是不区分大小写的。

函数名是告诉我们执行什么运算，函数参数则是对谁执行运算。参数是函数运算时必须要有的数据，可以是数值、文本、逻辑值、表达式，也可以是单元格引用。如 SUM（2，5，6），SUM（D3：G7）等。

一对圆括号把函数参数括起来，函数中一对圆括号是不能省略的。

在单元格引用时如果出现了冒号，比如 D3：G7，这就说明引用的是一个矩形区域，如图 3-1-9 所示。

注意：函数中所有的字符、标点符号都必须是英文输入法状态下键入的。

常用函数如下：

A	B	C	D	E	F	G	H	I	J
学号	姓名	性别	毛概	高等数学	大学英语	信息技术	总分	平均分	排名
2019020101	程东方	男	58.0	56.0	81.0	92.0	287.0	71.8	
2019020102	韩露露	女	91.0	67.0	75.0	78.0	311.0	77.8	
2019020103	何磊	男	82.0	85.0	86.0	85.0	338.0	84.5	
2019020104	黄敏	女	87.0	90.0	88.0	90.0	355.0	88.8	
2019020105	黄小非	女	87.0	87.0	87.0	74.0	335.0	83.8	
2019020106	贾连春	男	86.0	96.0	82.0	86.0	350.0	87.5	
2019020107	韩无双	女	92.0	95.0	95.0	91.0	373.0	93.3	
2019020108	李丽	女	92.0	82.0	82.0	93.0	349.0	87.3	

图 3-1-9　矩形区域的引用

- Sum 函数：执行求和运算，函数参数可以是一个个的单元格，也可以是一个区域。
- Average 函数：执行平均运算。
- Max 函数：最大值函数，在一组数据中返回最大值。
- Min 函数：最小值函数，在一组数据中返回最小值。
- Count 函数：计数，统计某区域中包含数字的单元格个数。
- CountA 函数：计数，统计某区域中非空单元格的个数。
- Countif 函数：条件统计，统计某区域中满足一定条件的单元格个数。
- If 函数：逻辑判断函数，包含三个参数。判断单元格数据是否满足某条件，如果满足返回一个值，如果不满足返回另一个值。在 Excel 2016 中，If 函数可以嵌套 64 层。
- Rank 函数：排名函数，包含三个参数，计算某数据在一组数据中的大小排名。第三个参数有时候可以省略，如果省略或是零按降序排名；如果是非零数字则按升序排名。

4. 单元格引用

单元格引用是指公式中指明的一个单元格或一个单元格区域。单元格引用包括相对引用、绝对引用和混合引用。

相对引用：像“A2”这样，“列标在前，行号在后”这种表示单元格的方式我们叫单元格的“相对引用”。公式在复制或移动时，公式中引用的单元格会随着公式位置的变化而改变。

绝对引用：像“ $ A $ 2”这种表示单元格的方式我们叫单元格的“绝对引用”。公式在复制或移动时，公式中引用的单元格不会随着公式位置的变化而改变。

混合引用：像“ $ A2”或“A $ 2”这种表示单元格的方式我们叫单元格的“混合引用”。它是指当公式在复制或移动时，公式中引用的单元格随着公式位置的变化只有行或者列发生变化。

5. 单元格的复制与粘贴

在复制粘贴的过程中，粘贴完数据以后，源数据区域的四周仍然会存在闪烁的虚线框,我们可以按"ESC"键取消;也可以在粘贴时,按"Enter"键粘贴。

用鼠标拖动的方法也可以复制单元格数据。方法为:选中要复制的区域,将鼠标指针移动至该区域的边框处,当鼠标指针变成四个方向的十字箭头时,按下 Ctrl 键不放,拖动该区域到目标位置后,释放鼠标,再释放 Ctrl 键。如果拖动鼠标时没有按下 Ctrl 键,则执行的是移动操作。这种复制移动的方式粘贴的是源数据的所有属性。

对于包含公式的单元格区域,粘贴以后有时候会提示错误,这是因为公式中使用了单元格的相对引用或混合引用,而目标区域的单元格与源单元格周围数据不匹配造成的。这时候我们可以撤销操作,使用快捷菜单的"选择性粘贴"命令,如图 3-1-10 所示。

图 3-1-10　选择性粘贴

6. 行、列和单元格的插入与删除

在对工作表中的数据进行编辑时,难免会出现遗漏,如遗漏一个单元格中的数据,或遗漏一行或一列,这时可以通过插入单元格、行或列来弥补。

(1)插入行、列和单元格的方法有下述两种。

①选择要插入单元格、行、列的单元格位置,单击鼠标右键,在弹出的右键菜单中选择"插入"选项,在弹出的"插入"对话框中,根据需求选择插入单元格、整行或整列。

②选择要插入单元格、行、列的单元格位置,单击"开始"选项卡中的"插入"命令旁边的功能下拉箭头,在展开的命令菜单中选择相应的选项即可。

(2)删除行、列和单元格时，选中要删除的单元格或要删除的行、列中的任意一个单元格，单击鼠标右键，在弹出的快捷菜单中选择"删除"选项，弹出"删除"对话框，根据操作选择恰当的选项即可。

7. 单元格常见错误提示

常见的错误提示如表 3-1-1 所示。

表 3-1-1　　　　　　　　　　　　单元格常见错误提示

错误提示	说　明
#####	当某一列宽度不够而无法在单元格中显示所有字符时，或者设置为日期时间格式的单元格中包含负值时，Excel 将出现此提示
#DIV/0!	当除数为零或除数为空单元格时，将显示此错误提示
#N/A	当某个值不允许被用于函数或公式但却被其引用时，出现此提示
#NAME?	当出现了 Excel 无法识别的文本或字符时，出现此提示
#NULL!	当指定两个不相交的区域的交集时，会出现此提示
#NUM!	当公式或函数中包含无效数值时，出现此提示
#VALUE!	当公式所包含的单元格有不同的数据类型时，出现此提示
#REF!	当单元格引用无效时，出现此提示

8. 工作表行高和列宽的调整

使用 Excel 2016 建立数据表时，数据表的每行、每列的宽度和高度都是一样的，如果需要改变行或列的宽度，可以有多种方法，我们只介绍其中的两种。

（1）选中需要调整的行或列，右击鼠标，在弹出的快捷菜单中选择"行高"或"列宽"命令，输入数值，确定即可，如图 3-1-11 所示。

图 3-1-11　"行高"对话框

（2）使用鼠标拖动的方法改变行高和列宽。

将鼠标指向行号下端（列标右侧）的横格线（竖格线），光标由原来的空心十字转为上下箭头或左右箭头，按下鼠标左键上下或左右拖动，拖动时名称栏中会显示当时的行高或者列宽。当显示的值适合期望的行高或列宽时，松开鼠标左键即可。

9. 打印工作表

打印工作表之前，我们要首先对工作表进行页面设置。包括页边距、纸张大小、纸张方向、对齐方式、打印区域以及页眉页脚设置等。

可以使用"文件"/"打印"，在"设置"和"页面设置"中完成；也可以使用"页面布局"选项卡的"页面设置"组命令完成设置。

3.1.3 示例展示

本次任务中，我们将利用 Excel 2016 完成图 3-1-12 的制作。

	A	B	C	D	E	F	G	H	I	J	K
1	学号	姓名	性别	毛概	高等数学	大学英语	信息技术	总分	平均分	排名	高数等级
2	2019020101	程东方	男	58.0	56.0	81.0	92.0	287.0	71.8	19	不及格
3	2019020102	韩露露	女	91.0	67.0	75.0	78.0	311.0	77.8	15	及格
4	2019020103	何磊	男	82.0	85.0	86.0	85.0	338.0	84.5	7	及格
5	2019020104	黄敏	女	87.0	90.0	88.0	90.0	355.0	88.8	3	优秀
6	2019020105	黄小非	女	87.0	87.0	87.0	74.0	335.0	83.8	8	及格
7	2019020106	贾连春	男	86.0	96.0	82.0	86.0	350.0	87.5	4	优秀
8	2019020107	韩无双	女	92.0	95.0	95.0	91.0	373.0	93.3	1	优秀
9	2019020108	李丽	女	92.0	82.0	82.0	93.0	349.0	87.3	5	及格
10	2019020109	刘飞	男	78.0	78.0	76.0	76.0	308.0	77.0	16	及格
11	2019020110	张启航	男	75.0	86.0	85.0	82.0	328.0	82.0	10	及格
12	2019020111	韩燕	女	92.0	95.0	90.0	82.0	359.0	89.8	2	优秀
13	2019020112	王笑笑	男	85.0	78.0	78.0	78.0	319.0	79.8	14	及格
14	2019020113	刘海燕	女	87.0	58.0	88.0	93.0	326.0	81.5	11	不及格
15	2019020114	李红霞	女	82.0	86.0	82.0	82.0	332.0	83.0	9	及格
16	2019020115	赵艳霞	女	82.0	75.0	91.0	91.0	339.0	84.8	6	及格
17	2019020116	毛小宇	男	56.0	72.0	72.0	93.0	293.0	73.3	18	及格
18	2019020117	黄丽影	女	66.0	68.0	78.0	82.0	294.0	73.5	17	及格
19	2019020118	韩创	男	66.0	88.0	66.0	66.0	286.0	71.5	20	及格
20	2019020119	王欢	男	82.0	85.0	75.0	83.0	325.0	81.3	12	及格
21	2019020120	刘明芳	女	66.0	81.0	89.0	89.0	325.0	81.3	12	及格
22											
23	毛概不及格人数			2							

图 3-1-12　效果图

3.1.4 任务实现

根据已有的素材"软件1班信息技术成绩单.xlsx""软件1班毛概成绩单.xlsx""软件1班大学英语成绩单.xlsx"以及"软件1班高等数学成绩单.xlsx"中的数据，利用数据录入、工作表复制和单元格复制的方法，完成"软件1班学生成绩统计表.xlsx"的数据，并使用公式与函数进行相关的数据处理。

1. 创建工作簿"软件1班学生成绩统计表.xlsx"

启动 Excel 2016，程序打开的同时会自动创建"工作簿1"，单击标题栏的"保存"按钮，弹出"另存为"对话框，在对话框中，我们可以选择文件保存的路径(桌面)、文件名(软件1班学生成绩统计表.xlsx)和文件类型(Excel 工作簿(*.xlsx))。

2. 在工作表"Sheet1"中键入数据

工作表中的数据可以直接键入到活动单元格中，也可以从其他工作表中复制过来。

(1)Sheet1 工作表中，选中 A 列，设置单元格格式为"文本型"。在 A1 单元格键入"学号"，A2 单元格键入"2019020101"，选中 A2 单元格，拖动填充柄，填充至"2019020120"。

(2)打开素材"软件1班毛概成绩单.xlsx"，选择 Sheet1 工作表，复制 B1：D21 区域的内容，粘贴到"软件1班学生成绩统计表.xlsx"的 Sheet1 工作表的 B1：D21 区域；打开素材"软件1班高等数学成绩单.xlsx"，选择 Sheet1 工作表，复制 D1：D21 区域的内容，粘贴到"软件1班学生成绩统计表.xlsx"的 Sheet1 工作表的 E1：E21 区域；同样的方法，分别复制大学英语、信息技术的成绩到 Sheet1 的 F1：F21、G1：G21 区域。

(3)根据单元格内容，使用鼠标粗略调整行高和列宽。调整完成后的 Sheet1 效果如图3-1-13 所示。

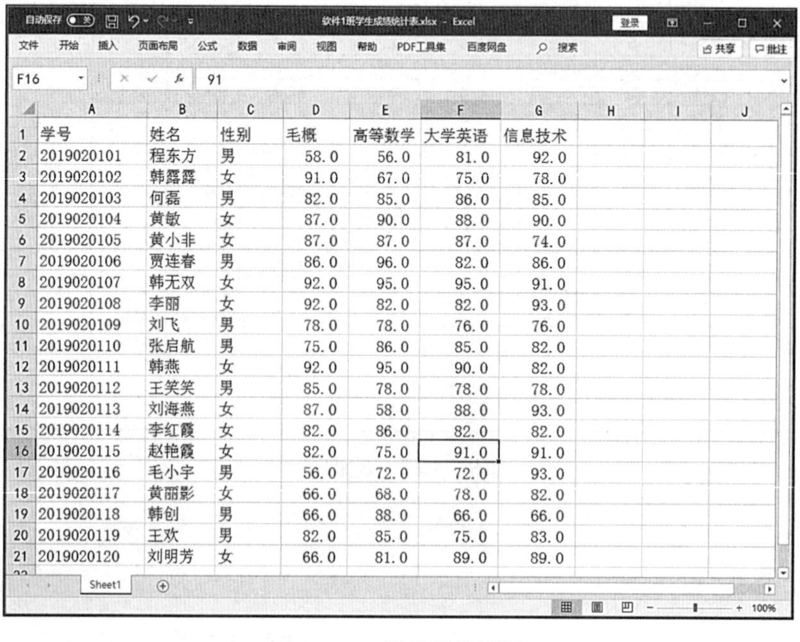

图 3-1-13　调整后效果图

3. 使用函数处理数据

函数可以简化计算，特别适用于繁杂的计算。
(1)添加"总分"列，计算出每位同学的总分，方法如下：
①在 H1 单元格键入"总分"。

②选中 H2 单元格，单击"公式"选项卡下工具栏左侧 fx 按钮，弹出"插入函数"对话框，在对话框中，我们可以选择函数的类别和名称，这里选 SUM，如图 3-1-14 所示。

③选择"SUM"函数后，单击"确定"按钮，弹出"函数参数"对话框，光标定位在 Number1 参数中，鼠标框选"D2：G2"单元格区域，单击"确定"或"Enter"键即可完成 H2 单元格的计算，如图 3-1-15 所示。

图 3-1-14　插入 SUM 函数

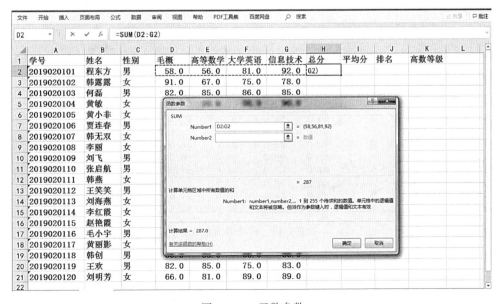

图 3-1-15　函数参数

④向下拖动 H2 右下角的填充柄,完成公式的复制填充,计算出其他同学的总分。

Excel 中求和除了可以使用"插入函数"按钮 fx,还可以使用"开始"或"公式"选项卡下的"自动求和"按钮 Σ。

(2) 添加"平均分"列,计算出每位同学的平均分,方法如下:

① 在 I1 单元格键入"平均分"。

② 选中 I2 单元格,在"开始"选项卡的"编辑"组中单击"自动求和"下拉按钮(或单击"公式"选项卡中的"自动求和"下拉按钮),选择"平均值",如图 3-1-16 所示。

选择以后,程序会自动插入平均函数,并且选定参数,如图 3-1-17 所示。如果觉得程序选择的参数正确,按"Enter"键即可。如果认为程序选择的参数不准确,在函数参数反白显示时,鼠标框选正确的参数即可;当然,也可以直接在函数参数中键入正确参数。

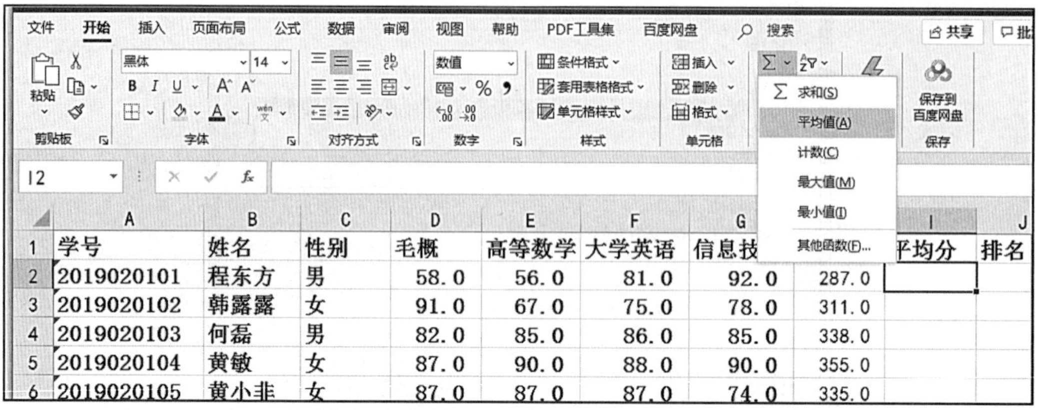

图 3-1-16 自动求和按钮

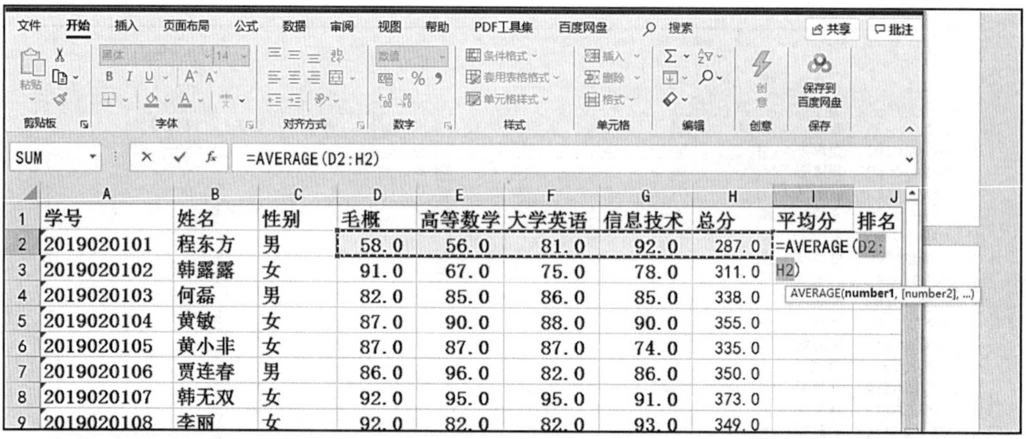

图 3-1-17 自动选择参数

③ 向下拖动 I2 右下角的填充柄,计算出其他同学的平均分。

无论是求和还是求平均值,编辑栏中都会显示函数表达式。

注意：我们自己编辑公式或者键入函数的时候，必须选在单元格中输入"="。

(3) 添加"排名"列，根据总分计算出每位同学的名次，方法如下：

①在 J1 单元格键入"排名"。

②选中 J2 单元格，单击"插入函数"按钮 *fx*，打开"插入函数"对话框，在打开的对话框中选择函数的类别和名称，如果不知道排名函数属于哪一类，我们可以选择"全部"类别，如图 3-1-18 所示。"全部"包含了 Excel 内置的所有函数，并且按照首字母的升序排列。

图 3-1-18　函数类别

③选择类别后，在"选择函数"列表框向下拖动滚动条，找到"RANK"，如图 3-1-19 所示。

④单击"确定"，打开"函数参数"对话框，编辑函数参数，如图 3-1-20 所示。

注意：当我们把鼠标定位在当前参数编辑区的时候，对话框中就会相应地出现对该参数含义的解释。

⑤单击"确定"按钮，在 J2 单元格返回该排名 19，拖动填充柄复制公式，得到全部同学的总分排名结果。

大家可能注意到了，在编辑 RANK 函数的第二个参数时，我们引用的是一个矩形区域，为什么不是"H2：H21"，而变成"＄H＄2：＄H＄21"了呢？

前边技术分析中我们已经提到了相对引用与绝对引用，这种在列标和行号的前边都加上美元符的表示方法我们叫做绝对引用。因为 RANK 函数的第二个参数是比较的标准，每一个同学的总分都必须和这个标准比，这个标准在复制公式的过程中是不能改变的，因此使用绝对引用。这就使得我们在拖动填充柄的过程中，参与排序的数值不断变化，而比

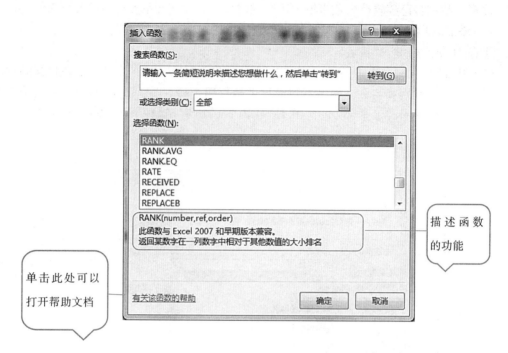

图 3-1-19　RANK 函数

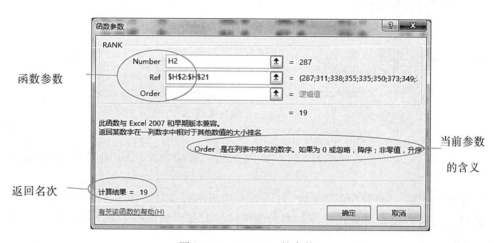

图 3-1-20　RANK 函数参数

较的标准则是唯一的，从而保证排名的可靠性。

从计算结果还可以看出，当数据中出现两个并列名次（两个并列 12）时，13 就自动消失，下一个就排 14。

注意：在引用单元格地址后，选中该单元格地址，按【F4】键，就可以在相对引用、绝对引用和混合引用之间依次切换。如引用"H2"后，选中"H2"，每按一次【F4】键，单元格表示方式就变化一次，依次在"H2"/"＄H＄2"/"H＄2"/"＄H2"/"H2"之间循环。

(4) 添加"高数等级"列,计算出每位同学的"高等数学"的成绩等级,方法如下:
①在 K1 单元格键入"高数等级"。
②选中 K2 单元格,单击"插入函数"按钮 fx,打开"插入函数"对话框,在"搜索函数"区键入"IF",点击"转到",如图 3-1-21 所示。

图 3-1-21　搜索函数

③单击"确定",打开"函数参数"对话框,编辑函数参数,如图 3-1-22 所示。

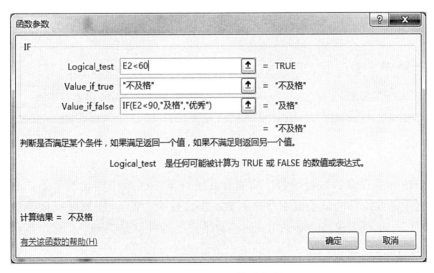

图 3-1-22　IF 函数的参数

④单击"确定"按钮,拖动 K2 的填充柄,复制 IF 函数,计算其他同学的高数等级。

IF 函数属于逻辑判断函数，包含三个参数。第一个参数 Logical_ test 是一个可能被计算为"TREE"或"FALSE"数值或表达式；第二个参数 Value_ if_ true 是当第一个参数被计算为"TRUE"时的返回值，第三个参数 Value_ if_ false 是当第一个参数被计算为"FALSE"时的返回值。

本案例中，"高数等级"设定为三个：60 分以下是不及格，大于等于 60 分并且小于 90 分为及格，大于等于 90 分为优秀。所以需要用到 IF 函数的嵌套。本案例 IF 函数可以表示为"=IF(E2<60,"不及格", IF(E2<90,"及格","优秀"))"。

注意：函数参数中，逗号、双引号都必须在英文输入法状态下键入。

(5) 统计"毛概"不及格人数，方法如下：

① 合并 A23：B23，在合并后的单元格中键入"毛概不及格人数"。

② 选中 C23，单击"插入函数"按钮 f_x，打开"插入函数"对话框，选择函数的类别"全部"，函数的名称"COUNTIF"。

③ 单击"确定"按钮，弹出"函数参数"对话框，编辑函数参数，如图 3-1-23 所示。

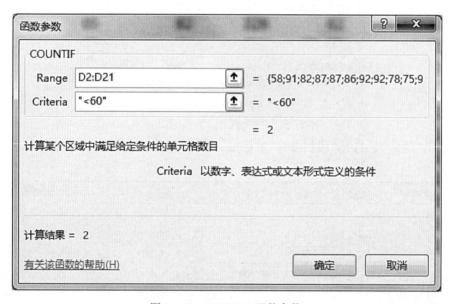

图 3-1-23　COUNTIF 函数参数

COUNTIF 函数是条件统计函数，功能就是统计某一区域中满足给定条件的单元格数目。本案例中需要统计的是毛概不及格人数，那么这个"某区域"就是存放毛概成绩的区域"D2：D21"，也就是第一个参数 Range；满足一定条件就是"<60"，这个条件就是第二个参数 Criteria。

4. 使用条件格式，把毛概 60 分以下的单元格突出显示出来

(1) 选中"D2：D21"，选择"开始"选项卡下的"样式"组下拉按钮"条件格式"，如图 3-1-24 所示。

3.1 Excel 2016 基本应用——制作学生成绩统计表

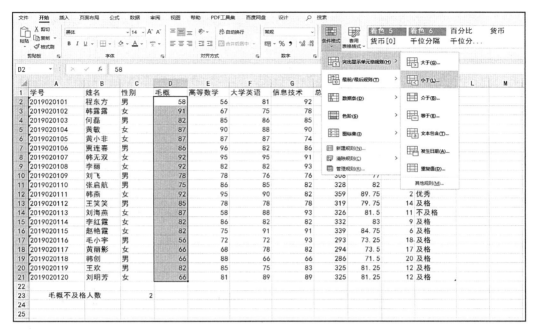

图 3-1-24 条件格式

（2）单击"小于"，在打开的对话框中设置条件"60"，选择为满足条件的单元格设置自定义格式，如图 3-1-25 所示。

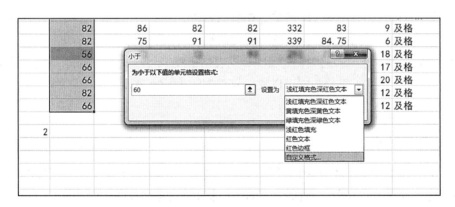

图 3-1-25 设置突出显示规则

（3）单击"自定义格式"，打开"设置单元格格式"对话框，设置字体"红色加粗"，填充"黄色"，如图 3-1-26 所示。

（4）确定以后效果如图 3-1-27 所示。

153

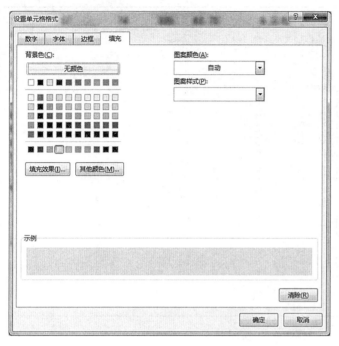

图 3-1-26　设置突出显示格式　　　　图 3-1-27　条件格式效果

5. 修饰工作表

（1）选中 A1：K21，打开"设置单元格格式"对话框，在"边框"选项卡设置外框线为"粗实线"，内框线为"细实线"，颜色均为"绿色，个性色 6，深色 25%"；

（2）选择"开始"选项卡的"样式"组"套用表格格式"下拉按钮，选择"绿色，表样式中等深浅 7"，如图 3-1-28 所示。应用样式后效果如图 3-1-29 所示。

保存工作簿。

3.1.5　能力拓展

体育课成绩是一个比较复杂的计算过程。由于涉及的项目多，各个项目占的权重有别，所以计算起来比较复杂。下面我们就着重练习公式与函数的加权计算。

（1）打开"软件 1 班学生体育成绩汇总表（素材）.xlsx"，选择"原始数据"工作表。将"原始数据"工作表复制一份，重命名为"体育成绩汇总"。

（2）选择"体育成绩汇总"工作表，将 A1：J1 合并居中，设置第一行行高 40，文字黑体 22 号；分别将 A2：C2，E2：G2，I2：J2，A24：C24 合并居中；将第二、三行的行高设为 25，文字水平居中对齐；其余各行高均为 22，除第一行外，其他文字均为黑体 14 号，居中对齐。

（3）计算"总评成绩"。总评成绩由理论成绩、身体素质测验成绩和选项成绩按照不同

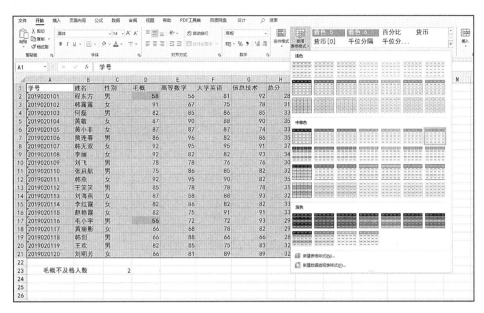

图 3-1-28 套用表格样式

学号	姓名	性别	毛概	高等数学	大学英语	信息技术	总分	平均分	排名	高数等级
2019020101	程东方	男	58.0	56.0	81.0	92.0	287.0	71.8	19	不及格
2019020102	韩露露	女	91.0	67.0	75.0	78.0	311.0	77.8	15	及格
2019020103	何磊	男	82.0	85.0	86.0	85.0	338.0	84.5	7	及格
2019020104	黄敬	女	87.0	90.0	88.0	90.0	355.0	88.8	3	优秀
2019020105	黄小非	女	87.0	87.0	87.0	74.0	335.0	83.8	8	及格
2019020106	贾连春	男	86.0	96.0	82.0	86.0	350.0	87.5	4	优秀
2019020107	韩无双	女	92.0	95.0	95.0	91.0	373.0	93.3	1	优秀
2019020108	李丽	女	92.0	82.0	82.0	93.0	349.0	87.3	5	及格
2019020109	刘飞	男	78.0	78.0	76.0	76.0	308.0	77.0	16	及格
2019020110	张启航	男	75.0	86.0	85.0	82.0	328.0	82.0	10	及格
2019020111	韩燕	女	92.0	95.0	90.0	82.0	359.0	89.8	2	优秀
2019020112	王笑笑	男	85.0	78.0	78.0	78.0	319.0	79.8	14	及格
2019020113	刘海燕	女	87.0	58.0	88.0	93.0	326.0	81.5	11	不及格
2019020114	李红霞	女	82.0	86.0	82.0	82.0	332.0	83.0	9	及格
2019020115	赵艳霞	女	82.0	75.0	91.0	91.0	339.0	84.8	6	及格
2019020116	毛小宇	男	56.0	72.0	72.0	93.0	293.0	73.3	18	及格
2019020117	黄丽影	女	66.0	68.0	78.0	82.0	294.0	73.5	17	及格
2019020118	韩创	男	66.0	88.0	66.0	66.0	286.0	71.5	20	及格
2019020119	王欢	男	82.0	85.0	75.0	83.0	325.0	81.3	12	及格
2019020120	刘明芳	女	66.0	81.0	89.0	89.0	325.0	81.3	12	及格
毛概不及格人数			2							

图 3-1-29 效果图

的权重构成。我们首先计算程东方的总评成绩"＝D4＊20%＋AVERAGE（E4：G4）＊30%＋H4＊50%"。理论成绩占比 20%，所以我们用"D4＊20%"。身体素质测验成绩占 30%，而身体素质测验又包括三项：立定跳远、100 米和 800 米。所以，我们需要用三项身体素质测验成绩的平均值乘以 30%，即“AVERAGE(E4：G4) * 30%”。选项占比 50%，所以选项成绩用“H4 * 50%”表示，求和即得总评成绩，求出程东方的总评成绩，向下拖动填充柄即可填充其他同学的“总评成绩”。

(4)根据计算出的“总评成绩”，使用 IF 函数，按照“90 分以上等级为 A，80~90 分为 B，其他为 C”的规则计算 “等级”。

(5)计算“各科成绩优秀率”。各科成绩优秀率=各科优秀的人数/各科总人数，我们可以使用 COUNTIF 函数求出各科优秀的人数，使用 COUNT 函数计算出各科总人数。也就是说，各科成绩优秀率“=COUNTIF(D4：D23,">=90")/COUNT(D4：D23)”，这是军事理论的优秀率，向右拖动填充柄，即可计算出其他科目的成绩优秀率。

(6)数据计算完成以后，我们可以对工作表进行格式化，为打印工作表做准备。给数据区域加上边框线，进行页面设置：纸张 A4，横向；页边距为“上下 0.9 厘米，左右 0.8 厘米”，水平垂直居中对齐。完成以后效果如图 3-1-30 所示。

打印效果如图 3-1-31 所示。

软件1班体育成绩汇总表

学生信息			理论成绩（20%）	身体素质测验（30%）			专项（50%）	总成绩	
学号	姓名	性别	军事理论	立定跳远	100米	800米	篮球	总评成绩	等级
2019020101	程东方	男	85.0	92.0	81.0	92.0	84.0	85.5	B
2019020102	韩露露	女	71.0	78.0	75.0	78.0	78.0	76.3	C
2019020103	何磊	男	78.0	85.0	86.0	85.0	94.0	88.2	B
2019020104	黄敏	女	83.0	90.0	88.0	90.0	91.0	88.9	B
2019020105	黄小非	女	67.0	90.0	87.0	74.0	90.0	83.5	B
2019020106	贾连春	男	92.0	86.0	82.0	86.0	85.0	86.3	B
2019020107	韩无双	女	84.0	91.0	95.0	91.0	98.0	93.5	A
2019020108	李丽	女	86.0	93.0	82.0	93.0	85.0	86.5	B
2019020109	刘飞	男	69.0	76.0	76.0	76.0	90.0	81.6	B
2019020110	张启航	男	95.0	82.0	85.0	90.0	88.0	88.7	B
2019020111	韩燕	女	95.0	82.0	90.0	82.0	93.0	90.9	A
2019020112	王笑笑	男	71.0	78.0	78.0	78.0	81.0	78.1	C
2019020113	刘海燕	女	86.0	93.0	88.0	93.0	91.0	90.1	A
2019020114	李红霞	女	91.0	82.0	82.0	82.0	85.0	85.3	B
2019020115	赵艳霞	女	84.0	91.0	91.0	91.0	94.0	91.1	A
2019020116	毛小宇	男	86.0	93.0	72.0	93.0	75.0	80.5	B
2019020117	黄丽影	女	75.0	82.0	78.0	90.0	81.0	80.5	B
2019020118	韩创	男	59.0	66.0	66.0	66.0	69.0	66.1	C
2019020119	王欢	男	76.0	83.0	75.0	83.0	78.0	78.3	C
2019020120	刘明芳	女	82.0	89.0	89.0	89.0	92.0	89.1	B
各科成绩优秀率			20.0%	40.0%	15.0%	45.0%	45.0%	20.0%	

原始数据　体育成绩汇总　Sheet2　Sheet3

就绪

图 3-1-30　“体育成绩汇总”效果图

软件1班体育成绩汇总表

学生信息			理论成绩(20%)	身体素质测验(30%)			专项(50%)	总成绩	
学号	姓名	性别	军事理论	立定跳远	100米	800米	篮球	总评成绩	等级
2019020101	程东方	男	85.0	92.0	81.0	92.0	84.0	85.5	B
2019020102	韩露露	女	71.0	78.0	75.0	78.0	78.0	76.3	C
2019020103	何磊	男	78.0	85.0	86.0	85.0	94.0	88.2	B
2019020104	黄敬	女	83.0	90.0	88.0	90.0	91.0	88.9	B
2019020105	黄小非	女	67.0	90.0	87.0	74.0	90.0	83.5	B
2019020106	贾连春	男	92.0	86.0	82.0	86.0	85.0	86.3	B
2019020107	韩无双	女	84.0	91.0	95.0	91.0	98.0	93.5	A
2019020108	李丽	女	86.0	93.0	82.0	93.0	85.0	86.5	B
2019020109	刘飞	男	69.0	76.0	76.0	76.0	90.0	81.6	B
2019020110	张启航	男	95.0	82.0	85.0	90.0	88.0	88.7	B
2019020111	韩燕	女	95.0	82.0	90.0	86.0	93.0	90.9	A
2019020112	王笑笑	男	71.0	78.0	78.0	78.0	81.0	78.1	C
2019020113	刘海燕	女	86.0	93.0	88.0	93.0	91.0	90.1	A
2019020114	李红霞	女	91.0	82.0	82.0	82.0	85.0	85.3	B
2019020115	赵艳霞	女	84.0	91.0	91.0	91.0	94.0	91.1	A
2019020116	毛小宇	男	86.0	93.0	72.0	93.0	75.0	80.5	B
2019020117	黄丽影	女	75.0	82.0	78.0	90.0	81.0	80.5	B
2019020118	韩创	男	59.0	66.0	66.0	66.0	69.0	66.1	C
2019020119	王欢	男	76.0	83.0	75.0	83.0	78.0	78.3	C
2019020120	刘明芳	女	82.0	89.0	89.0	89.0	92.0	89.1	B
各科成绩优秀率			20.0%	40.0%	15.0%	45.0%	45.0%	20.0%	

图 3-1-31　打印效果图

【课后训练】

打开素材"存款记录汇总.xlsx",按如下要求操作:

1. 复制 Sheet1 工作表,将副本重命名为"存款明细",下面的操作都在"存款明细"工作表中完成。

2. 填充"编号"列数据,文本格式,从 01~20。填充"存入日"列数据,从 2018-1-6 开始,每隔一个月存一笔,设置该列格式为自定义类型:yyyy-mm-dd。

3. 根据"期限"列数据,填充"年利率"(要求使用 IF 函数)。该列数据为百分比型,保留小数点后两位小数。具体要求:期限一年的,年利率是 1.75%;期限是 2 年的,年利率是 2.25%;期限是 3 年的,年利率是 2.75%。年利率可参考"=IF(C2=1,1.75%,IF(C2=2,2.25%,2.75%))"。

4. 计算"到期日",常规格式。到期日可参考"=DATE(YEAR(B2)+C2,MONTH(B2),DAY(B2))",如图 3-1-32 所示。

DATE 函数是日期函数,包含 3 个参数,分别构成日期里面的年月日。本例参数里面的"Year(B2)"称为年函数,意思是把 B2(存入日)单元格的"年份"取出来,加上 C2,C2 是期限,所以就得到到期日的"年";同样的道理,参数里面的"MONTH(B2)"称为月函数,意思是把 B2(存入日)单元格的"月份"取出来,作为到期日的"月";参数里面的"DAY(B2)"称为日函数,意思是把 B2(存入日)单元格的"日"取出来,做为到期日的"日"。

5. 计算"本息"列数据,将数据设置为货币型,保留两位小数,添加人民币符号。本

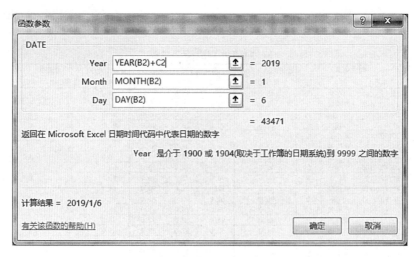

图 3-1-32 DATE 函数

息=金额+利息=金额+金额*年利率*期限。大家根据提示自己编辑公式求出。

6. 格式化工作表

①第一行行高 25，其他行 22；单元格水平垂直居中对齐；文字"宋体 16 号"。

②外边框要求：粗实线，"绿色，个性色 6，深色 25%"；内框线要求：双窄线，"绿色，个性色 6，深色 25%"。添加边框，可以使用"设置单元格格式"对话框。

③套用表格格式：绿色，表样式中等深浅 7。

完成后效果如图 3-1-33 所示。

	A	B	C	D	E	F	G	H
1	编号	存入日	期限	年利率	金 额	到期日	本 息	银 行
2	01	2018-01-06	1	1.75%	¥2,200.00	2019/1/6	¥2,238.50	农业银行
3	02	2018-03-06	1	1.75%	¥2,800.00	2019/3/6	¥2,849.00	建设银行
4	03	2018-05-06	2	2.25%	¥5,000.00	2020/5/6	¥5,225.00	招商银行
5	04	2018-07-06	1	1.75%	¥2,800.00	2019/7/6	¥2,849.00	交通银行
6	05	2018-09-06	3	2.75%	¥2,500.00	2021/9/6	¥2,706.25	交通银行
7	06	2018-11-06	3	2.75%	¥1,600.00	2021/11/6	¥1,732.00	农业银行
8	07	2019-01-06	3	2.75%	¥3,600.00	2022/1/6	¥3,897.00	交通银行
9	08	2019-03-06	3	2.75%	¥2,800.00	2022/3/6	¥3,031.00	交通银行
10	09	2019-05-06	3	2.75%	¥3,800.00	2022/5/6	¥4,113.50	建设银行
11	10	2019-07-06	3	2.75%	¥2,200.00	2022/7/6	¥2,381.50	农业银行
12	11	2019-09-06	2	2.25%	¥4,200.00	2021/9/6	¥4,389.00	农业银行
13	12	2019-11-06	3	2.75%	¥1,800.00	2022/11/6	¥1,948.50	建设银行
14	13	2020-01-06	3	2.75%	¥4,000.00	2023/1/6	¥4,330.00	招商银行
15	14	2020-03-06	2	2.25%	¥5,000.00	2022/3/6	¥5,225.00	招商银行
16	15	2020-05-06	3	2.75%	¥3,000.00	2023/5/6	¥3,247.50	建设银行
17	16	2020-07-06	1	1.75%	¥4,200.00	2021/7/6	¥4,273.50	农业银行
18	17	2020-09-06	3	2.75%	¥2,400.00	2023/9/6	¥2,598.00	招商银行
19	18	2020-11-06	2	2.25%	¥5,600.00	2022/11/6	¥5,852.00	农业银行
20	19	2021-01-06	3	2.75%	¥3,600.00	2024/1/6	¥3,897.000	交通银行
21	20	2021-03-06	3	2.75%	¥5,000.00	2024/3/6	¥5,412.50	招商银行

图 3-1-33 课后训练完成效果图

3.2 Excel 2016 图表——东风电器销售数据图表

任务要点

1. 掌握创建图表的方法，认识各种不同的图表类型。
2. 掌握图表的数据源的选择与修改方法。
3. 掌握图表元素的添加与删除方法。
4. 掌握图表样式和颜色的使用，熟悉图表的格式化。
5. 理解嵌入图表和图表工作表的区别，并能够互相转换。

本案例通过对东风电器销售数据表的分析处理，介绍 Excel 2016 中图表的制作及编辑修改等内容。

3.2.1 任务描述

儿童节刚过，办公室的小刘就接到了各分店发送过来的 5 月销售数据，小刘马上对各分店的销售情况进行了汇总，制作了"东风电器 5 月销售情况统计表.xlsx"。可是，经理要根据各分店 5 月的销售额，制定下一步的营销计划，怎样能够让经理对各分店的销售额一目了然呢？

今天，我们就用图表帮小刘实现这个愿望。

3.2.2 技术分析

图表可以更加清晰、直观、生动地表现数据。更易于表现数据之间的关系及数据变化的趋势。我们利用工作表中的数据制作图表，当工作表中的数据源发生变化时，图表中对应项的数据也会自动更新，如折线图表达趋势走向、柱形图强调数量的差异等。

Excel 2016 除了前期版本常见的图表类型外，还新增了树形图、旭日图、直方图、箱形图、瀑布图、漏斗图和组合图等，如图 3-2-1 所示。Excel 2016 不仅图表类型丰富，生成图表也很快捷，选中数据，单击"插入"选项卡中的"推荐的图表"选项，就可以快速生成图表。

图表插入后，会出现一个"图表工具"的"设计"选项卡，其提供了"添加图表元素""快速布局""更改颜色""图表样式""切换行/列""选择数据""更改图表类型"和"移动图表"等功能，大量图表样式供用户选择，可以快速、方便地修改图表，如图 3-2-2 所示。

1. 添加图表元素

图表插入后，可以为图表添加坐标轴、坐标轴的标题、图表标题、数据标签、数据表、误差线、网格线、图例等元素。添加图表元素的方法有两种，一种方法是单击"设计"选项卡中的"添加图表元素"命令旁的下拉箭头，在展开的菜单中选择对应的菜单项，完成元素的添加，如图 3-2-3 所示；另一种方法是选中图表后，单击图表右上角的"+"图标，再选择要添加的元素，如图 3-2-4 所示。

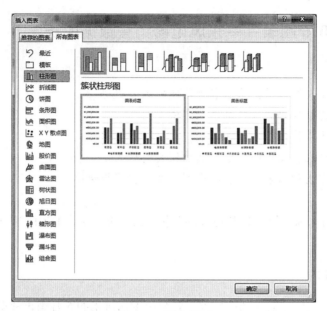

图 3-2-1 图表类型

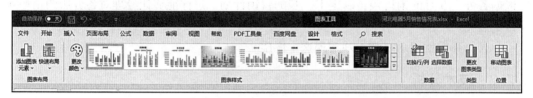

图 3-2-2 "图表工具"的"设计"选项卡

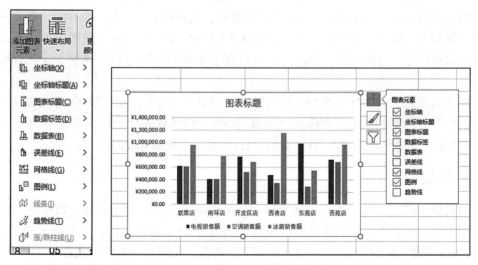

图 3-2-3 添加图表元素方法 1　　　图 3-2-4 添加图表元素方法 2

2. 快速布局

Excel 2016 为不同类型的图表提供了多种布局，用户可以单击"设计"选项卡的"快速布局"中的下拉箭头，单击不同布局浏览查看该种布局的图表效果。

3. 更改颜色

更改图表颜色有两种方法，一种方法是单击"设计"选项卡中的"更改颜色"的下拉箭头；另一种方法是单击图表旁边的"画笔"按钮后选择"颜色"标签，都会弹出如图3-2-5所示的列表框，选择合适的色块即可更改颜色。

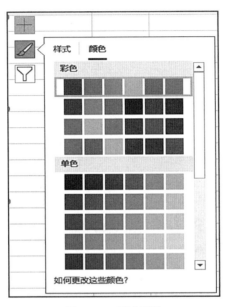

图 3-2-5 更改颜色

4. 更改数据源

插入图表后，如果需要对图表显示的数据进行调整，可选择"图表工具"的"设计"选项卡下"数据"组的"选择数据"命令，在打开的"选择数据源"对话框中重新选择数据；也可以右击图表，在弹出的快捷菜单中选择"选择数据…"，打开"选择数据源"对话框，选择需要更新的数据源，如图 3-2-6 所示。

5. 图表样式

Excel 2016 提供了多种图表样式供用户选择，插入图表后，可以在"图表工具"的"设计"选项卡的"图表样式"中选择图表样式，也可以单击图表旁边的"画笔"按钮，选择"样式"标签，在打开的样式列表中选择图表的样式。

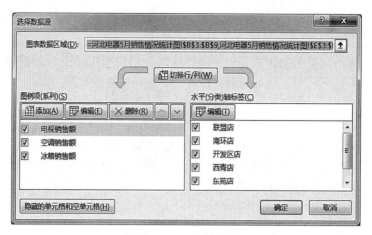

图图 3-2-6　更改数据源

6. 更改图表类型

若对已插入的图表类型不满意，可以选择"设计"选项卡中的"更改图表类型"选项，在弹出的"更改图表类型"对话框中选择其他图表类型，如图 3-2-7 所示。

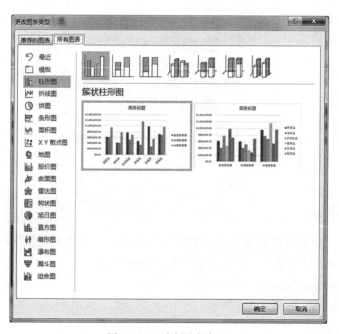

图 3-2-7　更改图表类型

7. 移动图表

图表插入后，可以通过鼠标拖动调整图表的位置，也可以通过"设计"选项卡中的"移

3.2 Excel 2016 图表——东风电器销售数据图表

动图表"选项,将图表放到一个新的工作表中,创建一个新工作表"Chart1"来存放该图表。如图 3-2-8 所示,这种图表叫"图表工作表"。

图 3-2-8　移动图表

3.2.3　示例展示

本任务完成效果如图 3-2-9 所示。

图 3-2-9　效果图

3.2.4 任务实现

本次任务是要把东风电器各分店的销售额形象直观地表现出来,我们初步选择图表类型中的"簇状柱形图"。

1. 选择工作表

打开小刘预先整理好的工作簿"东风电器 5 月销售情况表.xlsx",选择 Sheet1 工作表。

2. 创建簇状柱形图比较各分店 5 月销售情况

(1)我们要选定数据源,Sheet1 中的数据比较多,我们只选择核心的数据做为数据源,B3:B9、E3:E9、H3:H9、K3:K9,如图 3-2-10 所示。

分店	单价	数量	电视销售额	单价	数量	空调销售额	单价	数量	冰箱销售额	总销售额
联盟店	¥5,200.00	120	¥624,000.00	¥3,600.00	170	¥612,000.00	¥6,400.00	150	¥960,000.00	¥2,196,000.00
南环店	¥5,200.00	80	¥416,000.00	¥3,600.00	115	¥414,000.00	¥6,400.00	122	¥780,800.00	¥1,610,800.00
开发区店	¥5,200.00	150	¥780,000.00	¥3,600.00	147	¥529,200.00	¥6,400.00	108	¥691,200.00	¥2,000,400.00
西青店	¥5,200.00	92	¥478,400.00	¥3,600.00	97	¥349,200.00	¥6,400.00	181	¥1,158,400.00	¥1,986,000.00
东苑店	¥5,200.00	190	¥988,000.00	¥3,600.00	80	¥288,000.00	¥6,400.00	86	¥550,400.00	¥1,826,400.00
西苑店	¥5,200.00	140	¥728,000.00	¥3,600.00	192	¥691,200.00	¥6,400.00	152	¥972,800.00	¥2,392,000.00

图 3-2-10 选定数据源

(2)单击"插入"选项卡中的图表旁的对话框启动器,弹出"插入图表"对话框,选择"推荐的图表"之"簇状柱形图",如图 3-2-11 所示。

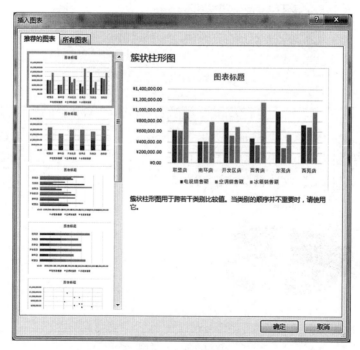

图 3-2-11 选择图表类型

（3）单击"确定"，即可插入图表，该图表默认是嵌入到 Sheet1 工作表中的，如图 3-2-12 所示。

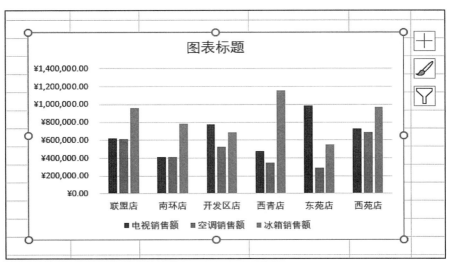

图 3-2-12　插入图表

3. 设置图表元素

（1）添加图表标题和图例。选中图表，单击图表右边的"+"按钮，在弹出的列表框中选中"坐标轴""图表标题""网格线""图例"前的复选框，这时图表中将增加"图表标题"和"图例"，本案例中，这四项前面的复选框是默认选中的，如图 3-2-13 所示。

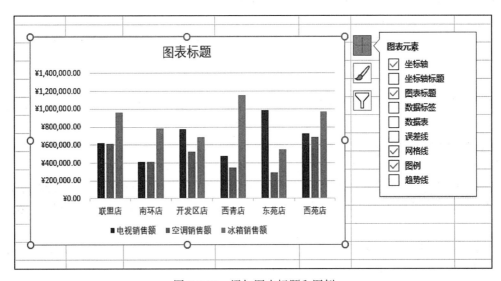

图 3-2-13　添加图表标题和图例

当然，如果去掉"图例"前的复选框，图例即消失。

把鼠标定位在"图表标题"，修改图表标题为"5月各店销售情况图"，使用"开始"选项卡的"字体"组按钮设置文字格式为"楷体，蓝色，18号"；双击"图例"，显示"设置图例格式"窗格，设置图例的位置"靠上"，文本选项为"蓝色填充"，如图 3-2-14 所示。我们还可以使用"开始"选项卡的"字体"组按钮设置图例的字体格式。

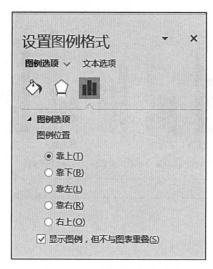

图 3-2-14　设置图例格式

（2）设置坐标轴格式。

①单击数值轴，显示"设置坐标轴格式"窗格，设置数值轴的最大刻度值为 1.5E6，主要刻度单位 300000，次要刻度单位 60000，如图 3-2-15 所示。

②在"开始"选项卡的"字体"组功能区，设置数值轴为"等线，蓝色，10号"。

③选中分类轴（水平轴），在"开始"选项卡的"字体"组功能区，设置格式其为"黑体，蓝色，10号"。

（3）设置图表区格式。

①设置图表区背景：选中图表，显示"设置图表区格式"窗格，设置图表区填充色为"浅色渐变-个性色2"，边框自动，如图 3-2-16 所示。效果如图 3-2-17 所示。

②设置绘图区背景：单击绘图区，显示"设置绘图区格式"窗格，设置绘图区填充为"图片或纹理"，选择"羊皮纸"，如图 3-2-18 所示，设置后效果如图 3-2-19 所示。

（4）设置数据系列格式。单击图表区的"冰箱销售额"数据系列，显示"设置数据系列格式"窗格，把图表中的"冰箱销售额"数据系列灰色填充改成"绿色，个性色6，深色25%"。

（5）更改数据源。更改数据源我们在前面技术分析中已经讲过了，可以使用"图表工具/设计"选项卡的"数据"组按钮"选择数据"来完成。

3.2　Excel 2016 图表——东风电器销售数据图表

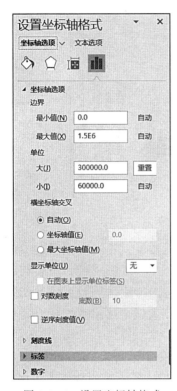

图 3-2-15　设置坐标轴格式

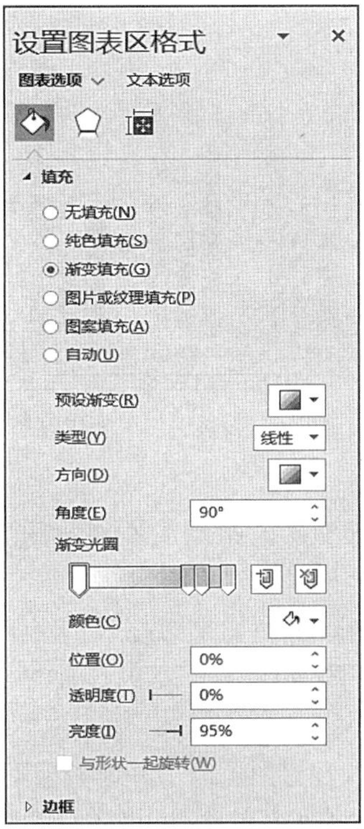

图 3-2-16　设置图表区格式

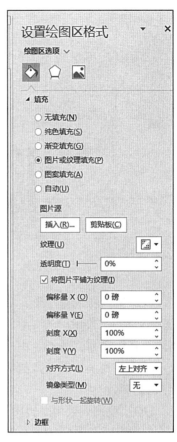

图 3-2-18　设置绘图区格式

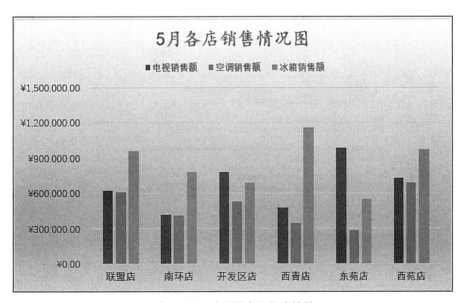

图 3-2-17　设置图表区格式效果

167

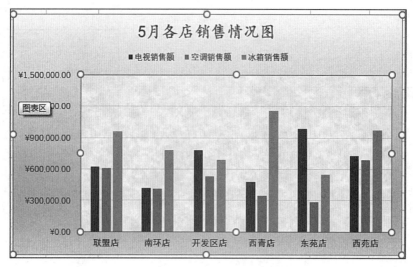

图 3-2-19 设置绘图区格式效果

这里我们特别讲一下,如何单纯地删除或添加数据。比如说,我们要把图表中的"冰箱销售额"删除,直接在图表区单击"冰箱销售额"系列,按"Delete"键,图表区就删除了这个系列,数据源中也删除了。如果想把"冰箱销售额"再添加到数据源和图表区,只需要复制冰箱销售额所在的区域"K3:K9",粘贴到图表区,这组数据就会添加到图表中。

(6) 更改图表类型。使用簇状柱形图可以很好地表现不同分店不同产品的销售额,如果我们想重点突出"对比",可以更改图表类型为"簇状条形图"。条形图的数值轴在水平轴,分类轴在竖直轴,如图 3-2-20 所示。

图 3-2-20 族状条形图效果 1

如果选择"簇状条形图"的第二种，分类轴和图例就会互换，如图 3-2-21 所示。

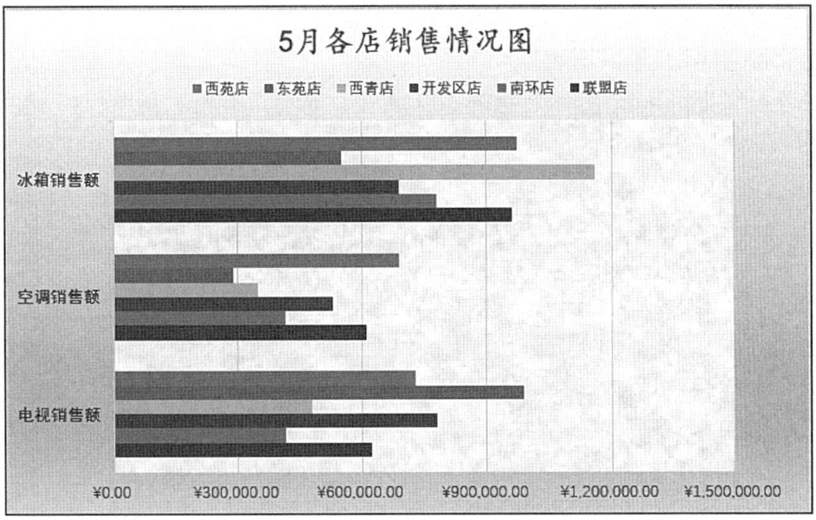

图 3-2-21　簇状条形图效果 2

这样，对于冰箱、电视、空调，哪个店的销售额最高，我们就一目了然了。

（7）显示数据表。如果想让图表中显示每一个的数据，我们可以添加图表元素，将"数据表"前面的复选框勾上，如图 3-2-22 所示。

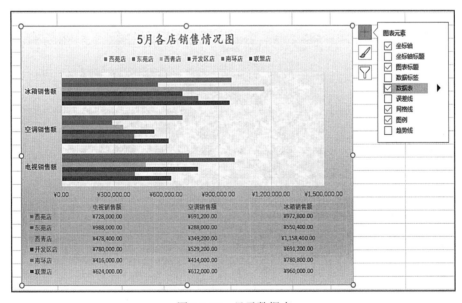

图 3-2-22　显示数据表

(8)移动图表。

①我们可以使用鼠标左键拖动图表周围的控点来调整图表的大小,还可以用鼠标左键拖动图表,到合适的位置松开鼠标,即可移动图表。这种图表是做为工作表中的一个对象出现的,我们把它叫做"嵌入图表"。

②我们还可以把图表放在一个新的工作表中。选择"图表工具/设计"选项卡,单击"位置"组的"移动图表"命令,打开"移动图表"对话框,如图3-2-23所示。

图 3-2-23　移动图表

单击"确定",该图表就会被移动到"Chart1"工作表中,我们称为"图表工作表"。效果如图 3-2-24 所示。"Chart1"是存放图表的工作表的默认名称,我们可以在"移动图表"对话框中修改名称,也可以插入图表后再修改。

保存工作簿。

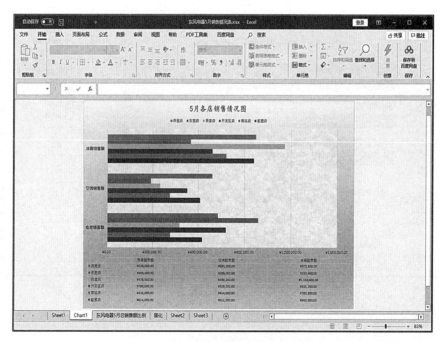

图 3-2-24　图表工作表

3.2.5 能力拓展

重新打开工作簿"东风电器 5 月销售情况表.xlsx",选择 Sheet1 工作表。现在只比较各分店的总销售额。我们可以使用柱形图、条形图,这里我们使用饼图。

(1)选择分店数据"B3:B9"、总销售额数据"L3:L9",插入三维饼图。

(2)饼图没有坐标轴,只有图表标题、图例和数据标签。

(3)选择"图表样式 7"。

(4)添加图表元素的"数据标签"的级联菜单"更多选项…",可以打开"设置数据标签格式"窗格,选择"类别名称""百分比"和"显示引导线",如图 3-2-25 所示。

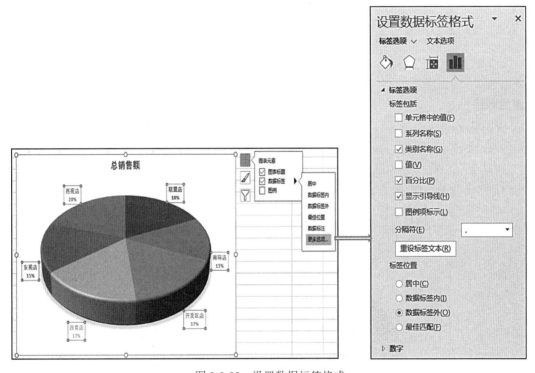

图 3-2-25 设置数据标签格式

(5)修改"开发区店"数据点的颜色,选中表示"开发区店"的灰色扇形区,在"设置数据点格式"窗格中,选择"填充/图片或纹理/花束"即可完成修改。

(6)如果需要创建"分离型三维饼图",选中一个扇形块,单击鼠标拖离中心即可,如图 3-2-26 所示。

(7)将图表移到当前工作表的 A11:F28 单元格区域。

(8)重命名工作表为"东风电器 5 月总销售额比例",保存工作簿。

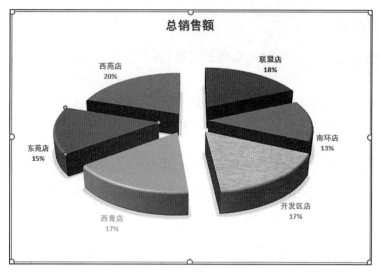

图 3-2-26　分离型三维饼图

【课后训练】

保险业务员小李把 5 月新投保车险的客户资料整理了一下，建立了一个工作簿"5 月新客户投保车险明细表.xlsx"，把客户的投保资料放在了 Sheet1 工作表中。大家根据小李建立的这个工作簿，完成图表的制作。要求如下：

1. 创建图表工作表"总保费-旭日图"，效果如图 3-2-27 所示。

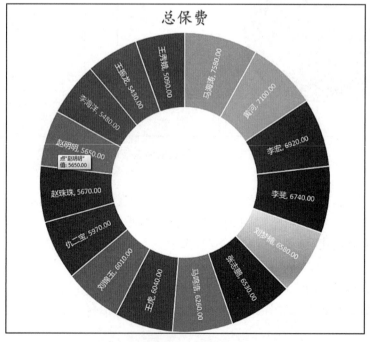

图 3-2-27　旭日图

(1)根据Sheet1中的"投保人"(A2：A17)、"总保费"(I2：I17)两组数据，创建"旭日图"，图表标题为"总保费"，楷体，24号，蓝色；

(2)添加数据标签"类别名称""值"；

(3)修改李海洋、李斐、刘梦楠的数据点填充色，颜色自己选(与其他数据点的颜色区分清楚即可，纯色、渐变、纹理或图案均可)；

(4)将该图表移到新工作表中，并且重命名为"总保费-旭日图"。

2. 创建图表工作表"车险保费明细图"，效果如图3-2-28所示。

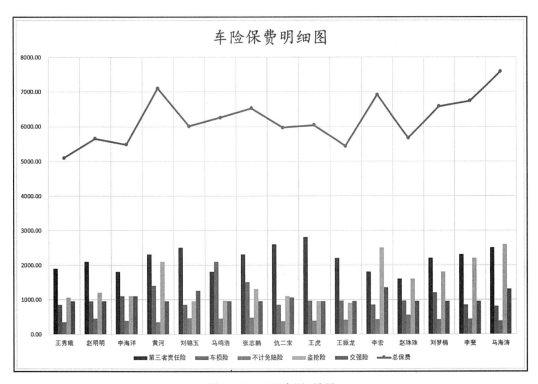

图3-2-28 "组合图"效果

(1)根据Sheet1中的"投保人"(A2：A17)、各分险种保费和总保费(D2：I17)数据，创建"簇状柱形图"。图表标题为"车险保费明细图"，楷体，24号，蓝色；

(2)修改图表类型，把"簇状柱形图"改为"组合图"。其中，各分险种使用"簇状柱形图"，"总保费"使用"带数据标记的折线图"，如图3-2-29所示；

(3)将该图表移到新工作表中，并且重命名为"车险保费明细图"。

保存工作簿。

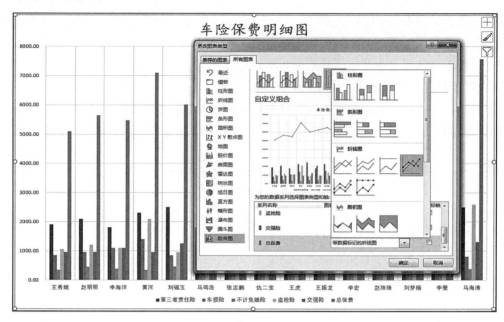

图 3-2-29　修改"总保费"类型

3.3　Excel 2016 数据库管理——软件专业学生成绩分析

任务要点

1. 熟悉数据列表(数据清单)、字段、记录这些概念。
2. 掌握数据的排序、复杂排序和自定义序列排序。
3. 掌握自动筛选和高级筛选的方法。
4. 掌握分类汇总的方法。
5. 能够根据给出的数据列表,创建数据透视表和数据透视图。

3.3.1　任务描述

前面的任务一我们讲到,小王把软件1班的学生成绩计算出来了,同样把自己管理的软件2班、3班的成绩也计算了出来,保存在工作簿"2020 软件专业学生成绩统计表.xlsx"的三个工作表中。今天我们就来分析一下软件三个班的学习成绩,使用排序、筛选、分类汇总的方法,得到自己想要的数据。

3.3.2　技术分析

在工作表中录入基础数据之后,往往还需要对这些数据进行分析处理,以便获取更加丰富实用的信息。为了实现这一目的,Excel 提供了丰富的数据处理功能,可以对原始的数据进行深入的分析处理。通过本次任务，我们学习数据的排序、筛选、分类汇总及数据透视表的建立等数据管理操作。

Excel 的数据管理功能是基于正确的数据列表基础上实现的，数据列表也常常叫做"数据清单"。我们先来看数据清单的构建规则。

- 数据清单一般是一个矩形区域，也可以理解成一个二维表格。应该与周围的非列表区内容用空白的行或列隔开，所以，一个数据列表中没有空白的行或空白的列。
- 数据清单的第一行应该是标题行，作为每列的标志，列标题应该便于理解数据的含义。
- 数据清单中的每一列叫做一个字段，列标题叫做字段名。
- 每一列的数据格式必须一致；
- 除第一行外，数据清单中的每一行叫做一条记录。
- 一个工作表中尽可能只有一个数据清单。

数据清单类似于数据库表，可以像数据库一样使用。Excel 在执行数据库操作(如排序、筛选、分类汇总)时，会自动将数据清单视为数据库，并使用以上数据清单元素来组织数据。

Excel 除了可以在工作表中直接录入数据外，还可以从外部导入数据，比如文本文件、数据库、网站内容等，极大地扩展了数据的来源范围，提高了输入速度。

1. 排序

建立数据清单时，各记录按照录入的先后顺序排列。如果要从数据清单中查找需要的信息，就很不方便。为了提高查找效率，需要重新整理数据，其中最有效的方法就是对数据进行排序。

排序的方式有升序和降序两种方式。在按升序排序时，Excel 使用如下次序：数字从小到大排序；文本按照各种符号、0~9、A~Z(不区分大小写)、汉字的次序。在按照降序排序时，与升序次序相反。需要注意的是，无论升序还是降序，空白单元格总是排在最后。

排序不是针对某一列进行的，而是根据某一列的大小顺序对所有记录排序。在对行列进行排序时，隐藏的行列是不参与的。因此，排序前应先取消行列隐藏，以免原始数据被破坏。

(1) 简单排序。当我们只需要按单列数据排序时，可以单击数据清单中该列的某个单元格，使用"数据"选项卡中"排序和筛选"组的"↓ ↑"图标实现，第一个图标可实现从小到大升序排列，第二个图标可实现从大到小降序排列。也可以使用"开始"选项卡中"编辑"组的"排序和筛选"下拉按钮，如图 3-3-1 所示。

(2) 复杂排序。当需要按照两个以上的字段进行多列比较复杂的排序时，可以使用"↓ ↑"旁边的 按钮或者"开始选项卡"的"编辑"组"排序和筛选"下拉按钮的"自定义排序"命令，都会打开"排序"对话框，如图 3-3-2 所示。在"排序"对话框中，单击"添加

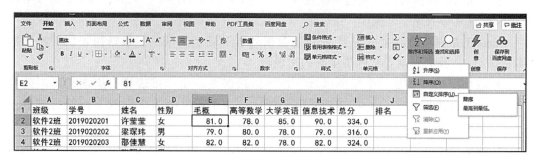

图 3-3-1 "排序和筛选"下拉按钮

条件"按钮,可以设置排序关键字的相关信息。

注意:在排序的次序中,主要关键字相同的情况下,次要关键字才起作用;主要关键字相同、次要关键字也相同的情况下,第三关键字才起作用,以此类推。

Excel 2016 的复杂排序除了能以传统的数值为依据排序,还能以单元格颜色、字体颜色等单元格格式为依据进行排序。

图 3-3-2 复杂排序

(3)自定义序列排序。有时单纯的"升序""降序"不能满足我们的要求,这时就需要用到自定义序列排序。

自定义序列的方法有两种:

①单击"文件"选项卡→"选项"命令→"高级"→"常规"→"编辑自定义列表"命令,如图 3-3-3 所示。打开"自定义序列"对话框,如图 3-3-4 所示。单击"添加"→"确定",该序列即添加到自定义序列中。

②在"排序"对话框中直接添加新序列。选定关键字后,在选择"次序"时,选择"自定义序列",如图 3-3-5 所示。可打开"自定义序列"对话框,在对话框中添加新序列。

选中刚刚添加的序列,即可按自定义的序列排序。

3.3 Excel 2016 数据库管理——软件专业学生成绩分析

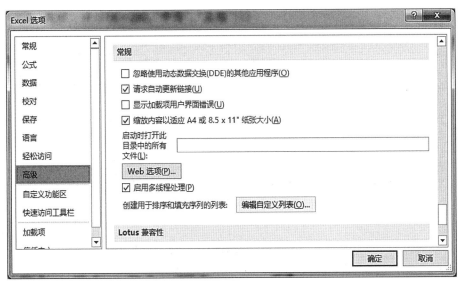

图 3-3-3 编辑自定义列表

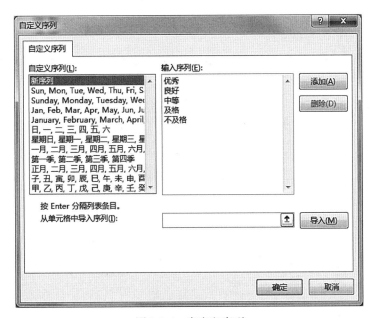

图 3-3-4 自定义序列

2. 筛选

通过数据筛选，可以快速从数据清单中查找符合条件的数据或者排除不符合条件的数据。筛选条件可以是数值或文本，可以是单元格颜色，还可以根据需要构建复杂条件实现高级筛选。

177

图 3-3-5　选"自定义序列"

文本筛选包括等于、不等于、开头是、结尾是、包含、不包含和自定义筛选等方式；数字类型的数据筛选包括等于、不等于、大于、大于或等于、高于平均、低于平均和自定义筛选等多种筛选形式。根据自定义筛选，可以实现比较复杂的筛选。

(1)自动筛选。使用自动筛选，可以快速而又方便地查找和使用数据清单中数据的子集。方法如下：

①选择数据清单中的单元格。

②选择"数据"选项卡中的"筛选"选项或者用"Ctrl+Shift+L"组合键，将发现每个字段名的右侧都出现了下拉箭头。

③单击需要筛选的字段名右侧的下拉箭头，选择"数字筛选"或者"文本筛选"选项，如图 3-3-6 所示。输入需要的筛选条件，即可得到需要的数据，如图 3-3-7 所示。

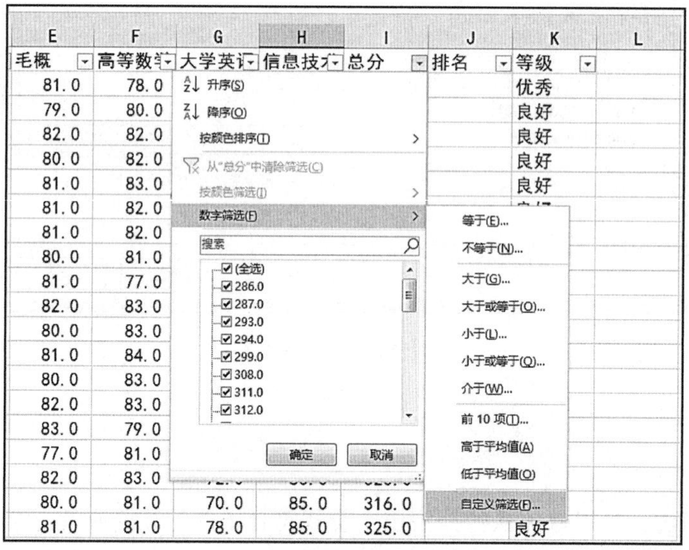

图 3-3-6　自动筛选

3.3 Excel 2016 数据库管理——软件专业学生成绩分析

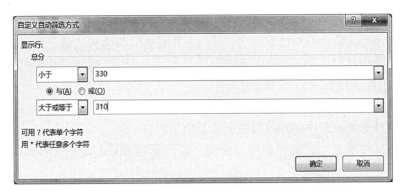

图 3-3-7 自定义自动筛选条件

特别地，我们还可以右击单元格，在弹出的快捷菜单中单击"筛选"→"按所选单元格的值筛选"，根据某一个单元格的值进行自动筛选，如图 3-3-8 所示。

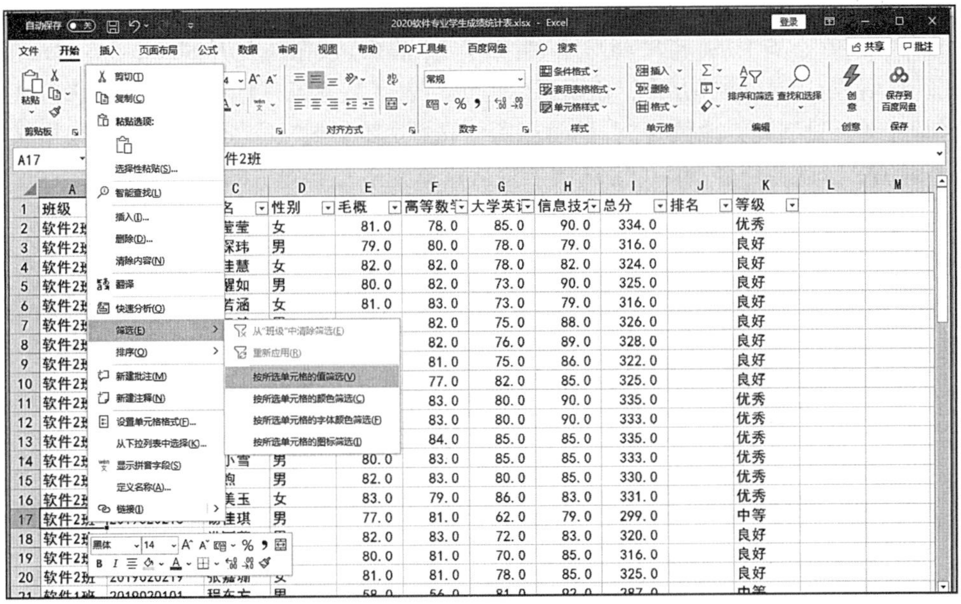

图 3-3-8 根据单元格的值筛选

自动筛选可以根据每个字段筛选，字段与字段之间的条件是"与"的关系。筛选结果只显示满足条件的记录。

当不需要筛选功能时，可以取消自动筛选功能。取消该功能的方法与开启一样，选择"数据"选项卡中的"筛选"选项或者用"Ctrl+Shift+L"组合键，所有字段名右侧的筛选箭头都会消失，全部数据恢复显示。

（2）高级筛选。自动筛选可以实现同一字段之间的"与"和"或"运算，也可以通过不同字段的自动筛选，实现不同字段的"与"运算，但是却无法实现不同字段之间的"或"运

179

算。这时候就需要用到"高级筛选"。

高级筛选需要预先构建高级筛选条件，高级筛选条件需要放置在工作表单独的区域中。高级筛选条件区第一行放置字段名，称为条件标志；其余行放置条件，称为条件表达式。条件表达式中可以使用运算符：=（等号）、<（小于号）、>（大于号）、<=（小于等于号）、>=（大于等于号）、<>（不等号）。

创建高级筛选条件一般原则：

①筛选条件必须有条件标志且与数据清单中字段名一致。

②各个条件如果是"与"的关系应位于同一行，意味着只有这些条件同时满足才能被筛选出来。

③各个条件如果是"或"的关系应位于不同行，意味着只要满足其中一个条件就能够被筛选出来。

④筛选条件区必须与数据清单之间间隔至少一个空行或空列。

高级筛选的一般步骤：

①选择需要进行高级筛选的工作表，建立高级筛选条件。

②选择要进行高级筛选的数据清单。

③在"数据"选项卡的"排序和筛选"组中单击"高级"按钮，打开如图 3-3-9 所示的"高级筛选"对话框。选择筛选方式，使用鼠标框选列表区域和条件区域。如果筛选方式选择了"将筛选结果复制到其他位置"，此时还需要选择"复制到"，只选保存筛选结果区域的第一个单元格即可。符合条件的筛选结果将从该单元格开始向右向下填充。

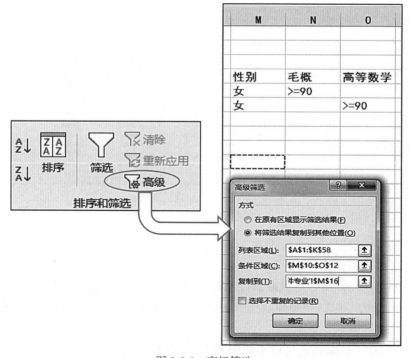

图 3-3-9　高级筛选

3. 分类汇总

分类汇总是将数据列表中的数据先按照一定的标准分组，然后对同组数据应用分类汇总函数得到相应的统计或计算结果。分类汇总的结果可以按分组明细进行分级显示，以便于显示或隐藏每个分类汇总的明细行。

(1) 插入分类汇总。

①对作为分组依据的字段进行排序，升序、降序均可。

②单击要进行分类汇总的数据清单中任意一个单元格，选择"数据"选项卡的"分级显示"组的"分类汇总"按钮，打开如图3-3-10所示的对话框。

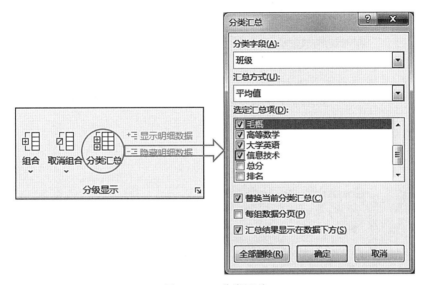

图 3-3-10　分类汇总

③"分类字段"必须是我们排序的那个字段。

④"汇总方式"下拉列表中选择要执行运算的函数。

⑤"选定汇总项"中，选择要进行汇总计算的字段，可以多选。

⑥单击"确定"，即可得到分类汇总的结果。

⑦如果需要，分类汇总可以重复使用。为了避免覆盖现有的分类汇总，应去掉"替换当前分类汇总"前的复选框选择。

(2) 删除分类汇总。在已经进行了分类汇总的数据区域中，单击任意一个单元格，打开"分类汇总"对话框，在对话框中单击"全部删除"按钮即可删除分类汇总。

(3) 分级显示。分类汇总的结果可以形成分级显示。当一个数据列表经过了分类汇总后，在数据区域的左侧就会出现分级显示符号，可参照后面的"任务实现"。

(4) 删除分级显示。单击"数据"选项卡的"分级显示"组中"取消组合"下拉按钮，选择"清除分级显示"即可。

4. 数据透视表

数据透视表是一种可以从源数据列表中快速提取并汇总大量数据的交互式表格。使用数据透视表可以汇总、分析、浏览数据以及呈现汇总数据，达到深入分析数值数据，从不同角度查看数据，并对相似数据进行比较的目的。

创建数据透视表，我们可以使用 Excel 推荐的数据透视表样式，也可以自己指定样式。

（1）自行创建数据透视表。

①打开工作表，将鼠标置于数据清单中，选择"插入"选项卡的"表格"组按钮"数据透视表"，打开如图 3-3-11 所示的对话框。

图 3-3-11　创建"数据透视表"

②在对话框中可以选择将数据透视表置于新工作表还是现有工作表。

③单击"确定"按钮，Excel 将空白的数据透视表添加到指定位置，并且显示出"数据透视表字段"窗格，如图 3-3-12 所示。

④数据透视表字段窗格的上半部分是字段列表，显示可以使用的字段名，我们可以把需要的字段名前面的复选框勾选上，相应地数据透视表中就会自动添加上数据；下半部分是布局区域，包含"筛选""列""行""值"四个部分。

⑤默认的，非数值字段将自动添加到"行"，数值字段添加到"值"。如果想改变布局，可以使用鼠标拖动的方式，将字段名拖到合适的区域。

⑥默认的值汇总方式是"求和"，可以使用右键菜单修改，如图 3-3-13 所示。右键菜单还可以修改"值显示方式""值字段设置"等。也可以在"数据透视表字段"窗格使用"值

3.3 Excel 2016 数据库管理——软件专业学生成绩分析

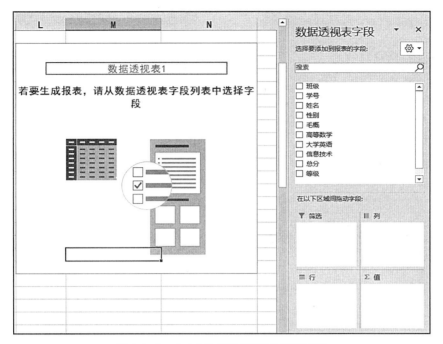

图 3-3-12 空白"数据透视表"及字段窗格

字段设置"对值汇总方式和值显示方式进行修改，并且对数字格式进行设置，如图 3-3-14 所示。

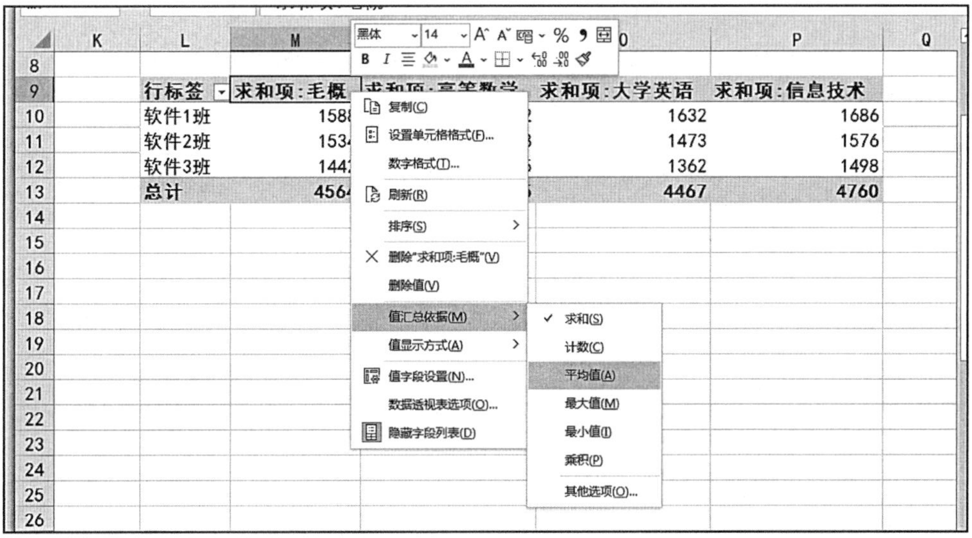

图 3-3-13 修改"值汇总依据"

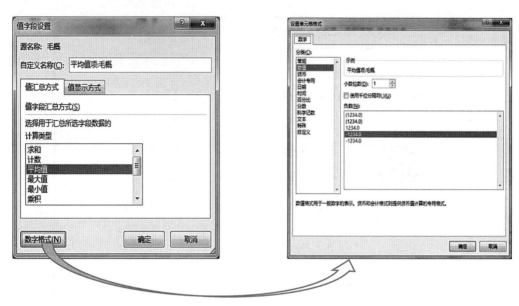

图 3-3-14　值字段设置及"数字格式"

（2）推荐的数据透视表。

①打开工作表，将鼠标置于数据清单中，选择"插入"选项卡的"表格"组按钮"推荐的数据透视表"，打开如图 3-3-15 所示的对话框。

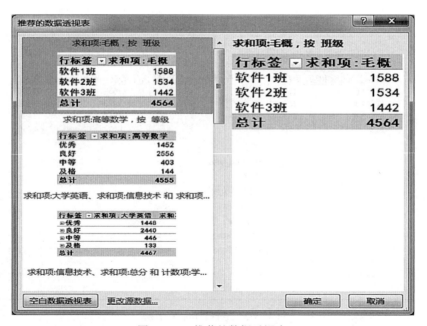

图 3-3-15　推荐的数据透视表

②单击"确定"则在新工作表中插入推荐的透视表；单击"空白透视表"则在新工作表中插入空白透视表。同时出现"数据透视表字段"窗格。

③布局和修改数据透视表与上面讲的处理方法相同。

(3) 修饰数据透视表。在数据透视表的任意单元格单击，功能区将会出现"数据透视表工具"的"分析"和"设计"两个选项卡，在"设计"选项卡下，我们可以选择样式来修饰数据透视表，如图3-3-16所示。也可以在"设置单元格格式"对话框中完成对单元格的各种格式设置。

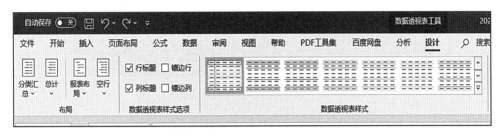

图3-3-16　数据透视表样式

(4) 更新和维护数据透视表。在创建了数据透视表之后，如果数据源中的某些数据发生变化，只需要在"数据透视表工具"的"分析"选项卡中，单击"数据"组的"刷新"按钮，即可更新数据透视表。

(5) 如果在数据源中添加或减少了行列数据，则可以通过源数据将这些行列包含或剔除出数据透视表。

①在数据透视表中单击鼠标，选择"数据透视表工具"的"分析"选项卡，在"数据"组中单击"更改源数据"按钮。

②从打开的下拉列表中选择"更改数据源"命令，打开如图3-3-17所示的对话框。

③重新选择数据源区域，以便将添加的行列包含进去或将减少的行列去掉。"确定"即可。

5. 数据透视图

数据透视图是基于数据透视表的图表。它使用数据透视表的数据，以图表的形式呈现，其作用与普通图表一样，可以更加形象地对数据进行比较，反映趋势。数据透视表中的字段布局和变化，会立即反映在数据透视图中。因此，数据透视图必须始终与数据透视表位于同一工作簿中。

(1) 在已经创建好的数据透视表中单击，该表即作为数据透视图的数据源。

(2) 在"数据透视表工具"的"分析"选项卡的"工具"组，有两个命令"数据透视图"和"推荐的数据透视图"。我们选择"数据透视图"，打开"插入图表"对话框，如图3-3-18所示。

(3) 跟普通图表类似，选择图表类型和子图表类型。单击"确定"按钮，数据透视图就插入到当前工作表中，如图3-3-19所示。

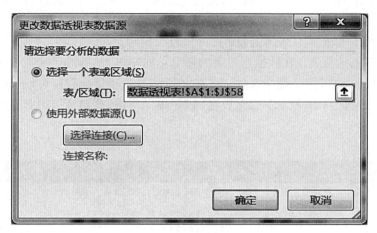

图 3-3-17 "更改数据透视表数据源"

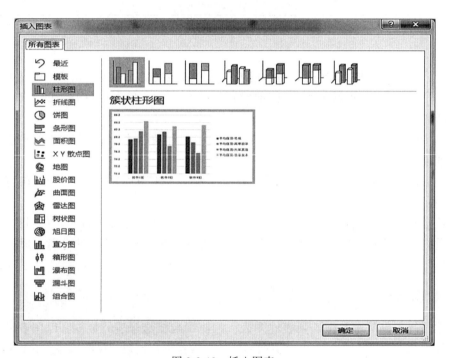

图 3-3-18 插入图表

当然,也可以使用"数据透视图工具"的"设计"选项卡的"位置"组命令"移动图表",把数据透视图移动到新工作表中。

(4)单击数据透视图右上角的加号,可以添加图表标题、坐标轴标题、数据标签及数据表等元素,数据透视图的修饰与普通图表相同。

(5)与普通图表不同的是,数据透视图中多了"字段筛选器",通过这个字段筛选器,可以更改数据透视图中显示的数据。

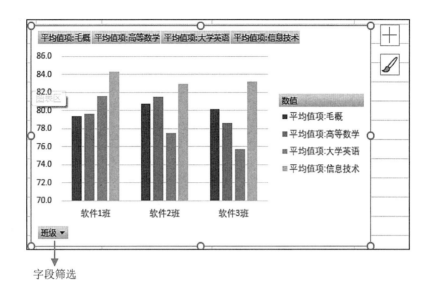

图 3-3-19　数据透视图

6. 删除数据透视表和数据透视图

将数据透视表全部选中,单击"Delete"键即可。删除数据透视表后,与数据透视表想关联的数据透视图就变成了普通图表,数据来源于源数据区域。

要删除数据透视图,直接选中,按"Delete"键即可。删除数据透视图不会影响相关的数据透视表。

3.3.3　示例展示

本次任务完成效果如图 3-3-20 所示。

3.3.4　任务实现

本次任务是要对小王老师创建的工作簿"2020 软件专业学生成绩统计表(素材).xlsx"进行排序、筛选、分类汇总的操作,并且把三个班的成绩使用数据透视表和数据透视图直观地表现出来。

首先,我们打开工作簿,把"软件 1 班""软件 2 班""软件 3 班"三张工作表的数据汇总到一张新的工作表中,并重命名为"软件专业学生成绩表"。

1. 排序

(1)简单排序。建立"软件专业学生成绩表"的一个副本,重命名为"简单排序"。在"简单排序"工作表中,按照关键字"总分"的降序排序。

图 3-3-20　效果图

选择数据清单中"总分"列的任意一个单元格，单击"开始"选项卡的"编辑"组"排序和筛选"按钮，在下拉列表中选择"降序"，如图 3-3-21 所示。

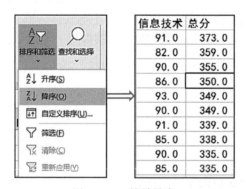

图 3-3-21　简单排序

（2）复杂排序。我们观察"总分"字段排序的结果会发现，有好多同学的总分是相同的，这时候我们应该怎样排序呢？我们可以设第二关键字、第三关键字。本次操作我们设四个关键字，依次为：总分（降序）、性别（拼音降序）、毛概（降序）、信息技术（降序）。

①建立"软件专业学生成绩表"的一个副本，重命名为"复杂排序"。在"复杂排序"工作表中，把鼠标置于数据清单，单击"编辑"组的"排序和筛选"按钮，在下拉列表中选择"自定义排序"，打开如图 3-3-22 所示的"排序"对话框。

②在对话框中按要求设置关键字、排序依据和排序次序。

3.3 Excel 2016 数据库管理——软件专业学生成绩分析

图 3-3-22　编辑复杂排序条件

③设置"性别"的排序次序时，除了可以根据拼音排序外，还可以根据笔画，此时可以单击"排序"对话框的"选项"按钮，打开如图 3-3-23 所示的"排序选项"对话框。在对话框中可以选择排序的方法。

图 3-3-23　"排序选项"对话框

④单击"确定"按钮，得到我们需要的排序结果。

（3）自定义序列排序。当我们想按照"等级"排序时会发现，无论我们选择升序还是降序，都不能按照我们心中的等级"优秀、良好、中等、及格、不及格"排列，这时候我们就可以使用"自定义序列排序"。

189

①建立"软件专业学生成绩表"的一个副本,重命名为"自定义序列排序"。在"自定义序列排序"工作表中,把鼠标置于数据清单,单击"编辑"组的"排序和筛选"按钮,在下拉列表中选择"自定义排序",打开如图3-3-24所示的"排序"对话框。

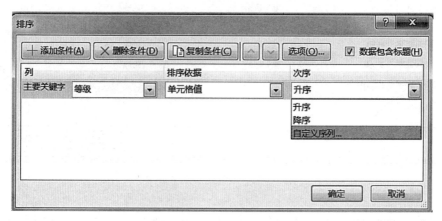

图 3-3-24 选择"自定义序列"

②在对话框中选择主要关键字"等级",次序选择"自定义序列",打开如图 3-3-25 所示的"自定义序列"对话框。

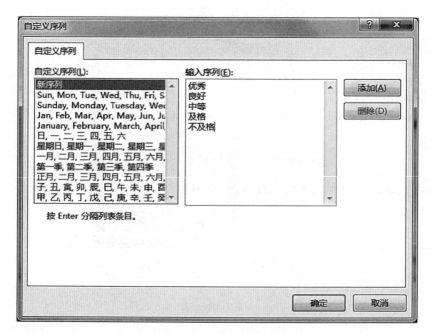

图 3-3-25 自定义序列

③输入新序列时，各项之间可以用"Enter"键隔开，也可以使用英文的逗号隔开。单击"添加"，新序列就添加到"自定义序列"中。

④选中新添加的序列，单击"确定"，"排序"对话框的"次序"发生变化，如图3-3-26所示。

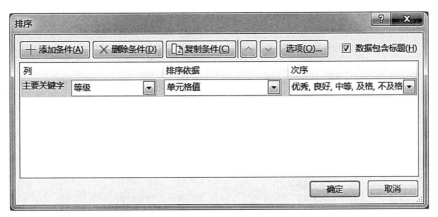

图3-3-26　自定义序列排序

⑤单击"确定"，排序完成。

2. 筛选

（1）筛选。为了和后面讲的高级筛选区分，这里的筛选我们往往也叫做"自动筛选"。现在使用自动筛选的方式，筛选出"总分"340以上，并且"毛概"成绩85分以上的所有女生的记录。

①建立"软件专业学生成绩表"的一个副本，重命名为"筛选"。在"筛选"工作表中，把鼠标置于数据清单，单击"编辑"组的"排序和筛选"按钮，在下拉列表中选择"筛选"，每个字段名的右侧就会出现一个下拉箭头。

②单击"总分"右侧的下拉箭头，在列表中选择"数字筛选"的"大于或等于"，如图3-3-27所示。弹出"自定义自动筛选方式"对话框，在该对话框中可以设置两个条件，现在我们只选择一个，即"大于或等于340"，如图3-3-28所示。单击"确定"按钮，所有不符合条件的记录将被隐藏。

③在根据总分筛选的基础上，我们再根据"毛概"来筛选，满足条件的记录又少了。

④再根据"性别"筛选，满足条件的记录更少了，如图3-3-29所示。

⑤要取消某一字段的筛选，比如"性别"字段，只需要单击"性别"右侧的"筛选"（根据某字段筛选后，下拉按钮就变成了筛选的标记）按钮，在下拉列表中选择"全选"或者选择"从'性别'中清除筛选"，"确定"即可，如图3-3-30所示；要取消所有字段的筛选，在"开始"选项卡的"编辑"组，单击"排序和筛选"下拉按钮，选择"筛选"即可，也可以使用"Ctrl+Shift+L"组合键取消。

图 3-3-27　筛选

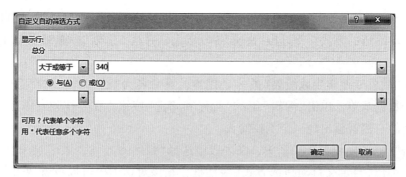

图 3-3-28　自定义筛选条件

（2）高级筛选。小王老师要求筛选出所有包含 60 分以下成绩的记录。

使用自动筛选肯定是完不成的。因为自动筛选的各字段的条件必须是"与"的关系，而小王老师要求的是"只要有一个字段小于 60，就必须筛选出来"，4 科成绩要求是"或"的关系。条件变复杂了，我们改用"高级筛选"。

①建立"软件专业学生成绩表"的一个副本，重命名为"高级筛选"。

在"高级筛选"工作表中，首先要创建"条件区域"，这是完成"高级筛选"的关键。我们要根据 4 科成绩进行筛选，所以条件标志应该包含 4 个字段：毛概、高等数学、大学英

3.3 Excel 2016 数据库管理——软件专业学生成绩分析

班级	学号	姓名	性别	毛概	高等数学	大学英语	信息技术	总分	等级
软件1班	2019020104	黄敏	女	87.0	90.0	88.0	90.0	355.0	优秀
软件1班	2019020107	韩无双	女	92.0	95.0	95.0	91.0	373.0	优秀
软件1班	2019020108	李丽	女	92.0	82.0	82.0	93.0	349.0	优秀
软件1班	2019020111	韩燕	女	92.0	95.0	90.0	82.0	359.0	优秀
软件3班	2019020317	邢冬梅	女	87.0	86.0	86.0	90.0	349.0	优秀

图 3-3-29　筛选结果

图 3-3-30　清除某字段的筛选

语和信息技术。每个字段条件都是"<60"，并且四个字段条件之间是"或"的关系，所以，四个条件表达式应该位于不同的行。为了保险起见，我们把这 4 个字段名复制到条件区域，根据题意编辑条件区域如图 3-3-31 所示。

②选中数据清单中任意一个单元格，单击"数据"选项卡的"排序和筛选"组的"高级"按钮，打开"高级筛选"对话框，在对话框中进行设置，如图 3-3-32 所示。

注意：设置"列表区域""条件区域""复制到"位置时，直接在工作表中框选区域即可。"高级筛选"中引用的单元格区域，使用的是"工作表名称! ＄L＄8"，这种引用单元格的方式，叫标准引用。

③注意：数据清单、条件区域、复制位置三者之间至少要间隔一个空行或空列。

④单击"确定"后，筛选结果如图 3-3-33 所示。

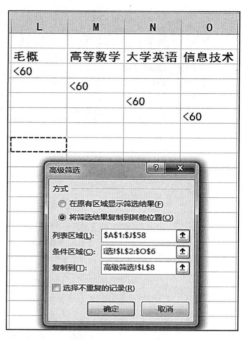

L	M	N	O
毛概	高等数学	大学英语	信息技术
<60			
	<60		
		<60	
			<60

图 3-3-31　建立"高级筛选"条件区域

图 3-3-32　高级筛选

L	M	N	O	P	Q	R	S	T	U
毛概	高等数学	大学英语	信息技术						
<60									
	<60								
		<60							
			<60						
班级	学号	姓名	性别	毛概	高等数学	大学英语	信息技术	总分	等级
软件1班	2019020101	程东方	男	50.0	56.0	81.0	92.0	279.0	及格
软件1班	2019020118	韩创	男	66.0	88.0	52.0	66.0	272.0	及格
软件2班	2019020219	张嘉珊	女	81.0	81.0	78.0	58.0	298.0	中等
软件3班	2019020312	毕紫腾	男	79.0	51.0	76.0	81.0	287.0	中等
软件3班	2019020313	闫静欣	女	80.0	50.0	80.0	87.0	297.0	中等

图 3-3-33　"高级筛选"结果

3. 分类汇总

小王老师要把每个班各科的平均成绩算出来并进行比较，使用"分类汇总"。

（1）建立"软件专业学生成绩表"的一个副本，重命名为"分类汇总"。

（2）排序。在"分类汇总"工作表中，按照"班级"字段排序，升序降序都行。

（3）选中数据清单中的任意一个单元格，单击"数据"选项卡的"分级显示"组的"分类汇总"按钮，打开如图 3-3-34 所示的对话框，在对话框中完成"分类字段""汇总方式""选定汇总项"的设置。

3.3 Excel 2016 数据库管理——软件专业学生成绩分析

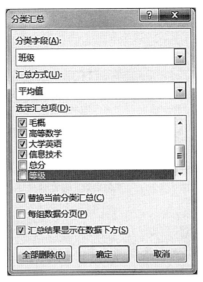

图 3-3-34 分类汇总

(4) 单击"确定",完成,如图 3-3-35 所示。

图 3-3-35 "分类汇总"结果

195

(5)单击数据左侧的分级显示符号"2",3级数据将被隐藏,只显示 1、2 两级的数据,如图 3-3-36 所示。

		A	B	C	D	E	F	G	H	I	J
	1	班级	学号	姓名	性别	毛概	高等数学	大学英语	信息技术	总分	等级
	22	软件1班 平均值				79.4	79.6	81.6	84.3		
	42	软件2班 平均值				80.7	81.5	77.5	82.9		
	61	软件3班 平均值				80.1	78.6	75.7	83.2		
	62	总计平均值				80.1	79.9	78.4	83.5		
	63										

图 3-3-36 "分类汇总"的分级显示

(6)单击"-"2 级显示将收起,只显示 1 级即"总计平均值"一行内容;单击最上方的"+",软件 1 班的详细信息将显示出来,如图 3-3-37 所示。

		A	B	C	D	E	F	G	H	I	J
	1	班级	学号	姓名	性别	毛概	高等数学	大学英语	信息技术	总分	等级
	2	软件1班	2019020101	程东方	男	50.0	56.0	81.0	92.0	279.0	及格
	3	软件1班	2019020116	毛小宇	男	60.0	72.0	72.0	93.0	297.0	中等
	4	软件1班	2019020117	黄丽影	女	66.0	68.0	78.0	82.0	294.0	中等
	5	软件1班	2019020118	韩创	男	66.0	88.0	52.0	66.0	272.0	及格
	6	软件1班	2019020103	何磊	男	82.0	85.0	86.0	85.0	338.0	优秀
	7	软件1班	2019020104	黄敬	女	87.0	90.0	88.0	90.0	355.0	优秀
	8	软件1班	2019020105	黄小非	女	87.0	87.0	87.0	74.0	335.0	优秀
	9	软件1班	2019020106	贾连春	男	86.0	96.0	82.0	86.0	350.0	优秀
	10	软件1班	2019020107	韩无双	男	92.0	95.0	95.0	91.0	373.0	优秀
	11	软件1班	2019020108	李丽	女	92.0	82.0	82.0	93.0	349.0	优秀
	12	软件1班	2019020111	韩燕	女	92.0	95.0	90.0	82.0	359.0	优秀
	13	软件1班	2019020114	李红霞	女	82.0	86.0	82.0	82.0	332.0	优秀
	14	软件1班	2019020115	赵艳霞	女	82.0	75.0	91.0	91.0	339.0	优秀
	15	软件1班	2019020102	韩露露	女	91.0	67.0	75.0	78.0	311.0	良好
	16	软件1班	2019020109	刘飞	男	78.0	78.0	76.0	76.0	308.0	良好
	17	软件1班	2019020110	张启航	男	75.0	86.0	85.0	82.0	328.0	良好
	18	软件1班	2019020112	王笑笑	男	85.0	78.0	78.0	78.0	319.0	良好
	19	软件1班	2019020113	刘海燕	女	87.0	61.0	88.0	93.0	329.0	良好
	20	软件1班	2019020119	王欢	男	82.0	85.0	75.0	83.0	325.0	良好
	21	软件1班	2019020120	刘明芳	女	66.0	62.0	89.0	89.0	306.0	良好
	22	软件1班 平均值				79.4	79.6	81.6	84.3		
	42	软件2班 平均值				80.7	81.5	77.5	82.9		
	61	软件3班 平均值				80.1	78.6	75.7	83.2		
	62	总计平均值				80.1	79.9	78.4	83.5		
	63										

图 3-3-37 选择"分级显示"

(7)要取消"分类汇总",打开"分类汇总"对话框,选择"全部删除"即可。

4. 数据透视表

使用数据透视表来表现软件 3 个班各科平均成绩。
(1)建立"软件专业学生成绩表"的一个副本,重命名为"数据透视表"。
(2)选中数据清单中任意一个单元格,单击"插入"选项卡的"表格"组的"数据透视

3.3 Excel 2016 数据库管理——软件专业学生成绩分析

表",弹出如图 3-3-38 所示的对话框,在对话框中选择放置数据透视表的位置"数据透视表!＄L＄7"。

图 3-3-38　创建"数据透视表"

(3)单击"确定",插入空白的数据透视表。并激活"数据透视表工具"选项卡。

(4)在"数据透视表工具"的"分析"选项卡下的"数据透视表"组,设置数据透视表的名称为"软件专业学生成绩报表"。在"数据透视表字段"窗格,选择要添加到报表的字段:班级、毛概、高等数学、大学英语、信息技术。此时默认的值运算是"求和",我们将"值字段设置"都修改为"求平均",如图 3-3-39 所示。

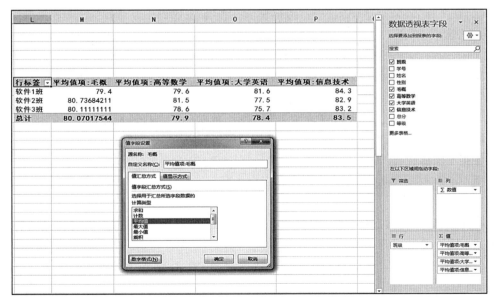

图 3-3-39　数据透视表"值字段设置"

197

(5)选择"数据透视表工具"的"设计"选项卡,选择数据透视表样式"浅绿,数据透视表样式浅色 14",效果如图 3-3-40 所示。

行标签	平均值项:毛概	平均值项:高等数学	平均值项:大学英语	平均值项:信息技术
软件1班	79.4	79.6	81.6	84.3
软件2班	80.7	81.5	77.5	82.9
软件3班	80.1	78.6	75.7	83.2
总计	80.1	79.9	78.4	83.5

图 3-3-40　数据透视表样式效果

(6)使用"数据透视表工具"的"分析"选项卡的"操作"组"移动数据透视表",我们还可以把数据透视表移动到新工作表中。

修改和移动数据透视表,还可以使用右键菜单完成。

5. 数据透视图

基于数据透视表,创建数据透视图。

(1)在工作表"数据透视图"中,将鼠标置于数据透视表中,选择"数据透视表工具"的"分析"选项卡的"工具"组的命令"数据透视表",打开如图 3-3-41 所示的"插入图表"对话框。在对话框中选择图表类型"簇状柱形图"。

(2)单击"确定"后,即可插入"数据透视图"。将"数据透视图"置于"＄L＄13:＄O＄25"区域,如图 3-3-42 所示。

(3)单击右上角的"+",可以添加图表标题、数据标签、数据表等元素。

(4)左下角的字段筛选器"班级",可以对"班级"进行排序和筛选。

保存工作簿。

3.3.5　能力拓展

打开工作簿"存款记录汇总(素材 3).xlsx",根据 Sheet1 中的数据创建数据透视表和数据透视图。要求如下:

(1)数据透视表置于 Sheet1!＄J＄5,数据透视表的行标签为"银行",列标签为"期限",求和项为"金额"。

(2)数据透视图置于 Sheet1!＄J＄14:＄N＄25 区域,图表标题为"存款记录汇总",

3.3 Excel 2016 数据库管理——软件专业学生成绩分析

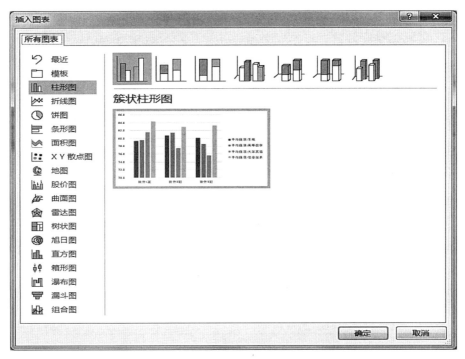

图 3-3-41 创建"数据透视图"

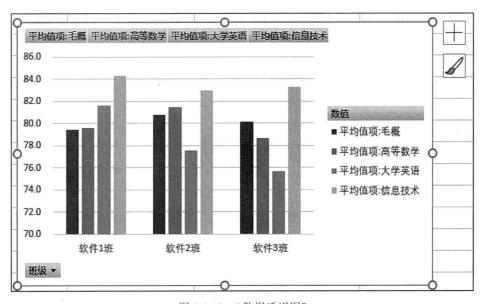

图 3-3-42 "数据透视图"

楷体，蓝色。坐标轴字体颜色为蓝色。

（3）完成效果如图 3-3-43 所示。

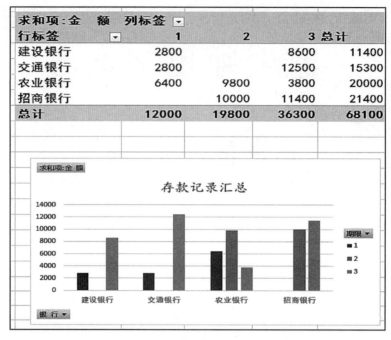

图 3-3-43 完成效果

【课后训练】

打开工作簿"存款记录汇总(素材3).xlsx",对 Sheet1 中的数据进行处理。要求如下：

1. 将 Sheet1 工作表复制 4 份,分别命名为"复杂排序""筛选""高级筛选""分类汇总"。

2. 在"复杂排序"中,按照主要关键字"银行"的自定义序列排序(排序次序为：农业银行,建设银行,交通银行,招商银行),第二关键字"期限"的升序,第三关键字"金额"的降序排序。

3. 在"筛选"中,筛选出"金额大于 3200,招商银行或建设银行的记录"。

4. 在"高级筛选"中,同样筛选出"金额大于 3200,招商银行或建设银行的记录",条件区域：$J$7:$K$9,复制到$A$23。

5. 在"分类汇总"中,分类字段是"期限",汇总的方式是"计数",汇总项是"银行"。

【思政园地】

今天我们完成的任务是关于家用电器的。其实,现在的中国制造已经不仅仅局限于家用电器、服装鞋帽,"Made in China"已遍布各个领域。并且,"中国制造"正在逐步变为"中国智造"。我国在高铁技术、无人机、新能源汽车、人工智能等高新技术领域的发展正在赶超甚至领先世界先进水平。希望在不远的将来,我国能在更多的领域实现"中国智造",这需要你我共同努力！"Made in China",有你有我！

古老的算筹、算盘和算表

计算工具按年代由远及近,有算筹、算盘、算表、机械计算机、加法器、比例尺、比例规、计算尺、计算器、计算机,还有鲜为人知的计算图、计算仪等。当然,它们中有不少在出现时间上是重合的。最早的计算工具是人人都有、随时可以调用的两只手,所以直到现在,记数仍然多采用十进制。早期的算具还有绳子、石子、陶丸等其他触手可及的东西。

算筹

2700年以前的春秋时期,中国人开始使用算筹,材质有竹、木、骨、石、金属等,但以竹为多,所以计数和计算也称筹算。到了宋朝,活了1600多年的算筹寿终正寝,算盘登上了历史舞台。

算筹虽然远去,却不曾消失,它衍生的其他功能仍在发挥作用,如赌博用的筹码、喝酒的酒筹、游戏的计筹、零售等的代用筹,以及水筹、茶筹、工分筹等。它们形状和材质更加多种多样,有铅、锡、骨、木、胶木等,但最多的还是竹。

算盘

算盘的起源时间,目前大多数研究人员倾向于源于宋代、普及于明代的说法。

宋代之前没有实物流传于世,但在形制上,明代珠算盘与现代算盘已完全相同,一般是13档,每档上部有珠2颗,下部5颗,中间由横梁隔开,通过"口诀"即"算法"进行运算。四出头是明朝算盘的典型特征,原为明朝皇室家具的样式,寓意四季平安、四方来财,对后世影响很大。

中国的算盘陆续传入日本、朝鲜和东南亚,后来又传入西方。在其他各国,算盘的形制各有特点,如日本的"十露盘"、俄国的算盘等。

算表

15世纪末到16世纪初,世界进入地理大发现即大航海时代,航海和贸易催生了算表。在当时,计算还是一件很困难的事,为了方便,某些需要的数值被提前计算出来并印刷成书或表格,这就是算表。它由专门的机构组织人员经过长期计算而成。作为一种特殊的计算工具,算表可分为通用表和特殊表两种。通用算表包括对数表和三角函数表等;特殊算表则用于某些特定的领域或专业,如工资、利息、折扣,及其他商业信息、约定票据、租赁合同等。

第 4 章　演示文稿制作

学习目标

1. 了解演示文稿的应用场景，熟悉相关工具的功能、操作界面和制作流程。
2. 掌握演示文稿的基本操作；熟悉演示文稿不同视图方式的应用。
3. 理解幻灯片的设计及布局原则；掌握幻灯片中插入各类对象的方法。
4. 理解幻灯片母版的概念、掌握幻灯片母版、备注母版的编辑及应用方法。
5. 掌握幻灯片切换、动画的设置方法及超链接、动作按钮的应用方法。
6. 了解幻灯片的放映类型，会使用排练计时进行放映；掌握幻灯片不同格式的导出方法。

PowerPoint 是 Microsoft Office 系列办公软件的组件之一，是目前最流行的演示文稿制作软件。使用 PowerPoint 2016 可以将文本、图片、声音和动画制作成幻灯片播放出来，听众更容易理解。PowerPoint 2016 主要用于幻灯片的制作与播放，在办公会议、各种演讲、演示的场合都可见它的踪迹。

4.1　PowerPoint 2016 基本应用——社会主义核心价值观宣讲稿

 任务要点

1. 了解演示文稿的应用场景，熟悉操作界面和制作流程。
2. 掌握演示文稿的创建、打开、保存、退出等基本操作。
3. 掌握幻灯片的创建、复制、移动等基本操作。
4. 掌握在幻灯片中插入各类对象的方法，如插入文本框、图形、图片、艺术字等。
5. 熟悉演示文稿的不同视图方式，掌握幻灯片切换动画的应用方法。
6. 掌握幻灯片的放映类型，会使用排练计时进行放映。

4.1.1　任务描述

结合案例学习能更贴近学习、贴近生活、贴近工作，能更熟练地掌握演示文稿的操作技巧。为更好地理解和学习社会主义核心价值观的内容和意义，学院倡导各班组织题为宣讲社会主义核心价值观内容的主题班会。

小李作为班级的团支书主动承担了这次宣讲任务，决定搜集素材用 PowerPoint 2016

制作宣讲稿,具体任务操作要求如下:

(1)为宣讲稿设计主题,添加背景图片,并添加装饰图片。为标题和副标题进行字符格式设置和动画设置。

(2)为各张幻灯片设置不同的版式,占位符上添加相应的内容。

(3)用 SmartArt 设计目录页。

(4)绘制形状并设置格式;对部分内容进行"降级"处理;把文本转换为 SmartArt 形状并进行格式设置。

(5)添加艺术字并进行格式设置。

(6)为指定的幻灯片设置页眉和页脚。

(7)设置全部幻灯片切换方式和持续时间。

(8)设置幻灯片放映方式。

4.1.2 示例展示

按任务描述制作的效果如图 4-1-1 所示。

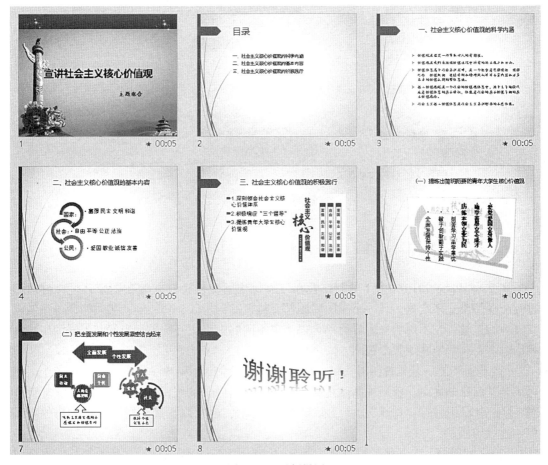

图 4-1-1 示例样图

4.1.3 技术分析

1. 演示文稿和幻灯片

演示文稿是指由 PowerPoint 制作的扩展名为". pptx"的文件。演示文稿和幻灯片是相辅相成的两个部分,演示文稿由幻灯片组成,两者是包含与被包含的关系,每张幻灯片又有自己独立表达的主题,构成演示文稿的每一页。

幻灯片大小:幻灯片大小直接影响显示效果,要根据演示的设备来设置幻灯片的大小,否则会影响播放效果。

幻灯片页面还可以自定义页面的横纵方向,以及备注、讲义、大纲三种视图的页面横纵方向,选择"设计"-"自定义"-"幻灯片大小"命令,打开"幻灯片大小"对话框,默认大小是宽屏 16∶9,教室多媒体显示屏是 4∶3,所以一般都设置为"全屏显示 4∶3"横向,如图 4-1-2 所示。

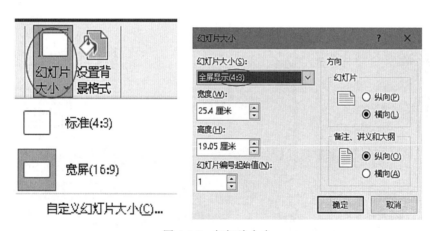

图 4-1-2 幻灯片大小

2. 演示文稿视图

在 PowerPoint 2016 中为了给制作者和计算机之间提供良好的交互工作环境,可以通过改变视图模式来实现。每一个视图界面都有特定的编辑区、功能区、相关的命令按钮以及其他的工具。在不同的视图界面中可以实现不同的人机交互效果,当然在不同的工作环境中也需要合理地使用各个视图。

(1)普通视图。普通视图有大纲窗格区、幻灯片编辑区和备注窗格区。在这三个区域可调整其窗格的大小,普通视图就是演示文稿制作时默认的视图,进入该视图可选择"视图"-"演示文稿视图"-"普通"命令,如图 4-1-3 所示,也可以直接在幻灯片右下角的状态栏中进行切换。

(2)大纲视图。大纲视图可以通过设置幻灯片大纲轻松完成演示文稿的制作,在此可以看到每一张幻灯片的标题,类似 Word 中的导航视图,可以根据文字查看幻灯片的内

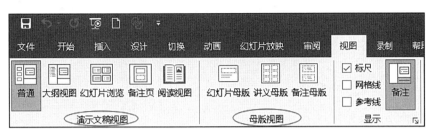

图 4-1-3　幻灯片视图

容。进入大纲视图可选择"视图"-"演示文稿视图"-"大纲视图"命令。

(3) 幻灯片浏览。幻灯片浏览可查看整个演示文稿中所有幻灯片的缩略图。使用该视图可进行打印幻灯片调整、幻灯片逻辑结构调整、幻灯片总体浏览等操作,还可以在幻灯片浏览视图中添加节,并按不同的类别或节对幻灯片进行排序。进入幻灯片浏览视图可选择"视图"-"演示文稿视图"-"幻灯片浏览"命令。

(4) 备注页。备注页视图默认由幻灯片和备注文本占位符两部分组成,幻灯片用于呈现内容,备注文本占位符可以录入本页幻灯片对应的备注内容、图片、视频等信息。通过设置备注信息,可以将演示文稿发送给倾听者,便于他们理解和记忆。进入备注页视图可选择"视图"-"演示文稿视图"-"备注页"命令。

(5) 阅读视图。阅读视图是制作者常用的一个功能,在设计幻灯片时,需要查看设计效果就可随时从阅读视图切换至某个其他视图进行编辑优化,进入阅读视图可选择"视图"-"演示文稿视图"-"阅读视图"命令。退出阅读视图可以按"Esc"键,也可以使用状态栏中的视图切换功能。

3. 幻灯片版式和占位符

幻灯片版式用于确定幻灯片所包含的对象及各对象之间的位置关系。版式由占位符组成,不同的占位符中可以放置不同的对象。

幻灯片占位符是幻灯片中一种带有虚线的矩形框,也就是先占住一个固定的位置,后期根据需要往里面添加内容。占位符大致分为:内容、文本、图片、图表、SmartArt 图形、媒体六种形式。单击占位符的某一个图标都可以相应的弹出要插入对象的对话框。

占位符就是优先在幻灯片页面中占据一个固定的范围。当没有输入内容时占位符是一个虚线框,并出现相应的内容提示:"单击此处添加标题",如图 4-1-4 所示。设置文本占位符可选择"视图"-"幻灯片母版"-"母版版式"-"插入占位符"命令,如图 4-1-5 所示。

注意:在文本框中插入文本后,文本框高度会调整成和文本的高度相当,而在占位符中插入文本后,占位符的高度不会发生任何改变。

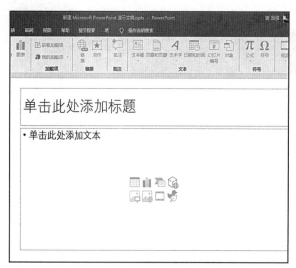
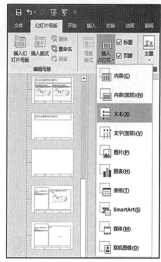

图 4-1-4　占位符　　　　　　　　　图 4-1-5　插入占位符

4. 主题、变体和背景格式

（1）主题设计。主题是一组预设的背景、字体格式的组合，在新建演示文稿时可以使用主题"新建"，如图 4-1-6 所示。

图 4-1-6　主题新建

对于已经创建好的演示文稿，也可对其应用主题。因为微软考虑现在的计算机基本上都可以连接到互联网，因此 PowerPoint 2016 自带的主题相对以前的版本少得多，但是每一个主题都提供了几种变体。

幻灯片的主题设计可通过批量设置幻灯片后，再完成页面的美化，但是这种美化的效果只能将页面的背景、字体、色调进行批量设置为统一的风格，或者单独应用于某页幻灯片。在 PowerPoint 2016 演示文稿中常见的主题如图 4-1-7 所示。选择"设计"-"主题"命令即可浏览各类主题，鼠标停留在某一主题上时会显示出该主题的名称。

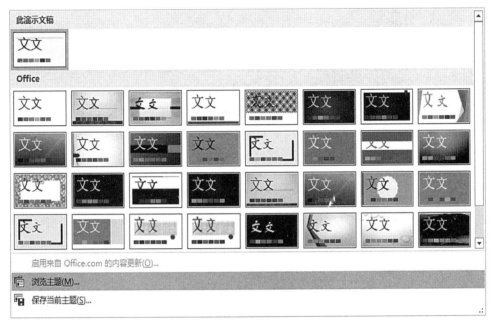

图 4-1-7　主题样式

选中适合的主题后，用鼠标右击，在弹出的快捷菜单中选择"应用于所有幻灯片"选项，就可以完成设置。如果要设置某一页则选择"应用于选定幻灯片"选项，如图 4-1-8 所示。

图 4-1-8　应用主题样式

(2)变体。变体是对已经确定的主题风格进行颜色、字体、效果、背景样式的设置，其中，颜色、字体、效果都需要有主题才可以进行设置，而背景没有主题也可以进行设置，如图 4-1-9 所示。

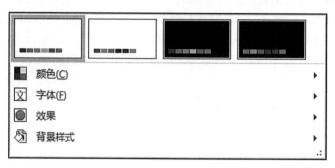

图 4-1-9　变体设置项

(3)设置背景格式。背景格式的设置是针对幻灯片页面背景的颜色、图片、纹理等，它们在幻灯片的编辑区是不可以进行修改的，只能在"设置背景格式"中进行填充、应用到全部、重置背景操作，其中，填充包含纯色填充、渐变填充、图片或纹理填充、图案填充、隐藏背景图形等操作，选择"设计"-"自定义"-"设置背景格式"命令，也可以在背景页面的空白处用鼠标右击，选择"设置背景格式"选项，如图 4-1-10 所示。

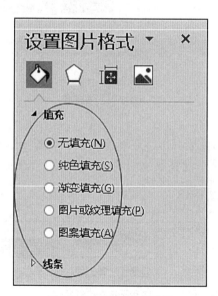

图 4-1-10　背景格式设置

5. 幻灯片切换

PowerPoint 2016 中提供了多种预设的幻灯片切换动画效果，在默认情况下，上一张幻灯片和下一张幻灯片之间没有设置切换动画效果。但在制作演示文稿的过程中，用户可根据需要为幻灯片添加切换动画，也称为幻灯片换页。切换过程会产生一定的时间间隔，在这段时间间隔中可以让页面呈现出特殊的动画和声音效果，使幻灯片更加生动。为演示文稿添加动画效果的目的是突出重点、控制信息流，并增加演示文稿的趣味性。

（1）为幻灯片添加切换动画。选择要添加切换动画的幻灯片，在"切换"选项卡中展开"切换至此幻灯片"选项组中的动画样式库，在其中单击某个样式图标，即可将该动画效果应用到幻灯片上，如图4-1-11所示。

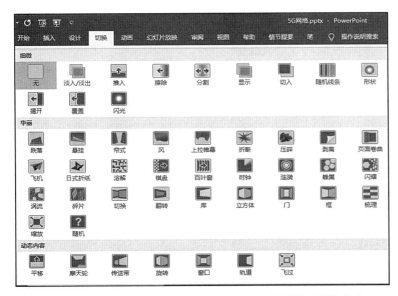

图 4-1-11　切换效果及效果选项

在设置幻灯片的切换动画效果时，可以即时在幻灯片窗格中预览到该幻灯片的切换动画效果。对于部分切换效果，可以设置其效果选项，方法是单击"切换到此幻灯片"-"效果选项"按钮，从弹出的下拉列表中选择效果选项。不是所有的切换效果都可以设置效果选项，对于不能设置效果选项的动画效果，"效果选项"按钮会显示为灰色，表示不能使用。

（2）设置切换动画计时选项。设置幻灯片切换动画后，还可以对动画选项进行设置，比如切换动画时出现的声音、持续时间、换片方式等，如图 4-1-12 所示，能实现自动换片的效果。

6. 幻灯片放映

（1）设置放映方式。演示文稿的最终目的是放映，PowerPoint 2016 的"设置放映方式"可以对放映类型、放映选项、放映幻灯片、推进幻灯片、多监视器进行设置，如图4-1-13所示。

①放映类型。PowerPoint 2016 提供了三种放映类型：演讲者放映(全屏幕)、观众自

图 4-1-12　切换中的计时选项

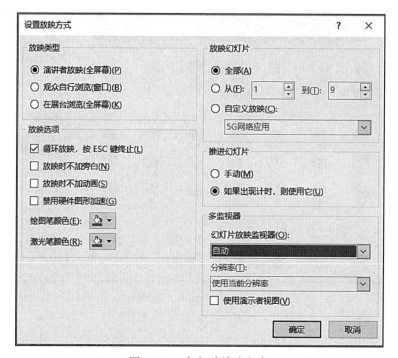

图 4-1-13　幻灯片放映方式

行浏览(窗口)、在展台浏览(全屏幕)，用户可以根据实际的演示场合选择不同的幻灯片放映类型。

- 演讲者放映(全屏幕)。若放映时能人工切换幻灯片进行控制，可选中"演讲者放映(全屏幕)"单选按钮。此类型将以全屏幕的状态放映演示文稿，在演示文稿放映过程中，演讲者具有完全的控制权，演讲者可手动切换幻灯片和动画效果，也可以将演示文稿暂停，添加会议细节等，还可以在放映过程中录下旁白。
- 观众自行浏览(窗口)。若要在一个窗口中演示幻灯片放映，并且观看者无法在切换幻灯片放映时进行控制，可选中"观众自行浏览(窗口)"单选按钮。此类型将以窗口形式放映演示文稿，在放映过程中可利用滚动条、上下翻页键对放映的幻灯片进行切换，但不能通过单击鼠标放映。
- 在展台浏览(全屏幕)。若要循环播放幻灯片放映，直到观看者按"Esc"键退出，可选中"在展台浏览(全屏)"单选按钮。此类型是放映类型中最简单的一种,不需要人为控制,系统将自动全屏循环放映演示文稿。使用这种类型时,不能单击鼠标切换幻灯片,但可以通过单击幻灯片中的超链接和动作按钮来进行切换,按"ESC"键可结束放映。

②放映选项。放映选项可以对幻灯片放映中的循环放映、旁白添加、动画的运行、硬件图形加速、绘图笔的颜色、激光笔的颜色进行设置。

③放映幻灯片。放映幻灯片设置包括全部、从某一张到另一张区间内、自定义放映幻灯片三种放映模式。设置自定义放映前需要提前新建自定义放映,选择相关文件,如图4-1-14所示。

图 4-1-14 自定义放映

④多监视器。
- 在"设置幻灯片放映"选项卡的"多监视器"选项组中,选中"使用演示者视图"复选框。
- 在"幻灯片放映监视器"选项卡中,可以选择查看演讲者所有的监视器,在"幻灯片放映监视器"下拉列表中进行选择,如图4-1-15所示还可以对放映时的幻灯片分辨率进行设置以满足不同显示设备的需求。

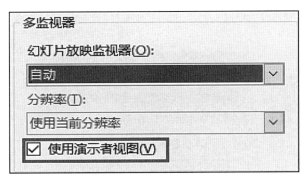

图 4-1-15 使用演示者视图和监视器设置

(2)隐藏幻灯片。在幻灯片制作的过程中,有些页面因为添加各种动画、图像、动作按钮或者超链接等,将演示文稿的逻辑结构打乱了,这些内容只有需要时才会被调用出来。为了不影响正常放映,可以让这些结构复杂的幻灯片不显示。对幻灯片执行隐藏的命令,就可以实现幻灯片的隐藏功能。

在普通视图模式下,用鼠标右击幻灯片预览窗口中的幻灯片缩略图,在弹出的快捷菜单中选择"隐藏幻灯片"命令,或者在功能区的"幻灯片放映"选项卡中单击"隐藏幻灯片"按钮即可隐藏幻灯片。被隐藏的幻灯片编号上将显示一个带有斜线的灰色小方框,该张幻灯片在正常放映时将不被显示,只有当演示者单击了指向它的超链接或动作按钮后才会显示。

(3)排练计时。排练计时是一个计时工具。在准备演讲时可以用"排练计时"对完成的演示文稿进行模拟演讲,记录每页幻灯片的演讲时间以及整个演讲的总放映时间,帮助演示者把握演讲节奏,如图 4-1-16 所示。

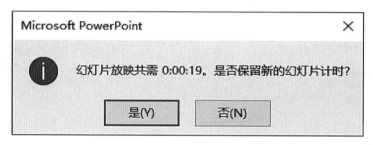

图 4-1-16　自动播放幻灯片放映总时间

(4)幻灯片录制。在 PowerPoint 2016 录制幻灯片中可以选择"从当前幻灯片开始录制"和"从头开始录制"的形式,幻灯片录制能录制每一页幻灯片以及其中添加的动画计时、旁白、墨迹、激光笔等内容,如图 4-1-17 所示。在播放幻灯片时这些内容会在对应的幻灯片页面自动播放。清除这些信息可以选择"幻灯片放映"-"设置"-"录制幻灯片演示"-"清除"-"清除幻灯片中所有的旁白"命令来实现。

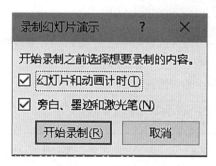

图 4-1-17　录制幻灯片

注意：幻灯片自动放映的方式有三种：一是通过"排列计时"或者"幻灯片切换"进行设定；二是通过"设置放映方式"来设定；三是将部分幻灯片做成 PPS 文件；只有三种方法结合一起使用，才能使幻灯片播放达到一个出神入化之境地。

4.1.4 任务实现

1. 设置主题

打开演示文稿，"宣讲社会主义核心价值观(初稿).pptx"在"设计"-"主题"组中，选择"丝状"作为该文件的主题，如图 4-1-18 所示。在"设计"-"变体"组中，设置"颜色"为"橙红色"，"效果"为"发光边缘"，如图 4-1-19 所示。

图 4-1-18　主题

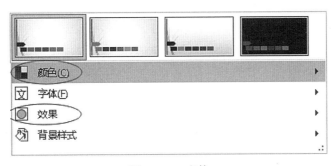

图 4-1-19　变体

2. 设置第一张幻灯片

（1）设置标题：文字格式为微软雅黑 44 号，加粗，居中，字体颜色为黑色（R：0，G：0；B：0），副标题字体格式为楷体 28 号，加粗，居中，字体颜色设置为自定义（R：100，G：100；B：100），如图 4-1-20 所示。

参照"图 4-1-1 示例样图"，调整占位符到恰当的位置。

（2）设置背景：幻灯片空白处右击，在弹出的快捷菜单中选择"设置背景格式"命令，弹出对话框，如图 4-1-21 所示，选择"图片或纹理填充"-"插入"命令，在文件的素材库中选择"图片 1.jpg"点击插入；勾选"隐藏背景图形"；

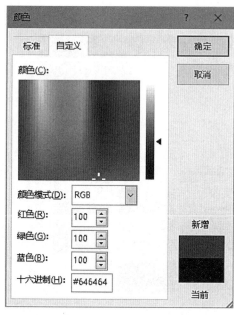

图 4-1-20　字体自定义

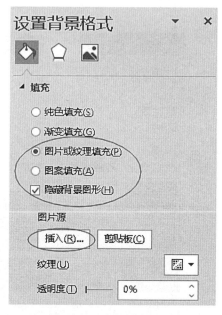

图 4-1-21　插入背景图片

在"插入"-"图片"组中单击"本设备"，选择"图片 2.jpg""图片 3.jpg""图片 4.jpg""图片 5.jpg"单击插入，并参照"图 4-1-1 示例样图"设置位置并调整叠放次序。

（3）设置动画：选择标题占位符，在"动画"-"强调"组中的选择"放大/缩小"，在"效果选项"下拉列表中选择：方向-两者；份量-较大；序列-作为一个对象；如图 4-1-22 所示。选择副标题占位符，在"动画"-"进入"组中选择"轮子"，在"效果选项"下拉列表中选择：轮辐图案-4 轮辐图案；序列-按段落。

3. 设置第三张幻灯片

（1）版式为标题与内容：在"开始"-"幻灯片"组中单击"版式"的下拉列表中选择"标题和内容"。标题文字设置微软雅黑 28 号加粗，居中，文本文字设置楷体 18 号左对齐。

4.1 PowerPoint 2016 基本应用——社会主义核心价值观宣讲稿

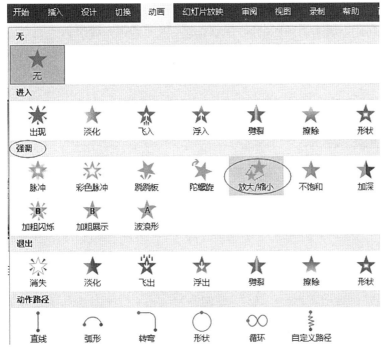

图 4-1-22 动画设置

（2）为文本设置项目符号：选择"开始"-"段落"-"项目符号和编号"命令，弹出"项目符号和编号"对话框如图 4-1-23 所示，单击"自定义"命令弹出"符号"对话框如图 4-1-24 所示，在"字体"右边的下拉列表中选择"Wigdings 2"在显示窗口中选择"147"。

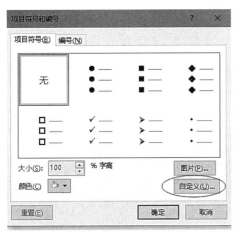 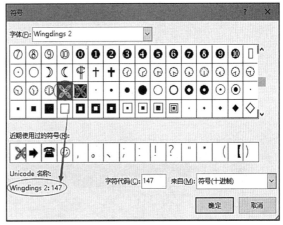

图 4-1-23 项目符号和编号　　　　　　　图 4-1-24 符号

215

4. 设置第四张幻灯片

（1）版式为标题和内容，标题文字字体设置"微软雅黑"28号加粗，居中。

（2）文本文字，每一行后八个字前加回车，选中如图的文字后，在"开始"-"段落"组中选择"降级"命令，如图 4-1-25 所示。

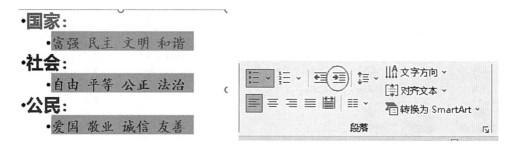

图 4-1-25　文本降级

（3）设置 SmartArt 形状：选中文本框，选择"开始"-"段落"-"转换为 SmartArt"命令，在弹出的"选择 SmartArt 图形"对话框中，选择"流程"-"圆箭头流程"，如图 4-1-26 所示，然后在"SmartArt 工具"-"SmartArt 样式"组中"更改颜色"-"彩色-彩色范围，个性色 2 至 3"，样式为"三维-嵌入"如图 4-1-27 所示。

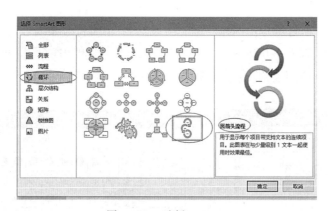

图 4-1-26　选择 SmarArt

图 4-1-27　SmartArt 工具选

(4)添加备注页内容文本：在"视图"-"显示"组中，选中"备注"此时在普通视图编辑窗口的下方，显示有"单击此处添加备注"字样，然后打开素材库中的"文本素材.txt"文件，复制要添加的文本内容，到此粘贴即可，再选中在备注页中文字，设置为楷体16号字。

5. 设置第五张幻灯片

(1)版式改为两栏内容，标题文字设置字体为"微软雅黑"28号加粗、居中。左侧内容区文字设置为"楷体"24号、左对齐。

(2)在右侧内容区插入"图片6.jpg"：单击占位符中的图片，如图4-1-28所示。在弹出的对话框中找到"图片6.jpg"，点"插入"。并为图片设置动画：单击图片后选择"动画"-"退出"组中"飞出"命令，"效果选项"：方向-到顶部。

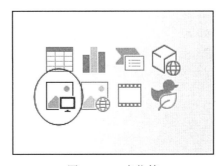

图4-1-28　点位符

6. 设置第六张幻灯片

(1)版式为"标题和内容"，标题文字设置字体为"微软雅黑"28号加粗、居中。文本内容后三行降级，再进行如下设置：在"开始"-"段落"组中选择"文字方向"为竖排文字，"对齐文本"为"居中"，再单击"段落"右下角的"启动对话框"按钮，打开"段落"对话框，设置行距为2倍行距。

(2)添加背景图片：在"插入"-"图片"组中-选择"本设备"，选择"图片7.jpg"插入，调整图片大小：锁定纵横比，高度10cm，在"图片工具"-"格式"-"图片样式"组中选择"棱台左透视，白色"，如图4-1-29所示；在"图片工具"-"格式"-"图片样式"-"颜色"组中选择"重新着色-冲蚀"，如图4-1-30所示。调整图片位置，使其成为文本的背景。把图片置于底层有两种方法如下：①在"图片工具"-"格式"-"排列"组中"下移一层"下拉列表中单击"置于底层"，②图片上右击在弹出的快捷菜单中"置于底层"即可。

(3)为第六张幻灯片设置页眉和页脚：选择"插入"列表下的文本组，单击"页眉和页脚"在弹出的对话框中设置"幻灯片包含时间"选中日期和时间中的"自动更新"，在页脚的插入点位置输入"大学生价值观"后，单击"应用"此幻灯片中会显示页眉和页脚。如果单击"全部应用"，就把此设置应用到了所有幻灯片，此题要求仅在当前幻灯片显示页脚。

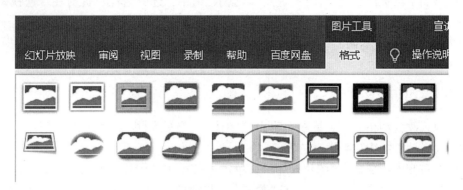

图 4-1-29 图片样式

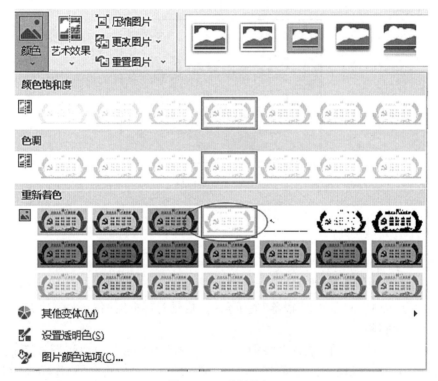

图 4-1-30 重新着色

7. 设置第七张幻灯片

第七张幻灯片版式为仅标题，在空白处插入两个形状、三个文本框，参照"图4-1-31"，从素材库文件夹中的"文本素材.txt"选择文字，并转换为SmartArt。具体操作如下：

（1）设置形状①：在"插入"-"插图"组中单击"形状"在下拉列表中选择"箭头总汇-标注-上箭头"命令如图 4-1-32 所示，鼠标成十字形状，按住左键拖动，画出形状，右击-编

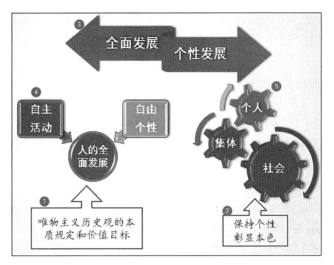

图 4-1-31　第 7 张幻灯片样图

辑文字，把文本框中的文字移动进形状，并设置文字为楷体 18 号，居中，在"绘图工具"-"格式"-"形状填充"中设置为无填充色，在"形状轮廓"中设置线条为"实线"颜色为"褐色，个性 4，深色 25%"，如图 4-1-33 所示。同样的操作，设置形状②。

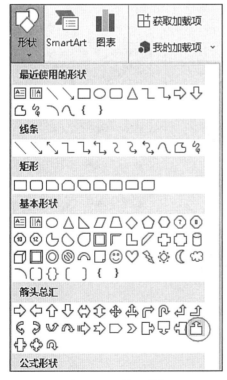

图 4-1-32　插入形状

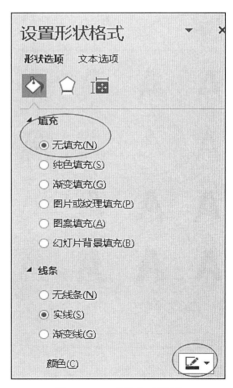

图 4-1-33　形状格式设置

（2）SmartArt 图-流程-带形箭头③：选中文本框，在"开始"-"段落"组中的单击"转换为 SmartArt"，在弹出"选择 SmartArt 图形"对话框中，单击"流程"中的"带形箭头"；在"SmartArt 工具"-"设计"-"SmartArt 样式"组中选择"更改颜色"为"彩色填充，个性 1"，设置"SmartArt 样式"为"三维-优雅"。

（3）SmartArt 图-关系-聚合射线④：选中文本框，在"开始"-"段落"组中的单击"转换为 SmartArt"，在弹出"选择 SmartArt 图形"对话框中，单击"关系"中的"聚合射线"；在"SmartArt 工具"-"设计"-"SmartArt 样式"组中选择"更改颜色"为个性色 1-"渐变范围，个性色 1"、设置"SmartArt 样式"为"三维-优雅"。

（4）SmartArt 图-循环-齿轮⑤：选中文本框，在"开始"-"段落"组中的单击"转换为 SmartArt"，在弹出"选择 SmartArt 图形"对话框中，单击"循环"中的"齿轮"；在"SmartArt 工具"-"设计"-"SmartArt 样式"组中选择"更改颜色"为个性色 2-"透明渐变范围，个性色 2"，设置"SmartArt 样式"为"卡通"。

8. 制作第八张幻灯片

在"开始"-"幻灯片"组中的单击"新建幻灯片"下拉列表中选择"空白"版式；在"插入"-"文本"组中单击"艺术字"下拉列表中选择"渐变填充，灰色，主题色 5；映像"的"A"。在弹出的占位符中输入文字"谢谢聆听！"并设置字体为"黑体"为拉大字体。在"绘图工具"-"格式"-"艺术字样式"组中设置"文本效果"为"三维旋转-角度-透视，右向对比"，再设置"文本效果"为"转换-弯曲-曲线：下"如图 4-1-34 所示。

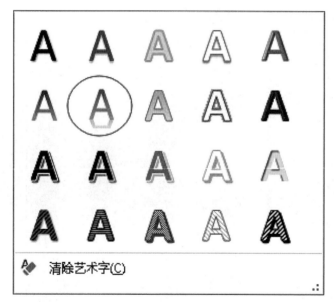 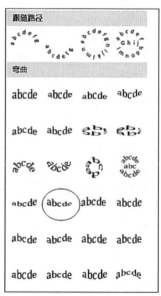

图 4-1-34　艺术字及文本效果

9. 制作演示文稿目录

第二张幻灯片版式为标题和内容；标题文字字体为"微软雅黑"40号，左对齐。复制第3、5、6张幻灯片中标题文字到本张幻灯片的"单击此处添加文本"处粘贴，并设置文字字体为"微软雅黑"20号字，左对齐，无项目符号。选中内容文本框，在"开始"选项卡"段落"组中单击"转换为SmartArt"，下拉列表中选择"V型列表"，同时选中三行占位符，调整宽度到合适大小。

10. 设置切换效果

在"切换"-"切换到此幻灯片"组中单击"动态内容"组中的"轨道"，"效果选项"-自底部。在"计时"组中-"设置自动换片时间"为五秒，最后单击"应用到全部"，所有幻灯片设置为此切换效果，如果没有单击"应用到全部"则此切换效果仅应用到当前幻灯片，如图4-1-35所示。

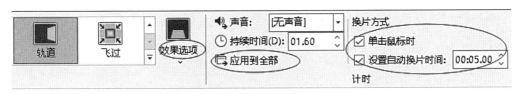

图 4-1-35　切换和切换计时

11. 设置幻灯片放映

在"幻灯片放映"中单击"设置幻灯片放映"弹出"设置放映方式"对话框，如图4-1-36所示，放映类型-"观众自行浏览（窗口）"，放映选项中勾选"循环放映，按ESC键终止"，其他默认。

12. 保存文件

保存位置：桌面，保存类型默认，文件名为"学号后两位+姓名+班级.pptx"。

4.1.5　能力拓展

1. 把 PowerPoint 演示文稿转换成 Word 文档

打开 PowerPoint 2016 程序现有的 PPT 演示文稿，如"社会主义核心价值观宣讲稿.pptx"，在"视图"-"演示文稿视图"组中的单击"大纲视图"，在视图的左侧显示出大纲的详细内容，插入点放在左侧任务位置，"Ctrl+A"全选后复制"Ctrl+C"，打开 Word 2016 程序的空白文档，粘贴"Ctrl+V"，即是把 PPT 文档转换成了 Word 文档。注意：前提是 PPT 文档有大纲视图的内容。如图4-1-37所示。

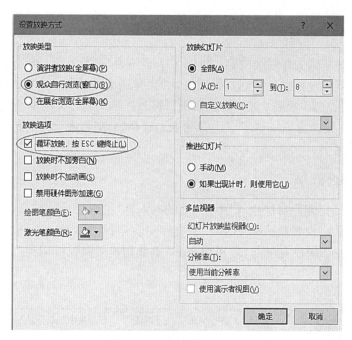

图 4-1-36　设置幻灯片放映

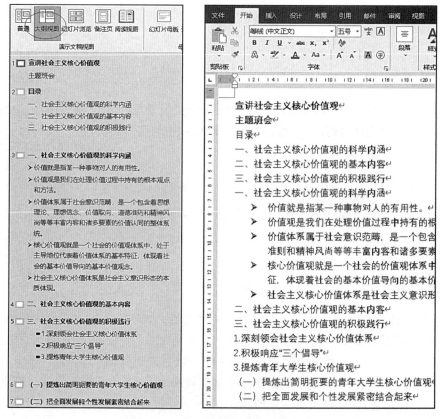

图 4-1-37　PPT 大纲视图转 Word 文档

2. 把 Word 文档转换成 PowerPoint 演示文稿

制作 PPT 演示文稿之前要准备材料，列提纲，一般在 Word 文档中完成，然后需要把它转换成 PPT 文档。有三种方法。无论哪种方法，首先要把 Word 文档的内容分级即设置各段文字的大纲级别，大纲 1 级会转成一张幻灯片的标题文字，其他所有内容会出现在文本框内，所有内容都要分级，没有大纲级别的内容会丢失。

方法 1：打开 PowerPoint 2016 应用程序，在"开始"-"幻灯片"组中选择从新建幻灯片下拉列表中"幻灯片(从大纲)"命令，如图 4-1-38 所示。从弹出的对话框中找到已经建立好大纲级别的 Word 文档就转换完成，再设置 PPT 的格式。

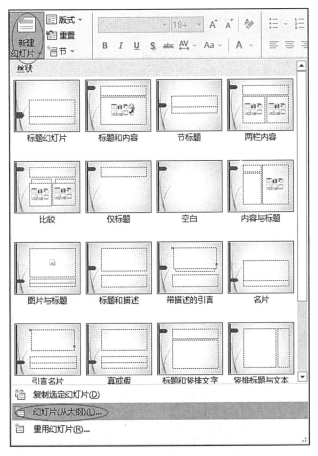

图 4-1-38 幻灯片(从 Word 大纲)导入

方法 2：打开要转换成 PPT 的 Word 文档，在右上角快速启动栏上右击，选择"自定义快速访问工具栏"，弹出对话框如图 4-1-39 所示。按图中标注的从①到⑤的顺序依次设置后，就会在快速启动栏中出现一个图标，如图 4-1-40 所示。单击该图标，启动 PowerPoint 2016 并自动生成了由 Word 转换来的多张幻灯片。

方法 3：将设置好标题行分级的 Word 文档另存为 .rtf 格式，打开 PPT，导入 .rtf 文件，这里导入只需要在 PPT 打开 .rtf 文件即可。如图 4-1-41 所示。

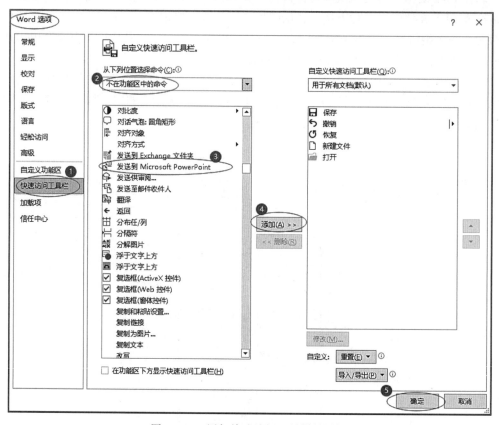

图 4-1-39　添加快速访问工具栏的图标

图 4-1-40　快速启动工具栏的图标

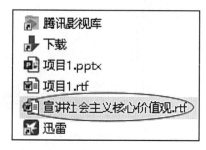

图 4-1-41　从 rtf 文件打开

注意：①无论哪种转换方法，Word 文档中所有文字必须分级。②应用第三种方法时 PowerPoint 2016 打开类型选择所有文件 *.* 才能看到 .rtf 文件。

说明：*.rtf 文件也称富文本格式（Rich Text Format，一般简称为 RTF）是由微软公司开发的跨平台文档格式。大多数的文字处理软件都能读取和保存 RTF 文档。首先它是写字板的默认文档之一，但除了它以外，Word、WPS Office、Excel 等都可以打开 RTF 格式的文件。它的打开速度快，rtf 是一种非常流行的文件结构，而且无损害的的一种格式。很多文字编辑器都支持它，vb 等开发工具甚至还提供了 richtxtbox 的控件（来自百度百科）。

【课后训练】

创建一个有关"重阳节"的演示文稿，要求最少五张幻灯片，包括重阳节介绍，习俗，和重阳节有关的诗词两首，重阳节有关的祝福语或图片，如图 4-1-42 所示。具体要求如下：

图 4-1-42　示例样图

1. 打开演示文稿：设置主题为"主要事件"-"变体"组中设置"颜色"-黄色，"字体"-隶书，"效果"-磨砂玻璃。

2. 第一张幻灯片版式为标题幻灯片，标题为"重阳节"，副标题为制作人：班级学号和姓名。用"素材库"中"背景.jpg"作为此幻灯片的图片背景，且"隐藏背景图像"。插入图片 1.jpg，且设置图片样式为"柔化边缘椭圆"。在左上角插入"图片 2.Jpg"，并设置图片背景"透明色"。调整图片和点位符到合适的位置，参考"示例样图"。

3. 第二、三张幻灯片版式为标题和内容，从素材库文件夹中找到"文本素材.txt"复制文本粘贴到正文。设置标题文字"隶书"44 号居中，正文"华文行楷"20 号，左对齐，段前10 磅，1.2 倍行距。在第三张幻灯片中插入"图片 2.jpg"，调整合适大小，叠放次序-置于底层。在"格式"-"调整"-"颜色"-色调组中选中"重新着色"-"橙色，个性 2，浅色"。

4. 第四张幻灯片版式为空白，在左侧插入竖排文本框，并输入文本"重阳节习俗图片一组",然后在"插入"-"插图"组中单击"图片"从素材库中同时选择"1.jpg"到"5.jpg"五张图片"插入",同时选中五张图片,选择"动画"-"退出"-飞出命令,"效果选项"为到底部,并在"计时"组中设置"开始"-上一动画之后,持续时间01:50,调整顺序从"1.jpg"到"5.jpg"逐个退出。

5. 第五张幻灯片版式为两栏内容,把右侧诗词移入右侧占位符并与左侧诗词格式一致。

6. 新建版式为空白的第六张幻灯片,插入"图片4.jpg",插入"填充:橙色主题4软棱台"的艺术字,艺术字内容为"幸福安康!",文本效果为"转换-弯曲-双波形:上下",并设置动画"缩放"。

7. 全部幻灯片切换效果为"窗帘"。自动换片时间为5秒。

8. 设置幻灯片的放映方式为"在展台浏览"。

4.2　PowerPoint 2016 综合应用——朝气蓬勃的计算机系

任务要点

1. 学会使用主题,制作独具特色的幻灯片背景。
2. 掌握使用和设计母版幻灯片,学会在备注页上插入文本或图片等内容。
3. 掌握幻灯片对象动画的设置方法及超链接、动作按钮的应用方法。
4. 掌握插入音频和视频并学会设置播放效果,学会给幻灯片设置页眉和页脚。
5. 学会打包演示文稿,学会打印幻灯片讲义。
6. 掌握幻灯片不同格式的导出方法,如导出PDF格式、视频格式等。

4.2.1　任务描述

一个好的演示文稿除了有文字和图片等常见的基本元素外,还少不了在其中加入一些多媒体对象,如视频片段、声音效果等。在PowerPoint 2016的幻灯片中加入多媒体对象后,可使制作的演示文稿更加生动活泼、丰富多彩,提高其观赏性和感染力,从而能够更好地使观众产生兴趣,调动观众的积极性。

为更好的让计算机系的同学了解本系、宣传本系,动员同学们制作以本系的系训系徽和专业特点为内容的不少于八张幻灯片的演示文稿。

4.2.2　示例展示

按任务描述,李明哲同学搜集了大量的素材,制作了标题为"朝气蓬勃的计算机系.pptx"的演示文稿,制作的效果如图4-2-1所示。

4.2.3　技术分析

1. 设置动画效果

PowerPoint 2016中的动画主要是指页面的动画效果,即对文本、图像、图表、图形、

4.2 PowerPoint 2016 综合应用——朝气蓬勃的计算机系

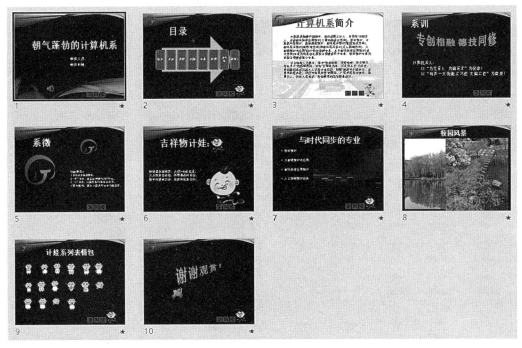

图 4-2-1 示例样图

艺术字、视频、音频等对象在页面中呈现的效果设置。选择"动画"选项卡，可根据需要设置动画，常见的动画效果有进入、强调、退出、动作路径四种，如图 4-2-2 所示。

(1) 进入。

①进入效果设置：打开要设置动画效果的幻灯片，选定要设置动画的对象，在"动画"选项卡中展开"动画"选项组中的动画样式库，从中选择"进入"栏下的动画效果如"飞入"，如图 4-2-2。在设置动画效果的同时，能即时显示对象进入动画的效果。

②效果选项设置：选定设置好进入动画的对象，在"动画"选项卡中单击"效果选项"按钮，即可从弹出的下拉列表中选择进入动画的特殊效果如"自底部"，如图 4-2-2 所示。选择不同的进入动画样式，其"效果选项"列表中显示的效果选项也不一样。

③更多进入效果：如果对动画样式库中提供的样式不满意，想要使用其他的进入效果，可以在动画样式列表中选择"更多进入效果"选项，打开"更改进入效果"对话框，可以看到这里分类提供了更多的进入动画效果，如图 4-2-3 所示。选择合适的进入效果，单击"确定"按钮即可应用所选效果。

(2) 强调。强调动画指对象进入幻灯片页面后，为了突出它的重点与其他对象在页面中显示不同的比较效果而设立的动画。选择"动画"选项卡，在动画样式库中选择"强调"栏下的动画效果，或选择"更多强调效果"，弹出"更改强调效果"对话框，可以看到这里分类提供了更多的强调效果，如图 4-2-3 所示。选择合适的强调效果，单击"确定"按钮即可应用所选效果。

227

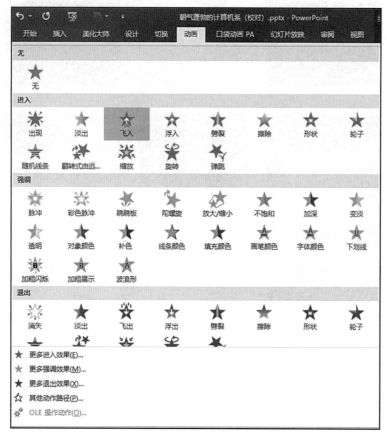

图 4-2-2　动画效果和效果选项

图 4-2-3　更多动画效果

（3）退出。退出动画指对象从幻灯片中消失，为后面需要呈现的内容腾出空间，使页面效果更加简洁。选择"动画"选项卡，在动画样式库中选择"退出"栏下的动画效果，或选择"更多退出效果"，弹出"更改退出效果"对话框，可以看到这里分类提供了更多的退出效果，如图4-2-3所示。选择合适的退出效果，单击"确定"按钮即可应用所选效果。

（4）动作路径。动作路径指对象在幻灯片中进行移动时需要的动画，如将图片从左侧移动到右侧时，就可以采用动作路径中的直线动画，如线条中的绿色表示移动开始位置、红色表示移动结束位置。选择"动画"选项卡，在动画样式库中选择"动作路径"栏下的动画效果，或选择"其他动作路径"，弹出"更改动作路径"对话框，可以看到这里分类提供了更多的动作路径，如图4-2-3所示。选择合适的动作路径，单击"确定"按钮即可应用所选效果。

（5）计时动画和添加动画设置。由于每一个动画都有默认的效果，在给对象添加动画效果后可以对默认效果进行修改，包括添加动画、触发、持续时间、延迟、排序等操作。

①添加动画。一个对象可能有多个动画，以一张图片为例就需要有进入和退出等多张动画。这时需要使用"添加动画"等命令，它包含了所有的常规动画，如图4-2-4所示。

图4-2-4　添加动画

图4-2-5　动画窗格

②动画窗格。在动画窗格中可以对页面中所有的动画进行修改、调整顺序等操作，选择"动画"-"高级动画"-"动画窗格"命令后，在页面最右侧会出现一个动画窗格，如图4-2-5所示。

③动画计时。动画计时可以对动画的开始、持续时间、延迟进行设置，动画的开始包含三种情况"单击时""与上一动画同时"和"上一动画之后"。动画持续时间表示该动画效果从开始到结束需要执行的时间，单位为"秒"。延迟表示为当前动画开始的延时时间，如设置延迟为1秒，则当前动画开始后需等待1秒才执行动画效果。

（6）删除动画效果。为幻灯片中的对象设置了动画效果后，该对象左上角处会显示动画标记编号。若要删除某对象的动画效果，可选定该对象，在"动画"选项卡中单击"动画"样式库的"无"图标，即可删除该对象的动画效果，如图4-2-6所示。删除动画效果后，所选对象左上角的动画标记编号即会消失。

图4-2-6　删除动画

2. 母版视图

母版是存储关于模板信息的设计模板的一个元素，这些模板信息包括字形、占位符大小、位置、背景设计和配色方案。PowerPoint 2016演示文稿中的每一个关键组件都拥有一个母版，如幻灯片、备注和讲义。母版是一类特殊的幻灯片，幻灯片母版控制了某些文本特征如字体、字号、字形和文本的颜色；还控制了背景色和某些特殊效果如阴影和项目符号样式；包含在母版中的图形及文字将会出现在每一张幻灯片及备注中。所以，如果在一个演示文稿中使用幻灯片母版的功能，就可以做到整个演示文稿格式统一，可以减少工作量，提高工作效率。包括幻灯片母版、讲义母版和备注母版。

（1）幻灯片母版。幻灯片母版视图可以对字体、文本占位符、背景框架进行设置。在幻灯片母版中可以对一些重复的工作进行设置，既可以设置一个母版，也可以设置多个母版。进入幻灯片母版视图可选择"视图"-"母版视图"-→"幻灯片母版"命令，关闭幻灯片母版视图可选择"幻灯片母版"-"关闭"-"关闭母版视图"命令，如图4-2-7所示。

（2）讲义母版。讲义母版主要针对打印时版面的设计和版式，如果需要在一张A4纸上打印2张幻灯片就可以在讲义母版中设置，选择"视图"-"母版视图"-"讲义母版"-"页面设置"-"每页幻灯片数量"命令，如图4-2-8所示。关闭讲义母版选择"讲义母版"-"关闭"-"关闭母版视图"命令。

图 4-2-7　幻灯片母版

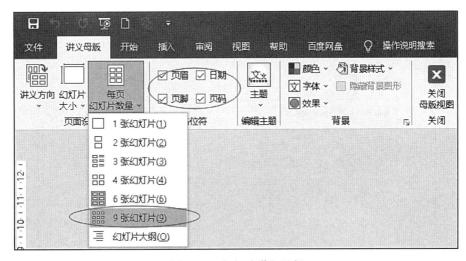

图 4-2-8　幻灯片讲义母版

(3)备注母版。备注母版是设计备注视图的编辑区域界面，可以在备注视图中对"幻灯片"和"备注文本占位符"进行重新设计，完成后可在备注视图中进行查看。进入备注母版可选择"视图"-"母版视图"-"备注母版"命令，然后在页面区域中输入"5G 网络时代"和插入一张图片对页面进行重新设计，如图 4-2-9 所示。

3. 设置幻灯片的页眉和页脚

PowerPoint 2016 中页眉和页脚功能可以为每一张幻灯片设置日期、时间、编号等信息。操作如下：选择"插入"-"文本"组中的"页眉和页脚"对话框如图 4-2-10 所示，单击"幻灯片"设置-日期和时间、幻灯片编号、页脚等，再单击"备注和讲义"根据需要设置。如果点"应用"即是以上设置应用在了当前幻灯片，如果点"全部应用"就是用到了每张幻灯片上。如果选中"标题幻灯片中不显示"则幻灯片版式为"标题幻灯片"的幻灯片不显示页眉和页脚。

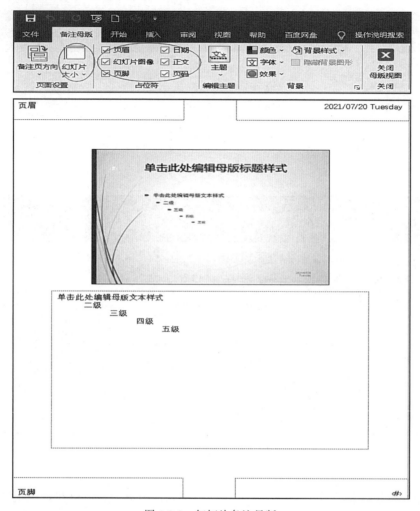

图 4-2-9 幻灯片备注母版

4. 设置超链接

在 PowerPoint 2016 中，可以超链接到现有文件或网页、文档中的位置、新建文档、电子邮件地址。超链接本身可能是文本或对象。如果链接指向另一张幻灯片，目标幻灯片将显示在 PowerPoint 演示文稿中，如果它指向某个网页、网络位置或不同类型的文件，则会在 Web 浏览器中显示目标页或在相应的应用程序中打开目标文件。

幻灯片中的任何一个对象都可以添加超链接功能，例如，可以为目录幻灯片中的每个条目都设置为超链接文本，这样当在目录页中单击某一条目时，便可直接跳转到相应的幻灯片。

要将幻灯片中的对象设置为超链接对象，需先选定目标对象，再选择"插入"-"链

4.2 PowerPoint 2016 综合应用——朝气蓬勃的计算机系

图 4-2-10 设置页眉和页脚

接"-"超链接"按钮,打开"插入超链接"对话框,在"链接到"列表框中选择链接对象所在的位置,然后选择链接对象。如图 4-2-11 所示。

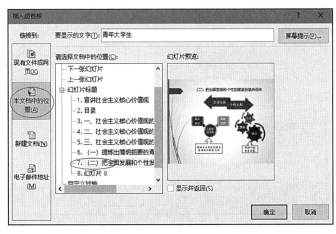

图 4-2-11 设置超链接   图 4-2-12 超链接显示

设置完毕,单击"确定"按钮,即可完成链接,此时可以看到设置了超链接属性的文本下方带有下划线,如图 4-2-12 所示。如果是为图形或图像设置了超链接,则在放映时将鼠标指向该图形或图像,会显示一个小手图标。

编辑与删除超链接:右键单击设置了超链接的文本或对象,单击快捷菜单中的"编辑

233

超链接"按钮,可以打开"编辑超链接"对话框,重新设置选项即可对已有的超链接属性进行编辑修改。若要删除超链接,可以在"编辑超链接"对话框中选择"删除链接",也可右键单击超链接文本或对象,在弹出的快捷菜单中选择"删除超链接"选项。

5. 动作按钮

在 PowerPoint 的形状库中,包含着一些带有超链接属性的图形,称为"动作按钮",如图 4-2-13 所示。在幻灯片中插入动作按钮并设置其属性,便可实现在幻灯片之间进行跳转的动态效果。

动作按钮有"单击鼠标"和"鼠标移动"动作,插入动作按钮后,会弹出一个"操作设置"窗口如图 4-2-14 所示,根据需要对相关属性设置即可。作用是当点击或鼠标指向这个按钮时产生某种效果,例如链接到某一张幻灯片、某个网站、某个文件;播放某种音效;运行某个程序等。

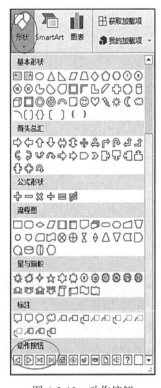

图 4-2-13　动作按钮

图 4-2-14　动作按钮操作设置

6. 添加背景音乐和视频

在 PowerPoint 2016 中,可以向幻灯片中插入本地音视频、联机视频以及录制的音频,并且可以录制屏幕。

(1)音频的插入。幻灯片制作时可以根据设计主题加入一些声音,以增强演示文稿的感染力,使听众能够更深入地理解设计的意图。插入声音应根据实际需要来设定,不能影响正常的讲述。

在 PowerPoint 2016 中插入音频的方式主要有 PC 上的音频和录制音频两种,可选择"插入"-"媒体"-"音频"-"PC 上的音频"命令,找到音频对应存放的位置,单击"确定"按钮就可以将音频插入幻灯片中,插入的音频在幻灯片中呈现为喇叭的样式。选中音频可以看到音频工具的"格式"和"播放"两个模块,能对音频的样式、大小、播放、剪裁等进行设置,如图 4-2-15 所示。

图 4-2-15　音频格式与播放的设置

插入的音频可以进行格式或播放设置,可以设置循环播放、全屏播放、增强、减弱等播放效果。

如果要在幻灯片中插入自己录制的声音,需要连接并调试好音频录制设置,如麦克风等。选择"插入"下拉列表-"媒体"-"音频"-"录制声音"命令,录制完成后单击"确定"按钮即可插入幻灯片,录制的音频同样可以进行格式和播放设置。

(2)视频插入。在 PowerPoint 2016 中可以插入各种视频动画文件,其格式有很多种,如 MP4、avi、mpg、wmv 等。支持的视频格式会随着计算机播放器的不同而有所不同,即在不同的设备中可能有不同的播放器。插入视频动画的方式主要有联机视频和从 PC 上的视频两种。选择"插入"-"媒体"-"视频"-"PC 上的视频"命令,找到视频对应存放的位置单击"确定"按钮就可以将视频插入幻灯片中。选中视频通过"格式"和"播放"两个模块,就可以对视频的样式、大小、播放、剪裁等进行设置,如图 4-2-16 所示。

图 4-2-16　视频格式和播放的设置

(3)屏幕录制。屏幕录制可以将屏幕的操作内容录制下来,供培训教学使用。在幻灯片中选择"插入"-"媒体"-"屏幕录制"-"选择区域"-"录制"命令，如图 4-2-17 所示。单击红色圆形按钮就可以开始录制，而停止录制则需要使用 Windows 键+"Shift+Q"组合键，录制的视频文件格式为 .mp4 格式。

图 4-2-17　屏幕录制的控制菜单

7. 幻灯片导出

制作完成的演示文稿可选择"文件"-"导出"命令，导出为其他文件格式以满足用户多用途的需要。PowerPoint 2016 中可以导出为创建 PDF 和 XPS 文档、创建视频、将演示文稿打包成 CD、创建讲义、更改文件类型五种导出模式，如图 4-2-18 所示。

图 4-2-18　导出的五种方式

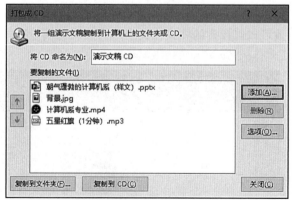

图 4-2-19　幻灯片打包成 CD

（1）创建PDF/XPS文档。选择"文件"-"导出"-"创建PDF/XPS文档"命令，既可以发布生产PDF/XPS文档。在发布页面之前单击"选项"按钮可以对需要发布的内容进行设置，如幻灯片的范围、墨迹等。

（2）创建视频。将演示文稿创建为视频，以便于刻录到光盘、上传到网络中或者通过电子邮件转发给需要的人员。创建的视频包含录制的计时、旁白、墨迹笔画、激光笔等信息，可确保动画、切换、媒体等内容的正常运行。如果幻灯片中没有设置计时和旁白，可设置每张幻灯片放映的时间、创建视频的大小，选择"文件"-"导出"-"创建视频"命令，创建的视频默认文件格式为".mp4"。

（3）将演示文稿打包成CD。在一些特殊情况下，有的计算机没有安装或者安装了一些低版本的PowerPoint软件，这将影响幻灯片的正常放映，所以可以通过打包成CD以便能在更多的计算机上播放，可选择"文件"-"导出"-"将演示文稿打包成CD"-"打包成CD"命令。打包为CD时需要将文档中的链接如视频、音频、文档、特殊字体等文件内容都添加到CD中，如图4-2-19所示。

（4）创建讲义。创建讲义是将幻灯片和备注放入Microsoft Word中生成讲义，可以对内容进行编辑和格式设定，如果幻灯片中的内容发生更改时，Word中的幻灯片讲义也会更新内容，可选择"文件"-"导出"-"创建讲义"命令来实现。

（5）更改文件类型。更改文件类型其实就是另存为，可以将演示文稿另存为各类文档类型，如演示文稿(.pptx)、模板(.potx)、PPT放映(.ppsx)、图片(.png/.jpg)等，可选择"文件"-"导出"-"更改文件类型"-"另存为"命令来实现，如图4-2-20所示。

（6）打印演示文稿。屏幕放映是演示文稿最主要的输出形式，但在某些情况下，还需要将幻灯片中的内容以纸张的形式呈现出来。演示文稿可以用"幻灯片""讲义""备注页""大纲视图"等多种形式打印，其中"讲义"将演示文稿中的若干张幻灯片按照一定的组合方式打印在纸张上，这种形式的打印最节约纸张。

4.2.4 任务实现

根据任务描述和样图，具体任务要求如下：

（1）打开"朝气蓬勃的计算机系(初稿).pptx"，设置主题为"水汽尾迹"。第一张幻灯片：版式为"标题幻灯片"标题文字字体为"微软雅黑"60号，居中，副标题为字体为"楷体"24号，居中。

（2）第2、3、4、5、6张幻灯片的标题文字字体统一设置成"宋体(标题)"50号，居中(格式刷)。调整占位符位置如"图4-2-1示例样图"所示。

小技巧：第2张标题文字设置完成后，选中状态双击"开始"-"剪贴板"-"格式刷"命令，鼠标会变成刷子形状，到第3、4、5、6张幻灯片标题处单击，即可完成字体格式设置，设置完成后，在格式刷按钮上单击，取消格式刷应用状态。

第2张幻灯片：选中文本框，选择"开始"-"段落"-"转换为SmartArt"命令，在弹出的"选择SmartArt图形"对话框中，选择"流程"-"连续块状流程"，然后在"SmartArt工具"-

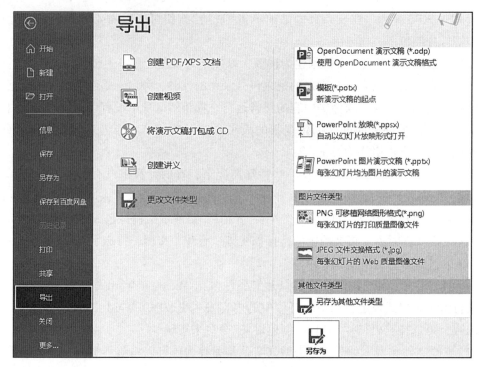

图 4-2-20　更改文件类型

"SmartArt 样式"组中"更改颜色"-主题颜色(主色)-个性化 1；"SmartArt 样式"-"卡通"。

（3）第 3 张幻灯片：

①设置背景：内容中文字字体为"楷体"18 号，白色。幻灯片空白处右击，在弹出的快捷菜单中选择"设置背景格式"命令，弹出对话框，选择"图片或纹理填充"-"插入"命令，在文件的素材库中选择"背景.jpg"点击插入；

②设置超链接：标题文字"黑色"，选中标题中"计算机"三个字后右击在弹出的菜单中选择"超链接"命令，打开"插入超链接"对话框，在对话框中"链接到"选择"现有文件或网页"按钮，在要显示的文字框中显示"计算机系"，在地址栏输入网址：http://jsj.helc.edu.cn/，如图 4-2-21 所示。

（4）第 4 张幻灯片：在"插入"-"文本"组中单击"艺术字"下拉列表中选择"填充：红色主题色 1，阴影"的"A"。在弹出的占位符中输入文字"专创相融 德技同修"并设置字体为"黑体"为拉大字体。在"绘图工具"-"格式"-"艺术字样式"组中设置"文本效果"为"转换-弯曲-槽形：上"，大小为高 4cm，宽 20cm，调整位置参照"图 4-2-1 示例样图"。

注意：选择艺术字样式与主题有关。

（5）第 5 张幻灯片：插入横排文本框(高 4cm 宽 12cm)并复制素材库文件夹中"文本素材.txt"中"loge 寓意"段文本粘贴到该文本框中。

（6）第 6 张幻灯片：在"插入"-"图片"组中单击"本设备"，选择"计娃 1.png""计娃

图 4-2-21　插入超链接

2.png",单击插入,参照"图 4-2-1 示例样图.jpg"调整到合适的大小和位置;插入横排文本框(高 3cm 宽 11cm)并复制素材库文件夹中"文本素材.txt"中"吉祥物计娃"段文本粘贴到该文本框中。

(7)第 7 张幻灯片:在"插入"-"媒体"组中单击"视频"-"此设备",找到并选择"计算机专业.mp4",插入后调整大小(宽 9cm 高 16cm)和位置(水平位置从左上角 9cm,垂直位置从左上角 5cm),并在"视频工具"-"播放"的功能组中做如下设置:自动开始,音量中等,编辑组中淡化持续时间,淡入淡出 0.25 秒,循环播放直到停止。

(8)第 8 张幻灯片:在"插入"-"图像"组中单击"图片"-"此设备"找到要添加的图片,同时选中"图片 1.jpg"和"图片 2.jpg",同时选中"图片 1.jpg"和"图片 2.jpg"设置动画效果-"退出"-"飞出",效果选项"到底部",计时组中开始"上一动画之后"持续时间 1.0 秒延时 0.25 秒;再插入"图片 3.jpg"先调整大小为锁定纵横比,高度 16cm,再设置动画为"更多动作路径"-"直线和曲线"组中的"向左",然后再调整路径的长度,要求是沿路径移动过程中呈现全部图片。计时组中开始"上一动画之后",持续时间 1.0 秒延时 0.25 秒,最后将"图片 3.jpg"置于底层。

(9)第 9 张幻灯片:①在"插入"-"图像"组中单击"图片"-此设备-同时选中"表情包绘制 1.jpg~表情包绘制 8.jpg",调整 8 个图片的位置分上下两排每排各四个,对上下两排分别设置顶端对齐和横向分布如图 4-2-22 所示。②再次同时选中 8 个图片,打开"动画窗格",在"动画"-"动画"组中选择:"进入-飞入",效果选项:自底部,"计时"组设置:开

239

始"上一动画之后"持续时间 1.5 秒。③"高级动画"组中"添加动画""强调"组选中"陀螺旋",效果选项:顺时针,完全旋转。"计时"组设置:"与上一动画同时"开始,持续时间 2 秒,如图 4-2-23 所示。

思考:如何实现此幻灯片白色背景?

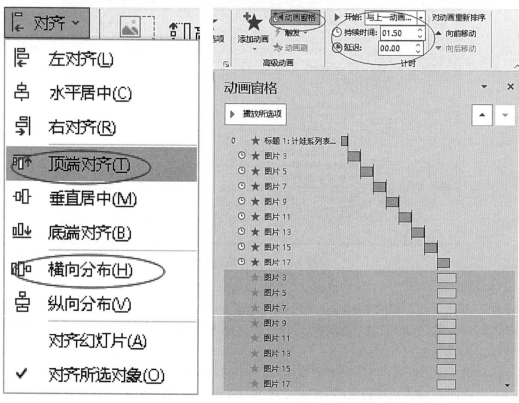

图 4-2-22 图片对齐设置　　图 4-2-23 添加动画的计时

(10)第 10 张幻灯片:①新建一张"空白"版式的幻灯片,在"插入"-"文本"组中单击"艺术字"下拉列表中选择"图案填充:红色,主题色 1,50%,清晰阴影:红色,主题色 1"的"A"。在弹出的占位符中输入文字"谢谢观赏!"并设置字体为"黑体"为拉大字体。②在"绘图工具"-"格式"-"艺术字样式"组中设置"文本效果"为"转换-弯曲-淡出:左近右远;三维旋转-角度-透视:右向对比"。③设置艺术字的动画效果为"强调"组中"放大/缩小"。④在"插入"-"图像"组中选择"图片"-此设备图片"鼓掌.gif"并设置"动作路径"的动画效果为"直线",调整动作路径的直线的长度和方向,与艺术字方向一致。

(11)为幻灯片中所有的对象设置动画,自行设置没有要求的动画形式。

(12)幻灯片母版和动作按钮:

①在"视图"-"母版视图"组中单击"幻灯片母版",切换到了"幻灯片母版"编辑窗口,点击左侧第一张"幻灯片母版",在编辑窗口插入两个图片:"系徽 2.png"(左上角)和"计

娃2.png"（右下角），如图4-2-24所示。

②插入动作按钮；具体操作：仍然在"幻灯片母版"视图中，在"插入"-"插图"-"形状"组中最下面的"动作按钮"中如图4-2-25所示，单击"动作按钮：转到开头"弹出"操作设置"对话框，设置此按钮的超链接为"上一张"后"确定"，如图4-2-26所示，根据幻灯片的背景颜色设计此按钮的背景填充色和框线的粗细颜色等，再单击"动作按钮：转到主页"和"动作按钮：转到结尾"，分别设置超链接到"第一张幻灯片"和"下一张"。用格式刷设置三个动作按钮外观一致，如图4-2-27所示的三个按钮；放在右下角，这样放置就应用到所有幻灯片上。参照"图4-2-1示例样图"。

思考：动作按钮如何设置填充色和边线？

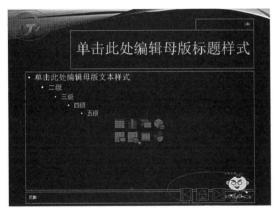

图4-2-24 母片中放置图片

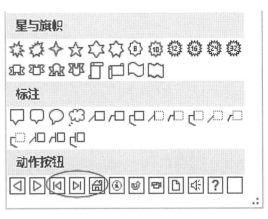

图4-2-25 动作按钮

图4-2-26 超链接

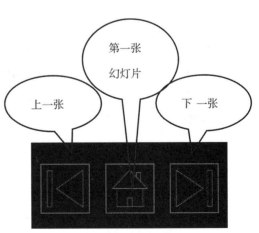

图4-2-27 动作按钮

(13)为幻灯片设置页眉和页脚：切换到第 2 张幻灯片，在"插入"-"文本"组中单击"页眉和页脚"，在打开的对话框中设计幻灯片包含的内容有日期和时间、页脚如图 4-2-28 所示。再切换到"讲义和备注"，设置页面包含内容：日期和时间、页码、页眉、页脚。

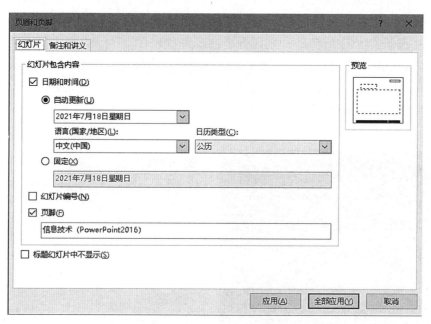

图 4-2-28　设置页眉和页脚

(14)添加背景音乐：转到第 1 张幻灯片，在"插入"-"媒体"-"音频"组中选择此设备中的"五星红旗.mp3"，在"音频工具"-"播放"-"编辑"组中设置淡化持续时间：淡入淡出 0.5 秒；"音频选项"组中设置音量中等，自动开始，播放时隐藏，跨幻灯片播放，循环播放直到停止。如图 4-2-29 所示。

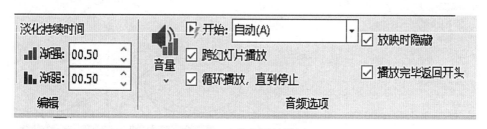

图 4-2-29　音频播放设置

(15)排练计时：在"幻灯片放映"-"设置"组中单击"排练计时"命令，开始播放并记录下每张幻灯片播放的时间，完成之后选择"保存排练时间"。

(16)设置幻灯片放映：在"幻灯片放映"-"设置"组中单击"设置幻灯片放映"弹出"设

置放映方式"对话框，选择"在展台浏览(全屏幕)"后"确定"。

（17）幻灯片的导出和打包成CD：选择"文件"-"导出"-"将演示文稿打包成CD"-"打包成CD"，在弹出的"打包成CD"对话框中单击"选项"按钮，在出现的"选项"对话框中选中"链接的文件"和"嵌入的TrueType字体"两个复选框，还可以设置密码；返回"打包成CD"对话框，单击其中的"复制到文件夹"选择打包的文件名和位置后确定。如图4-2-30所示。要在其他计算机放映该演示文稿时，只需将整个打包文件夹复制过去，并双击其中的".pptx"文件放映即可。

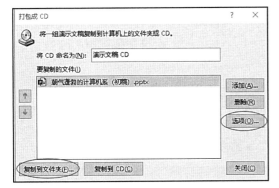 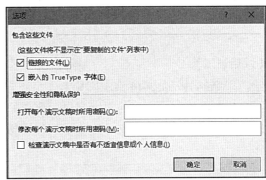

图 4-2-30　打包成 CD

4.2.5　能力拓展

1. 演示文稿设计原则

（1）使用风格统一的设计和配色，保持简单清晰的版式布局；
（2）"简明"是风格的第一原则，文字要精练，充分借助图表来表达；
（3）母版背景切忌用复杂的图片，空白或浅色底是首选，可以凸显图文；
（4）尽量少而简单地使用动画，特别是在正式的商务场合。

2. 使用"节"来管理幻灯片

节是用来管理幻灯片的，可以使用多个节来组织大型演示文稿的结构，以简化其管理和导航。分节之后，可以命名和打印整个节，也可以将效果单独应用于某个节。

在"开始"-"幻灯片"组中单击"节"-新增节命令，弹出的对话框如图4-2-31所示。在对话框"重命名节"的节名称中重命名节，也可以在节标题处右击"重命名节"。浏览视图中在节标题处单击前边的三角标可以折叠或展开节。单击节前的三角标记，选中本节中的所有幻灯片，在"设计"-"主题"列表中可以为本节单独设置一个主题样式。在节标题上右击，在弹出的快捷菜单中选中"删除节"，即删除该节。

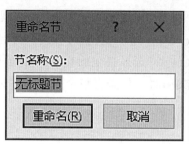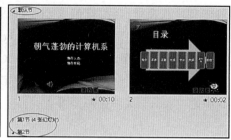

图 4-2-31　增加节、重命名节、折叠和展开节

【课后训练】

用 PowerPoint 2016 演示文稿制作自我介绍演讲稿。

为了巩固演示文稿的学习成果，要求每个同学用 PowerPoint 2016 制作一篇以自我介绍为主题的演讲稿，如图 4-2-32 示例样图所示。

图 4-2-32　课后训练示例样图

演讲稿制作完成后要通过多媒体设备在全班同学面前展示并演讲，具体要求如下：

1. 搜集素材(文字、图片、背景音乐和小视频等)确定演示文稿的整体结构和内容，用 Word 文档列出提纲，并设置分级大纲。内容以自我介绍为主，比如自我介绍、家庭成员、我的爱好、我喜欢的诗词名言、家乡的风景美食等特色介绍、专业认知、学习成果展示、憧憬未来等。

2. 演示文稿最少 8 张、最多 12 张幻灯片。

3. 用幻灯片母版设计统一的风格或格调，最少有一张幻灯片用图片单独设置背景或加装饰图片。

4. 选择合适的版式，布局合理，字体字号设计美观大气。

5. 尽量多地设置动画效果，全文有切换且设置自动换片时间为 4.5 秒。

6. 有超链接或设置动作按钮。

7. 在第一页上添加背景音乐，要求播放时隐藏且跨幻灯片循环播放。第 3 张幻灯片上添加小视频并设置播放格式。

8. 第 1 张的标题文字和最后 1 张文字用艺术字设置，并设置大小、文本效果和动画等。

9. 保存演讲稿三种格式：pptx、pdf 和 mp4，文件均以"学号后四位+姓名+班级+扩展名"命名。

【思政园地】

计算机领域的两位科学家

一、查尔斯·巴贝奇（Charles Babbage）

查尔斯·巴贝奇（Charles Babbage，1792—1871），英国发明家，计算机科学先驱，1792 年 12 月 27 日出生于英格兰得文郡（Devon Shire）。童年时代的巴贝奇显示出极高的数学天赋，考入剑桥大学后，他发现自己掌握的代数知识甚至超过了教师。

巴贝奇以他卓越的数学才能征服了剑桥，他还取得了许多发明创造的成果，1822 年差分机的制造为巴贝奇带来了巨大声誉，鼓励巴贝奇在制造计算装置方面走得更远。通过制造差分机，巴贝奇看到了制造一种在性能上大大超过差分机的计算工具的可能性，这个机器就是后来他一直努力完成的分析机。分析机能够自动跟踪指令，是一部具有多种用途的计算机，而且在概念上已经具备了现代计算机的全部要素：储存装置、计算装置、穿孔卡片输入系统、外存储器以及条件转运器。

二、约翰·冯·诺依曼（John von Neumann）

约翰·冯·诺依曼（John von Neumann，1903—1957），著名匈牙利裔美籍科学家，1903 年 12 月 28 日出生于匈牙利布达佩斯的一个犹太人家庭，在计算机、博弈论、代数、集合论、测度论、量子理论等诸多领域里做出了开创性的贡献，被后人称为"计算机之父"和"博弈论之父"。

冯·诺依曼早期以算子理论、共振论、量子理论、集合论等方面的研究闻名，开创了冯·诺依曼代数。第二次世界大战期间为第一颗原子弹的研制作出了贡献。主要著作有《量子力学的数学基础》（1926）、《计算机与人脑》（1958）、《经典力学的算子方法》、《博弈论与经济行为》（1944）、《连续几何》（1960）等。冯·诺依曼对人类的最大贡献是对计算机科学、数值分析和经济学中的博弈论进行了开拓性工作。

第 5 章 信息检索

🎯 **学习目标**

1. 理解信息检索的基本概念，了解信息检索的基本流程。
2. 掌握常用搜索引擎的自定义搜索方法，掌握布尔逻辑检索、截词检索、位置检索、限制检索等检索方法。
3. 掌握通过网页、社交媒体等不同信息平台进行信息检索的方法。
4. 掌握通过期刊、论文、专利、商标、数字信息资源平台等专用平台进行信息检索的方法。

5.1 信息检索基础知识

🔍 **任务要点**

1. 了解信息检索的概念、由来与流程。
2. 了解信息检索的发展阶段。
3. 了解计算机信息检索类型及特点。

5.1.1 信息检索的概念与由来

1. 信息检索的概念

信息检索是人们进行信息查询和获取的主要方式，是查找信息的方法和手段，有广义和狭义之分。掌握网络信息的高效检索方法，是现代信息社会对高素质技术技能人才的基本要求。

广义的信息检索全称为"信息存储与检索"，是指将信息按一定的方式组织和存储起来，并根据用户的需要找出有关信息的过程；狭义的信息检索为"信息存储与检索"的后半部分，通常称为"信息查找"或"信息搜索"，是指从信息集合中找出用户所需要的有关信息的过程。狭义的信息检索包括 3 个方面的含义：了解用户的信息需求、信息检索的技术或方法、满足信息用户的需求。

2. 信息检索的由来

"检索"一词源自英文"Retrieval"，其含义是"查找"。将大量相关信息按一定的方式和规律组织和存储起来,形成某种信息集合,并能根据用户特定需求快速高效地查找出所需信息的过程称为信息检索。从广义上讲,信息检索包括存储过程和检索过程;对信息用户来说,往往仅指查找所需信息的检索过程。信息检索实质上就是把表达用户信息需求的提问特征,同检索系统中的信息特征标识进行类比,从中找出一致的信息。

信息的存储主要包括对在一定专业范围内的信息选择基础上进行信息特征描述、加工并使其有序化,即建立数据库。检索是借助一定的设备与工具,采用一系列方法与策略从数据库中查找所需信息。存储是检索的基础,检索是存储的逆过程。在现代信息技术环境下,信息检索从本质上讲,是指人们希望从一切信息系统中迅速、准确地查找到自己感兴趣的有用信息,而不论它的出现形式或媒体介质。

3. 信息检索的流程

信息检索的基本流程主要包括以下 3 个主要环节:
(1)信息内容分析与编码,产生信息记录及检索标识;
(2)组织存储,将全部记录按文件、数据库等形式组成有序的信息集合;
(3)用户提问处理和检索输出。

传统的信息检索,主要是根据文献的内、外部特征,用手工方式实现。现代以计算机为核心的信息检索技术,开辟了信息处理与信息检索的新时代。从计算机处理数字信息发展到处理字符信息,又到能够处理静、动态图像(形)信息乃至声音信息等,拓展了信息检索的领域,丰富了信息检索的内容,提高了信息检索的速度。

计算机信息检索是利用计算机对信息进行存储与查找。存储过程:大量的数据按一定的格式输入到计算机中,经过计算机的加工处理,以一定的结构有序地存储在计算机的存储介质上。检索过程:用户的需求输入到计算机中,由计算机对其进行处理,并与已存储在计算机中的信息进行查询与匹配,最后按要求的格式输出检索结果。如图 5-1-1 所示。

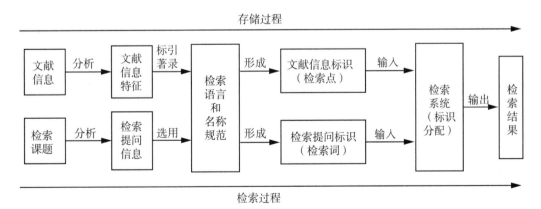

图 5-1-1 文献检索与存储过程

5.1.2 信息检索的发展阶段

1. 脱机检索阶段

此阶段是从 20 世纪 50 年代中期到 60 年代中期。自 1946 年 2 月世界上第一台电子计算机问世以来,人们一直设想利用计算机查找文献。进入 50 年代后,在计算机应用领域"穿孔卡片"和"穿孔纸带"数据录入技术及设备相继出现,以它们作为存储文摘、检索词和查询提问式的媒介,使得计算机开始在文献检索领域中得到了应用。

2. 联机检索阶段

此阶段是从 20 世纪 60 年代中期到 70 年代初。由于计算机分时技术的发展,通信技术的改进以及计算机网络的初步形成和检索软件包的建立,用户可以通过检索终端设备与检索系统中心计算机进行人机对话,从而实现对远距离之外的数据库进行检索的目的,即实现了联机信息检索。

联机信息检索是指利用计算机终端设备,通过通信线路或网络,与世界上的信息检索系统相连,从信息检索系统的数据库中进行检索并获得信息的过程。

联机信息检索允许用户以联机会话的方式直接访问系统及其数据库,检索是实时、在线进行的,并在检索过程中可随时调整检索策略。这种系统具有分时的操作能力,能够支持许多相互独立的终端同时进行检索。并且采用了实时操作技术,用户的提问一旦传到主机被接收后,计算机能及时处理、即刻回答,将检索结果很快传送到用户终端,用户可以浏览得到的信息,随时修改提问,直至得到满意的结果。随着通信技术的发展,利用公用通信网或专用通信网,联机信息检索已经超出一个地区,一个国家的范围,进入国际信息空间,出现了像 DIALOG、ORBIT 这样的国际联机系统。

3. 网络化联机检索阶段

此阶段是从 20 世纪 70 年代初到现在。由于电话网、电传网、公共数据通信网都可为情报检索传输数据。特别是卫星通信技术的应用,使通信网络更加现代化,也使信息检索系统更加国际化,信息用户可借助国际通讯网络直接与检索系统联机,从而实现不受地域限制的国际联机信息检索。尤其是世界各大检索系统纷纷进入各种通信网络,每个系统的计算机成为网络上的节点,每个节点联接多个检索终端,各节点之间以通信线路彼此相连,网络上的任何一个终端都可联机检索所有数据库的数据。这种联机信息系统网络的实现,使人们可以在很短的时间内查遍世界各国的信息资料,使信息资源共享成为可能。

5.1.3 计算机信息检索的类型

1. 按存储与检索对象划分

按存储与检索对象划分,信息检索可以分为:文献检索、数据检索、事实检索。三种信息检索类型的主要区别在于:数据检索和事实检索是要检索出包含在文献中的信息本身，而文献检索则检索出包含所需要信息的文献即可。

2. 按存储的载体和实现查找的技术手段划分

按存储的载体和实现查找的技术手段划分，有手工检索、机械检索、计算机检索。其中发展比较迅速的计算机检索是"网络信息检索"，也即网络信息搜索，是指互联网用户在网络终端，通过特定的网络搜索工具或通过浏览的方式，查找并获取信息的行为。

3. 按检索途径划分

按检索途径划分，分直接检索和间接检索。

5.1.4 计算机信息检索特点

（1）检索速度快。手工检索需要数日甚至数周的课题，计算机检索只需要数小时甚至数分钟。

（2）检索途径多。除手工检索工具提供的分类、主题、著者等检索途径外，还能提供更多的检索途径，如题名途径等。

（3）更新快。尤其是国外的计算机检索工具，光盘多为月更新、周更新，网络信息甚至为日更新。

（4）资源共享。通过网络，用户可以不受时空限制，共享服务器上的检索数据库。

（5）检索更方便灵活。可以用逻辑组配符将多个检索词组配起来进行检索，也可以用通配符、截词符等进行模糊检索。

（6）检索结果可以直接输出。可以选择性打印、存盘或 E-mail 信息存储和检索过程的基本原理检索结果，有的还可以在线直接订购原文。有的计算机检索工具甚至可以直接检索出全文。

5.2 常用网络信息的高效检索方法

任务要点

1. 了解常用搜索引擎及其使用技巧。
2. 学会使用搜索引擎的自定义搜索方法。
3. 掌握布尔逻辑检索、截词检索、邻近检索、限制检索等信息检索方法。

5.2.1 常用搜索引擎的自定义搜索方法

1. 常用搜索引擎

搜索引擎是根据用户需求与一定算法，运用特定策略从互联网检索出信息反馈给用户的一门检索技术。搜索引擎依托于多种技术，如网络爬虫技术、检索排序技术、网页处理技术、大数据处理技术、自然语言处理技术等，为信息检索用户提供快速、高相关性的信息服务。

搜索引擎发展到今天,基础架构和算法在技术上都已经基本成型和成熟。搜索引擎已经发展成为根据一定的策略、运用特定的计算机程序从互联网上搜集信息,在对信息进行组织和处理后,为用户提供检索服务,将用户检索相关的信息展示给用户的系统。

目前常用的搜索引擎有下述五种。

(1) 百度搜索。百度搜索是全球最大的中文搜索引擎,2000 年 1 月由李彦宏、徐勇两人创立于北京中关村,致力于向人们提供"简单,可依赖"的信息获取方式。"百度"二字源于中国宋朝词人辛弃疾的《青玉案》诗句:"众里寻他千百度",象征着百度对中文信息检索技术的执著追求。

(2) 神马搜索。神马专注于移动互联网的搜索引擎,是 UC 浏览器的内置搜索引擎。神马搜索凭借 UC 浏览器大量的用户及阿里巴巴的背景,其在移动搜索市场中也积累了大量的用户,截至 2015 年底神马在移动搜索的市场份额占比达到了 17.9%,仅次于百度排名第二。

(3) 搜狗搜索。搜狗搜索是中国领先的中文搜索引擎,致力于中文互联网信息的深度挖掘,帮助中国上亿网民加快信息获取速度,为用户创造价值。

(4) 360 搜索。360 综合搜索,属于元搜索引擎,是搜索引擎的一种,是通过一个统一的用户界面帮助用户在多个搜索引擎中选择和利用合适的搜索引擎来实现检索操作,是对分布于网络的多种检索工具的全局控制机制。

(5) 谷歌搜索。谷歌搜索引擎是谷歌公司的主要产品,也是世界上最大的搜索引擎之一,由两名斯坦福大学的理学博士生拉里·佩奇和谢尔盖·布林在 1996 年建立。谷歌搜索引擎拥有网站、图像、新闻组和目录服务四个功能模块,提供常规搜索和高级搜索两种功能。

上面提到的都是传统的搜索引擎,谷歌正在尝试"爬行"基于 AJAX 的应用程序,如果推广,那么未来 SEO 将会真正延生到应用世界,也就是说某个 App 的具体某个页面将可被搜索。同时,随着社交媒体和搜索的界限越来越模糊,随着互联网渐渐向移动端倾斜,这两年我们看到了 Social Search(社会化媒体搜索)和 Mobile App Search(移动 App 搜索)的发展和应用。也就是说通过社交媒体信息平台也可以进行信息检索。

随着搜索引擎技术的日益成熟,当代搜索引擎技术几乎可以支持各种数据类型的检索,例如自然语言、智能语言、机器语言等各种语言。目前,不仅视频、音频、图像可以被检索,而且人类面部特征、指纹、特定动作等也可以被检索到。可以想象,在未来几乎一切数据类型都可能成为搜索引擎的检索对象。

搜索引擎在捕获用户需求的信息的同时,还能对检索的信息加以一定维度的分析,以引导其对信息的使用与认识。例如,用户可以根据检索到的信息条目判断检索对象的热度,还可以根据检索到的信息分布给出高相关性的同类对象,还可以利用检索到的信息智能化给出用户解决方案等。

2. 搜索引擎的使用技巧

在日常工作当中,我们通常在搜索引擎中直接输入关键词,然后在搜索结果里查看或者找到自己需要的结果。但有时搜索结果里的无用内容太多,翻好几页也不一定能找到满意的结果。

其实我们忽略了搜索引擎的高级搜索功能,像百度、谷歌、搜狗等搜索引擎,都支持一些高级搜索技巧和语法,可以对搜索结果进行限制和筛选,缩小检索范围,让搜索结果更加准确。下面以百度搜索为例列举几种搜索技巧:

(1)"关键词"。双引号,精确搜索,会完全匹配引号内的关键词,搜索结果中必须包含和引号中完全相同的内容。

(2)关键词 + file type:格式。指定文件类型搜索,较严格;平时也可以直接用"文件名+格式"搜索。

(3)site:域名 + 关键词。在指定网站内搜索,只搜索目标网站中的内容。

(4)intitle:关键词和 intext:关键词。intitle:标题中包含关键词;intext:正文中包含关键词。这两个适合与其他语法搭配使用,一般不单独用。因为直接搜索关键词也一样,还更方便。

(5)*:星号,通配符,模糊搜索。我们如果忘记了名称的某部分,就可以用 * 代替。比如"康 * 王朝"。

搜索语法还有很多,上面只介绍了最简单常用的几个。其实我们要实现的目的,就是尽可能缩小检索范围,除去无用内容,提高搜索结果中有效信息的密度,进而提高我们的搜索效率和准确度。

3. 百度自定义搜索

百度作为人们普遍使用的搜索引擎,对我们的工作、生活具有非常重要的使用价值。但是在搜索的时候可能会发现,经常会有一些不相干的内容出现在搜索列表,这时就可用自定义搜索设置。

(1)第一步,打开百度首页,点击页面右上角的"设置"。

图 5-2-1

(2)第二步,在设置的下拉菜单中,点击"搜索设置"进入设置界面。

图 5-2-2

(3)第三步,按需要选择浏览器的显示情况,设置完成后点击"保存设置"。

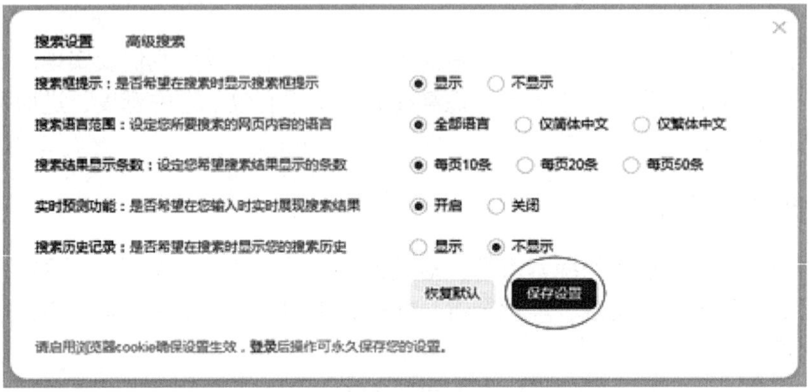

图 5-2-3

(4)如果要细化搜索范围,开始第四步,点击"高级搜索"。

图 5-2-4

(5)可以按照实际情况设置关键字、内容、时间、格式等。

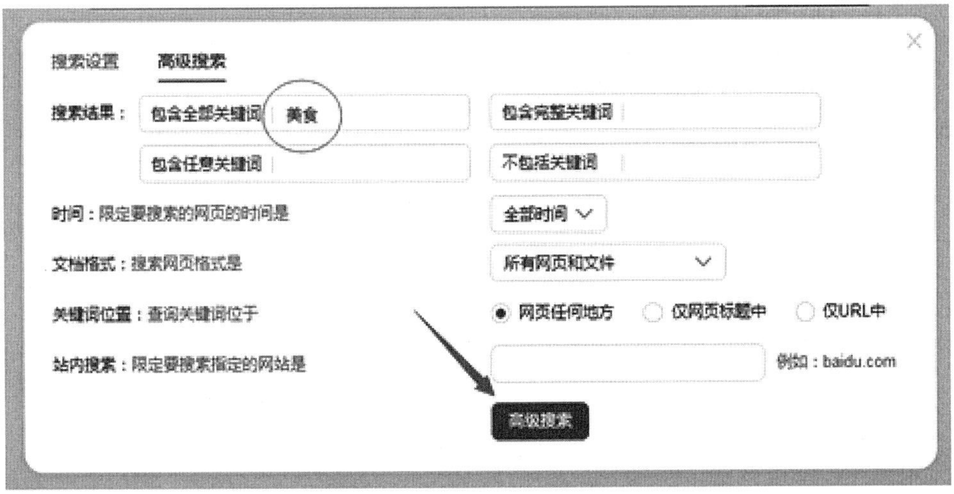

图 5-2-5

5.2.2 搜索引擎的检索方法

现有的搜索引擎大多采用自然语言与布尔语言检索并用的检索方法。用自然语言检索一般只能实现简单检索，查准率较低；用布尔语言检索采用 and、or、not 等运算符，以及截词、邻近、括号表达式等限定方法，查准率较高。由于各种搜索引擎所用的检索方式及检索限制都各有不同，在使用时要先查看每个引擎的帮助文件或有关资料。

1. 布尔逻辑检索

布尔逻辑检索也称作布尔逻辑搜索，严格意义上的布尔检索法是指利用布尔逻辑运算符连接各个检索词，然后由计算机进行相应逻辑运算，以找出所需信息的方法。它使用面最广、使用频率最高。布尔逻辑运算符的作用是把检索词连接起来，构成一个逻辑检索式。布尔逻辑运算组配检索是利用布尔逻辑运算符进行检索项的逻辑组配，以表达检索者提问的一种检索技术。布尔逻辑运算有三种，即逻辑"与""或""非"，其含义见表 5-2-6。

表 5-2-6 布尔逻辑检索表

逻辑运算	含　义
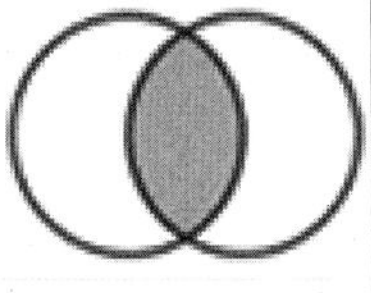	逻辑"与"：用"AND/and"或"＊"表示，用于连接概念交叉和限定关系的检索词，要求多个检索词同时出现在文章中 功能：缩小检索范围，有利于提高查准率，例如：电脑 and 病毒

续表

逻辑运算	含义
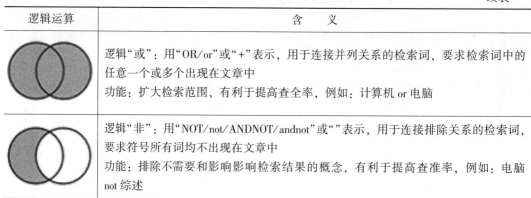	逻辑"或":用"OR/or"或"+"表示,用于连接并列关系的检索词,要求检索词中的任意一个或多个出现在文章中 功能:扩大检索范围,有利于提高查全率,例如:计算机 or 电脑
	逻辑"非":用"NOT/not/ANDNOT/andnot"或""表示,用于连接排除关系的检索词,要求符号所有词均不出现在文章中 功能:排除不需要和影响影响检索结果的概念,有利于提高查准率,例如:电脑 not 综述

在一个检索式中如果含有两个以上的布尔逻辑算符就要注意运算次序:( )>not>and>or,即先运算括号内的逻辑关系,再依次运算"非""与""或"关系。

2. 截词检索

截词检索是利用检索词的词语或不完整的词形查找信息的一种检索方法。用相应的截词符(如"?""∗"等)代替检索词的可变化部分,让计算机按照检索词的片段同标引词进行对比匹配,这样可以简化检索程序,扩大检索范围,以提供族性检索的功能,提高查全率。截词检索按照截断的位置划分,可分为右截断(前方一致)、左截断(后方一致)、左右截断(中间一致)和中间截断四种方法。

(1)右截断。

右截断即将检索词的词尾部分截断,要求比较匹配检索词的前面部分,是一种前方一致的检索。这种方法可以省略输入各种词尾有变化的检索词的麻烦,有助于提高查全率。

例如,输入检索词"ecomom ∗ "("∗"为截断符号)可以检索出任何以 econom 开头的检索词的文献,如 economic、economics、economist、economize、economy 等。

一些计算机检索系统规定了右截断的限度,可在截断符号后加入一个限定字母数的值,例如"Circ ∗ 3"可检出包括 Circle、Circlet,但不包括 Circuitry、Circulation 的文献。

(2)左截断。

左截断即将检索词的词头部分截断,要求比较检索词的后面部分,是一种后方一致的检索。这种方法可以省略输入各种词头有变化的检索词的麻烦,有助于提高查全率。

例如,输入检索词" ∗ biology"("∗"为截断符号),可以检索出任何以 biology 结尾的检索词的文献. 如 electrobiology、neurobiology、pathobiology 等。

(3)左右截断。

左右截断即将检索词左右词头、词尾部分同时截断,检索词中间一致,只要检索词中含有指定的词干即为合法检索词。

例如,输入检索词" ∗ biology ∗ "可以检索出含有该词干的所有索引词的文献,如 neurobiology、neurobiologist、microbiology、microbiologist 等。这种检索方式在检索较广泛课题的资料时比较有用,可以获得较高的查全率。

(4) 中间截断。

中间截断即在检索词中间嵌入截断符，允许检索词中间有若干形式的变化。检索时，检索词中嵌入的字母与截断符号数相同即为合法检索词。

例如，输入检索词"wom*n"，可以检索出包含women、woman的文献。

目前截词检索在计算机信息检索系统中有广泛应用，利用截词检索可以减少检索词的输入量，简化检索，扩大查找范转，提高查全率，但也有可能检索出大量无关资料。不同检索工具有自己的截词规则，使用时要注意。有的是自动截词，有的是在一定条件下才能截词。在允许截词的检索工具中，一般是指右截词，部分支持中间截词，前截词较少。有的需要限定截断的字符数量，有的是无限制截断。检索工具中使用的截词符没有统一标准，如 Dialog 用"?"，BRS 系统用"$"，ORBIT 系统用"#"等。

3. 邻近检索

邻近检索又称位置检索。主要是通过位置运算符来规定和限制检索词之间的相对位置。引入位置运算符的目的是弥补布尔逻辑运算符某些提问式的不足，表达复杂专深的概念，从而提高检索的专指度。常用的位置运算符介绍如下。

(1) 相邻位置算符：(W)或者(nW)、(N)或者(nN)。

① (W)——with 或 (nW)——nWord：(W) 是 with 的缩写，表示在此运算符两侧的检索词按前后衔接的顺序排列，次序不许颠倒，而且两个检索词之间不许有其他的词或者字母出现，但允许有空格或标点符号。例如 CD(W)ROM 相当于检索"CD—ROM"或者"CDROM"。

(nW) 是 nWord 的缩写，表示在此算符两侧的检索词之间允许插入不多于 n 个的实词或虚词(通常指系统中出现频率较高而不能用来检索的冠词、介词和连接词，如 an、in、by、other、to、with 等)，两个检索词的次序不允许改变。如"control(nW)system"，可以检索出含有 control system、control of system 或 control in system。

② (N)——near 或 (nN)——nnear：(N) 是 near 的缩写，表示在此运算符两侧的检索词彼此相邻，次序可以颠倒，但两个检索词之间除空格或标点符号外不允许有其他的词或字母出现。如输入"robot(N)control"，可以检索出含有 robot control 或者 control robot 的文献记录。

(nN) 是 nnear 的缩写，表示在此运算符两侧的检索词之间允许插入不多于 n 个的实词或虚词，两个检索词的次序可以改变。如"control(nN)system"，不仅可以检索出含有 control system、control of system 或 control in system 的文献记录，还可以检索出含有 system of control，甚至 system without control 等的文献记录

(2) 字段算符：(F)、(L)。

① (F)——in the same field：(F) 是 field 的缩写，表示在此运算符两侧的检索词必须同时出现在文献记录的同一字段内，如出现在篇名字段、叙词字段、文摘字段等，两个检索词的前后顺序不限，夹在两个检索词之间的词的个数也不限。例如输入"robot(F)control"，可以检索出在篇名字段或叙词字段等同一字段中同时包括 robot 和 control 的文献记录。

②(L)——link：(L)是 link 的缩写，表示在此运算符两侧的检索词必须同在数据库界定的同一规范词字段中出现，两个词之间具有一定的从属关系，可以用来连接主标题词和副标题词。

(3)句子位置算符：(S)——in the same subfield or Sallie paragraph

(S)是 subfield 的缩写，表示在此运算符两侧的检索词只要在一个子字段(如在文摘中一个句子就是一个子字段)或者全文数据库的一个段落中出现，就符合检索词提问的要求，两个检索词的次序和插入词的个数不限。例如输入"expert(W) system(S)medical"，则可以查到所有子字段含有 expert system 和 medical 这两个词的文献。

相邻位置算符、字段位置算符、句子位置算符可连用，顺序为 A(W)B(S)C(F)。在同一检索式中，如果两个检索词之间的位置算符由(W)—(S)—(F)组成，说明检索范围越大，查全率越提高；反之，检索范围小，查准率提高。位置检索对提高检索的查准率和查全率有重要作用，但网络检索中基本只支持(W)和(N)。

4. 限制检索

限制检索是通过限制检索范围达到优化检索结果的方法。限制检索的方式有多种，例如进行字段检索、使用限制符、采用限制检索命令等。限制搜索是利用 meta 标签来限制搜索引擎抓取的一种方式，像 QQ 空间就是采用了限制搜索的技术。

(1)字段检索。把检索词限定在某个(些)字段中，如果记录的相应字段中含有输入的检索词则为命中记录，否则就为检不中。联机、光盘信息检索系统的数据库记录都是由各种字段组成的，检索的时候可以限定检索词出现的字段范围，以缩小检索范同，提高查准率，对于网络信息而言，网络信息、一般不分字段，但是一些网络信息检索工具设计了类似于字段检索的功能，依据这类功能，用户可以把查询 www 信息的检索范围限制在标题、统一资源定位地址(URL)或超链接等部分。例如"TITLE：北京大学"这一检索提问可以查得网页题名中含有"北京大学"的网页。

(2)使用限定符。是用于限定类型和类型成员的声明。包含访问限定符、abstract、const、event、extern、override、sealed、static、virtual 等。

(3)采用限制检索命令。检索命令(search command)是 2019 年公布的图书馆·情报与文献学名词，含检索式及检索条件等内容，用来完成相关检索任务，能够被检索系统识别并执行的命令。

5.3 利用专用平台信息检索

 任务要点

1. 了解什么是专业平台信息检索。
2. 了解有哪些垂直细分领域专用平台。
3. 掌握期刊、论文、专利、商标、数字信息资源等专用平台的信息检索方法。

以期刊、论文、专利、商标、数字信息资源平台等专业平台为例，学习垂直细分领域专用平台的检索操作。

5.3.1 利用期刊专用平台进行信息检索

维普官方网站——国内大型中文期刊文献服务平台，提供各类学术论文、各类范文、中小学课件、教学资料等文献下载。当前，已经形成了从"信息检索、文献获取、自主学习、学术写作、学术工具、论文检测、论文发表、知识管理"等针对用户个体的服务集群。也形成了"文献保障、资源服务、信息组织、信息发布、资源统计、资源评价、学术评价、数据挖掘、智能业务"等针对机构客户的服务集群。如图 5-3-1 所示。

图 5-3-1　维普官方网站首页

维普资讯主要提供学术资源的数字化加工、数字出版与传播、数据服务整体解决方案等多元化业务。经过 20 多年的不断发展，维普资讯已拥有国内外近万家机构客户，覆盖近千万的个人用户，产品及服务涉及教育、文化、科技等众多领域，其核心产品《中文科技期刊数据库》被纳入国家长期保存数字战略计划，成为中国学术文献资源保障体系的重要组成部分，维普网（www.cqvip.com）也已成为国内主流的学术传播平台。

5.3.2 利用论文平台进行信息检索

万方数据知识服务平台（Wanfang Data Knowledge Service Platform）是在原万方数据资源系统的基础上，经过不断改进、创新而成，集高品质信息资源、先进检索算法技术、多元化增值服务、人性化设计等特色于一身，是国内一流的品质信息资源出版、增值服务平台。如图 5-3-2 所示。

万方数据知识服务平台整合数亿条全球优质知识资源，集成期刊、学位、会议、科技

图 5-3-2　万方数据知识服务平台首页

报告、专利、标准、科技成果、法规、地方志、视频等十余种知识资源类型，覆盖自然科学、工程技术、医药卫生、农业科学、哲学政法、社会科学、科教文艺等全学科领域，实现海量学术文献统一发现及分析，支持多维度组合检索，适合不同用户群研究，是了解国内学术动态必不可少的帮手。《中国企业、公司及产品数据库》的信息全年100%更新，提供多种形式的载体和版本。《中国学术会议论文全文数据库》分为两个版本：中文版、英文版。"英文版"主要收录在中国召开的国际会议的论文，论文内容多为西文。万方智搜致力于"感知用户学术背景，智慧你的搜索"，帮助用户精准发现、获取与沉淀知识精华。

5.3.3　利用专利平台进行信息检索

中外专利数据库服务平台（CNIPR）是在原中外专利数据库服务平台的基础上，吸收国内外先进专利检索系统的优点，采用国内先进的全文检索引擎开发完成的。本平台主要提供对中国专利和国外（美国、日本、英国、德国、法国、加拿大、EPO、WIPO、瑞士等98个国家和组织）专利的检索。中外专利数据库服务平台（CNIPR）是依托领先的设计理念和先进的技术手段，针对专利信息应用和专利战略咨询的需求，开发的专利数据库资源共享平台。它包括专利信息采集、信息加工、信息检索、信息分析、信息应用等部分，通过完整的价值链体系，可以有效利用专利信息、改善研发工作效率、提高核心竞争能力、满足科技创新需求。

CNIPR服务平台力求保证资源收录的完备性和内容更新的及时性，并以文献信息的准确加工和检索系统的高效性能，使其成为专利文献信息的权威检索工具。

权威的数据资源、统一的数据规范、强大的检索功能、领先的技术手段、安全的防范措施、灵活的服务模式、人性的功能设计是社会各界建立专利信息数据库的最佳选择。

5.3.4 利用商标平台进行信息检索

智高点知识产权集团有限公司成立于 2015 年，是国内高端的"互联网+知识产权"科技服务平台，领先发起全球知识产权金融创新服务。平台依托大数据技术与行业服务经验，为用户提供商标大数据、品牌保护运营、知识产权资产变现等服务。智高点积极进取，开拓创新，大力响应"深圳先行示范区"的责任与担当，在知识产权金融服务方面，分别从知识产权交易、知识产权质押融资、知识产权资产化、知识产权证券化方向大胆探索，为社会提供最前沿的金融创新服务。如图 5-3-3 所示。

图 5-3-3　智高点网站首页

智高点商标超市（智高点知识产权旗下平台）属于深圳智高点知识产权运营有限公司，是国内首批互联网+知识产权科技型服务企业。董事长兼 CEO 李军先生凭借敏锐的市场洞察力和逾十五年行业资深经验，携手来自原华为、百度、金蝶等公司高管人员，运用互联网创新思维、大数据技术，秉承共享经济、创新发展为理念，智高点肩负知识产权价值创新重大使命，智高点商标超市（智高点知识产权旗下平台）主营业务：商标交易、商标转让，让闲置商标得到充分的利用。

5.3.5 利用数字信息资源平台进行信息检索

超星数字图书馆成立于 1993 年，致力于纸张图文资料数字化技术开发及相关应用与推广，是国内最专业的数字图书馆解决方案提供商和数字图书资源提供商。超星经过多年研发，已经拥有了成熟的整套图书馆数字化解决方案，被公认为数字图书馆行业中的第一品牌。超星依托雄厚的资源和技术，迅速占领了国内绝大部分的图书馆市场，在世界图书馆数字化进程中也已经处于领跑者的行列。超星数字图书馆于 2000 年被列入国家"863"计划中国数字图书馆示范工程，以其数字图书馆的方式对数字图书馆技术进行推广与示范。

超星数字图书馆数据按照"中图法"分为文学、历史、法律、军事、经济、科学、医药、工程、建筑、交通、计算机、环保等 22 大类，目前拥有丰富的电子图书资源提供阅读，其中包括文学、经济、计算机等五十余大类，数十万册电子图书，300 万篇论文，全文总量 4 亿余页，为目前世界最大的中文在线数字图书馆。由超星数字图书馆倡导的图文资料数字化技术等相关的一整套数字图书馆技术解决方案和应用方案已成功应用于广东省中山图书馆、美国加州大学等国内外 1000 多家单位，成为中国乃至全世界数字图书馆建设的基本模式之一。如图 5-3-4 所示。

图 5-3-4　超星数字图书馆首页

【课后思考】
1. 简述计算机信息检索的原理与流程。
2. 简述搜索引擎的使用技巧。
3. 简述如何用百度进行自定义搜索。
4. 简述常用的信息检索专业平台有哪些，各平台对自己的工作和生活都有何帮助。

【思政园地】

"北京大学博士后"翟天临不知知网事件

2019 年 2 月 8 日，"知名演员"翟天临因在直播中回答网友提问时，不知知网为何物,他的博士学位真实性受到质疑。随后,他又在新浪微博留言称"只是开玩笑"。

2019年2月10日,四川大学学术诚信与科学探索网将翟天临列入"学术不端案例"公示栏。2月11日,北京电影学院成立调查组并按照相关程序启动调查。2月11日晚,北大光华学院发表声明将根据其博士学位授予单位的调查结论做出处理。2月14日,翟天临通过个人微博发表致歉信。2月15日,教育部回应"翟天临涉嫌学术不端事件"称,教育部对此高度重视,第一时间要求有关方面迅速进行核查。2月16日下午,北京大学发布关于招募翟天临为博士后的调查说明:确认翟天临存在学术不端行为,同意翟天临退站,责成光华管理学院作出深刻检查。

2019年2月19日,北京电影学院发布关于"翟天临涉嫌学术不端"等问题的调查进展情况说明,宣布撤销翟天临博士学位,取消陈泾博导资格。

第 6 章　信息素养与社会责任

学习目标
1. 了解信息素养的基本概念及主要要素。
2. 了解信息技术发展史及知名企业的兴衰变化过程，树立正确的职业理念。
3. 了解信息安全及自主可控的要求。
4. 掌握信息伦理知识并能有效辨别虚假信息，了解相关法律法规与职业行为自律的要求。
5. 了解个人在不同行业内发展的共性途径和工作方法。

6.1　信息素养与行业行为自律

任务要点
1. 了解信息素养的基本概念。
2. 了解信息素养的主要要素。
3. 熟悉信息行业的行为自律。

信息素养与社会责任是在信息技术领域，通过对信息行业相关知识的了解，内化形成的职业素养和行为自律能力。信息素养与社会责任对个人在各自行业内的发展起着重要作用。

6.1.1　信息素养的基本概念

信息素养是一种基本能力，它代表着人们对信息社会的适应能力。21世纪的能力素质，包括基本学习技能（指读、写、算）、信息素养、创新思维能力、人际交往与合作精神、实践能力。信息素养是其中一个方面，它涉及信息的意识、信息的能力和信息的应用。如图6-1-1所示。

信息素养是一种综合能力：信息素养涉及各方面的知识，是一个特殊的、涵盖面很宽的能力，它包含人文的、技术的、经济的、法律的诸多因素，和许多学科有着紧密的联系。信息技术支撑信息素养，通晓信息技术强调对技术的理解、认识和使用技能。

而信息素养的重点是内容、传播、分析，包括信息检索以及评价，涉及更宽的方面。它是一种了解、搜集、评估和利用信息的知识结构，既需要通过熟练的信息技术，也需要通过完善的调查方法、通过鉴别和推理来完成。信息素养是一种信息能力，信息技术是它

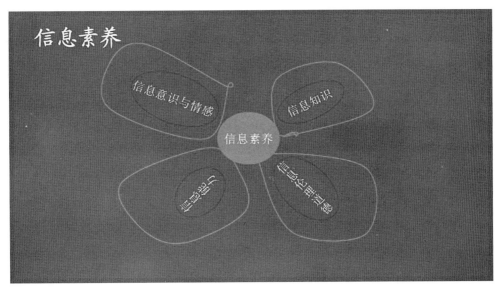

图 6-1-1　信息素养包含的内容

的一种工具。

6.1.2　信息素养的主要要素

信息素养包括关于信息和信息技术的基本知识和基本技能，运用信息技术进行学习、合作、交流和解决问题的能力，以及信息的意识和社会伦理道德问题。具体而言，信息素养应包含以下五个方面的内容：

（1）热爱生活，能够主动地从生活实践中不断地查找、探究新信息。

（2）具有基本的科学和文化常识，能够对获得的信息进行辨别和分析，能正确加以评估。

（3）能够灵活地支配信息，较好地掌握选择信息、拒绝信息的意识和能力。

（4）能够有效地利用信息，表达个人的思想和观点，并乐意与他人分享不同的见解或资讯。

（5）能够充满自信地运用各类信息解决问题，有较强的创新意识和进取精神。

6.1.3　信息行业行为自律

为建立我国互联网行业自律机制，规范从业者行为，依法促进和保障互联网行业健康发展，中国互联网协会于 2002 年 3 月 26 日发布了《中国互联网行业自律公约》（如图 6-1-2 所示）、2006 年 4 月 19 日发布了《文明上网自律公约》，国家互联网信息办公室于 2020 年 3 月 1 日施行了《网络信息内容生态治理规定》（如图 6-1-3 所示）。

1. 中国互联网行业自律公约

本公约提出了 13 条自律条款。其中包括，自觉遵守国家有关互联网发展和管理的法

图 6-1-2　中国互联网协会发布的《中国互联网行业自律公约》

图 6-1-3　国家网信办发布的《网络信息生态治理规定》

律、法规和政策，大力弘扬中华民族优秀文化传统和社会主义精神文明的道德准则，积极推动互联网行业的职业道德建设；鼓励、支持开展合法、公平、有序的行业竞争，反对采用不正当手段进行行业内竞争；自觉维护消费者的合法权益，保守用户信息秘密，不利用用户提供的信息从事任何与向用户作出的承诺无关的活动，不利用技术或其他优势侵犯消费者或用户的合法权益；互联网接入服务提供者应对接入的境内外网站信息进行检查监督，拒绝接入发布有害信息的网站，消除有害信息对我国网络用户的不良影响；互联网上网场所要采取有效措施，营造健康文明的上网环境，引导上网人员特别是青少年健康上网；互联网信息网络产品制作者要尊重他人的知识产权，反对制作含有有害信息和侵犯他人知识产权的产品；全行业从业者共同防范计算机恶意代码或破坏性程序在互联网上的传播，反对制作和传播对计算机网络及他人计算机信息系统具有恶意攻击能力的计算机程序，反对非法侵入或破坏他人计算机信息系统。

这13条"行规"还还专门对互联网信息服务者提出了4条自律义务：

（1）不制作、发布或传播危害国家安全、危害社会稳定、违反法律法规以及迷信、淫秽等有害信息，依法对用户在本网站上发布的信息进行监督，及时清除有害信息；

（2）不链接含有有害信息的网站，确保网络信息内容的合法、健康；

（3）制作、发布或传播网络信息，要遵守有关保护知识产权的法律、法规；

（4）引导广大用户文明使用网络，增强网络道德意识，自觉抵制有害信息的传播。

2. 文明上网自律公约

本公约号召互联网从业者和广大网民从自身做起，在以积极态度促进互联网健康发展的同时，承担起应负的社会责任，始终把国家和公众利益放在首位，坚持文明办网，文明上网。

自觉遵纪守法，倡导社会公德，促进绿色网络建设；
提倡先进文化，摒弃消极颓废，促进网络文明健康；
提倡自主创新，摒弃盗版剽窃，促进网络应用繁荣；
提倡互相尊重，摒弃造谣诽谤，促进网络和谐共处；
提倡诚实守信，摒弃弄虚作假，促进网络安全可信；
提倡社会关爱，摒弃低俗沉迷，促进少年健康成长；
提倡公平竞争，摒弃尔虞我诈，促进网络百花齐放；
提倡人人受益，消除数字鸿沟，促进信息资源共享。

3. 网络信息内容生态治理规定

国家互联网信息办公室有关负责人表示，出台《网络信息内容生态治理规定》旨在落实党的十九届四中全会《决定》相关要求，建立健全网络综合治理体系，加强和创新互联网内容建设，落实互联网企业信息管理主体责任，全面提高网络治理能力，营造清朗的网络空间。加强网络生态治理，培育积极健康、向上向善的网络文化需要，维护广大网民切身利益。

《规定》提出，鼓励网络信息内容生产者制作、复制、发布含有"宣传习近平新时代中国特色社会主义思想，全面准确生动解读中国特色社会主义道路、理论、制度、文化"和"弘扬社会主义核心价值观，宣传优秀道德文化和时代精神，充分展现中华民族昂扬向上精神风貌"等内容的正能量信息。网络信息内容生产者不得制作、复制、发布含有"危害国家安全，泄露国家秘密，颠覆国家政权，破坏国家统一"和"损害国家荣誉和利益"等内容的违法信息,应当采取措施,防范和抵制制作、复制、发布含有"使用夸张标题,内容与标题严重不符"和"炒作绯闻、丑闻、劣迹"等内容的不良信息。

《规定》强调,网络信息内容服务平台应当履行信息内容管理主体责任,加强本平台网络信息内容生态治理,培育积极健康、向上向善的网络文化。网络信息内容服务平台应当建立网络信息内容生态治理机制,制定本平台网络信息内容生态治理细则,健全用户注册、账号管理、信息发布审核、跟帖评论审核、版面页面生态管理、实时巡查、应急处置和网络谣言、黑色产业链信息处置等制度。

《规定》要求,网络信息内容服务平台不得传播本规定第六条规定的违法信息,应当防范和抵制传播本规定第七条规定的不良信息。网络信息内容服务平台应当加强信息内容的管理,发现本规定第六条、第七条规定的信息的,应当依法立即采取处置措施,保存有关记录,并向有关主管部门报告。鼓励网络信息内容服务平台坚持主流价值导向,优化信息推荐机制,加强版面页面生态管理,在重点环节积极呈现本规定第五条规定的正能量信息,不得在重点环节呈现本规定第七条规定的不良信息。

《规定》明确,网络信息内容服务使用者应当文明健康使用网络,按照法律法规的要求和用户协议约定,切实履行相应义务,在以发帖、回复、留言、弹幕等形式参与网络活动时,文明互动,理性表达,不得发布本规定第六条规定的违法信息,防范和抵制本规定第七条规定的不良信息。网络信息内容服务使用者和生产者、平台不得开展网络暴力、人肉搜索、深度伪造、流量造假、操纵账号等违法活动。

6.2 信息技术发展史

 任务要点

1. 了解信息技术的基本概念及其发展。
2. 通过知名信息技术企业的兴衰变化收获创业启示。
3. 熟悉信息安全与自主可控的有关常识。
4. 熟悉信息时代的道德风险与道德原则。

6.2.1 信息技术的基本概念

随着信息化时代的到来,信息技术极大地改变了我们的生活,工作和学习方式,网约车出行、网络通信、网上购物、移动支付、远程医疗、远程会议、智能家居、办公自动化、网络课程等信息技术应用已司空见惯。科学地认识所处的信息时代、所生活的信息社会,合理地运用信息系统处理信息、解决问题,是我们成为信息社会合格公民的必由之路。

1. 信息

信息一般指包含于消息、情报、指令、数据、图像和信号等形式之中的新的知识和内容。信息由意义和符号组成,它是对客观世界中各种事物的变化和特征的反映,在现实生活中，人们总是在自觉和不自觉地接收、传递、存储和利用信息。

2. 数据

数据是指计算机能够接收和处理的物理符号，包括字符(Character)、表格(Table)、声音(Sound)、图形(Picture)和影像(Video)等。数据可以在物理介质上记录和传输。在计算机中，为了描述、存储和处理事物，需要抽象出这些事物的特征并组成一个记录描述。例如：在档案管理中，由姓名、性别、年龄、出生年月等属性描述的记录就是数据。

数据和信息的联系和区别：数据是客观存在的一些符号，是信息的具体表现形式，是信息的载体；信息则是数据的具体内涵，是对数据进行加工处理而抽象出来的逻辑意义。信息本身也是数据，但数据不一定是信息。单独的数据通常不能表示完整的意义，经过解释并赋予一定的意义后便成为信息，因此信息是人们消化了的数据，是数据的具体含义。对同一数据可能有不同的解释，使之成为内容不完全相同的信息，如 36 可以是年龄 36 岁，也可以是鞋长 36 码。对同一信息也可能由不同的数据来表示，例如，同样一条新闻，在不同的报纸上发布，文字内容可能不同。信息必须通过数据才能传播。两者是相辅相成的。

3. 信息技术

信息技术(Information Technology，IT)是用于管理和处理信息所采用的各种技术的总称。它主要是应用计算机技术和通信技术来设计、开发、安装和实施的信息系统及应用软件。它的核心和支撑技术是感测技术、通信技术、计算机智能处理技术和控制技术。

(1)感测技术。感测技术包括传感技术和测量技术。人类用眼、耳、鼻、舌等感觉器官捕获信息，感测技术就是人的感觉器官的延伸与拓展，使人类可以更好地从外部世界获得信息，如条码阅读器。

(2)通信技术。通信技术是人的神经系统的延伸与拓展，发挥着传递信息的功能。

(3)计算机智能处理技术。计算机智能处理技术包括计算机硬件技术、软件技术和人工神经网络技术等，是人的大脑功能的延伸与拓展，发挥着对信息进行处理的功能，能帮助人们更好地存储、检索、加工和再生信息。

(4)控制技术。控制技术是根据指令信息对外部事物的运动状态和方式实施控制的技术，可以看作效应器官功能的扩展和延伸，它能控制生产和生活中的许多状态。

感测、通信、计算机智能处理和控制四大信息技术是相辅相成的，而且相互融合。相对于其他三项技术，计算机智能处理技术处于较为基础和核心的位置。

目前，人们把通信技术、计算机智能处理技术和控制技术统称为 3C(Communication、Computer 和 Control)技术。3C 技术是信息技术的主体。

4. 计算机文化

计算机文化是人类社会的生存方式因使用计算机而发生根本性变化而产生的一种崭新的文化形态；继语言的产生、文字的使用与印刷术的发明后，计算机文化是人类文化发明的第四个里程碑。

计算机文化代表一个新的时代文化，它将传统的"能写会算"的基本功提升到一个新的高度，具有读计算机的书、写计算机程序、取得计算机实际经验的能力成为新的计算机扫盲的基本要求，因此具有计算机信息处理能力是计算机文化的真正内涵。

5. 计算思维

计算思维是运用计算机科学的基础概念进行问题求解、系统设计以及人类行为理解等涵盖计算机科学之广度的一系列思维活动。其应用领域包括生物学、脑科学、化学、经济学、艺术及电子、土木、机械、航空航天等领域。

6. 信息化

信息化涉及国民经济各个领域，它的意义不仅仅局限于技术革命和产业发展，信息化正逐步上升为推动世界经济和社会全面发展的关键因素，成为人类进步的新标志。

信息化是以现代通信、网络、数据库技术为基础，把所研究对象各要素汇总至数据库，供特定人群生活、工作、学习、辅助决策等且与人类息息相关的各种行为相结合的一种技术。使用该技术后，可以极大地提高各种行为的效率，为推动人类社会进步提供极大的技术支持。实现信息化就要构筑、完善、开发和利用信息资源，建设国家信息网络，推进信息技术应用，发展信息技术和产业，培育信息化人才，制定和完善信息化政策6个要素的国家信息化体系。

7. 信息化社会

信息化社会具有如下三个基本特征：

(1) 系统功能的强化和扩大化。信息系统功能的发展，经历了由20世纪60年代的数据处理系统(DPS)、管理信息系统(MIS)向70年代的决策支持系统(DSS)、国家信息系统(NIS)和80年代的专家系统(ES)的开发与扩大过程。

(2) 系统的网络化。现代化信息网络的核心是计算机信息处理系统，因此可将信息系统网络化的发展，分为"单主机——单用户""单主机——多用户""多主机——多用户"和"智能终端——多主机——多用户"等阶段。目前，全球最大的现代化信息网络是国际互联网络(Internet亦音译为因特网)，这实际上是多个网络的集合。

(3) 系统利用的高速化和高效化。以国际互联网络的形成为标志，可把当今时代称为"网"的社会。全球性信息网络使信息共享的程度得到极大提高，但是必须看到，只有"入网者"才可成为"共享者"，只有具备"网上优势者"才是真正的、最成功的"共享者"。

6.2.2 新一代信息技术的发展

1. 世界信息技术的发展

(1) 从通信技术到计算机通信技术的发展。通信技术和计算机技术起步较早，萌芽于19世纪上半叶，当时美国的莫尔斯发明了电报，成为通信技术的开山鼻祖。然后，到20世纪下半叶初期，美国人成功研制出世界上第一部程控交换机，随着数字程控交换机的应用和推广，通信技术开始向着数字化的方向发展。再后来，人类成功开拓了卫星通信技术领域，进一步拓展了通信技术的应用领域。到了1946年，美国宾夕法尼亚大学成功研制出世界上第一台计算机设备，意味着计算机通信技术的"问世"。当然，这部名为"埃尼阿克"的计算机有着庞大而笨重的外形和居高不下的功率能耗，但是随着计算机集成电路的发展和软件技术的进步，计算机设备的存储容量、运算速度以及数据处理能力都不断提高，计算机的功能也从最初的单一计算功能演变为具备数字处理、语言文字、图像视频等多种信息处理功能，计算机的应用范围也涉及了社会的方方面面。

(2)从晶体管到以集成电路为基础的微电子技术的发展。人类于1948年发明了第一个晶体管(如图6-2-1所示)，又于1958年研制出第一块集成电路，短短十年时间，便引发了一场波及全球的微电子技术革命。微电子技术能够将日益复杂的电子信息系统集成在一个小小的硅片上，使电子设备向着微型化发展，使计算机系统的能耗越来越低。微电子技术促进集成电路的发展，中、小规模集成电路逐步发展为大规模集成电路和超大规模集成电路，同时让每一个集成电路芯片上所能集成的电子器件越来越多，而集成电路的整体价格却保持不变或者下降，从而带动以集成电路为基础的微电子信息技术的迅速发展。

图6-2-1　20世纪发明的晶体管，被称为伟大的发明

(3)网络技术到人工智能技术的形成。美国于1969年成功建成了ARPANET网络，它是世界上首个采用分组交换技术组建的计算机网络，这也是今天计算机因特网的前身。到了1986年，美国又成功建成了国家科学基金网NSFNET，并于1991年促成因特网进入商业应用领域，从而使互联网得到飞跃性的发展，给整个信息技术产业以及人类社会的进步带来了重大影响。随后，网络技术经历了电子会议、网络传真到网络电话、网络冲浪到网络购物等一系列的变革，为个人和企业参与全球范围的竞争提供了有利条件，带动了一大批互联网新兴服务行业的崛起和发展；人工智能(AI)是一门极富挑战性的科学，它由不同的领域组成，如机器学习，计算机视觉等，人工智能的目的就是让计算能够像人类一样

进行思考。

2. 我国新一代信息技术的发展

从古到今，人类共经历了五次信息技术的重大发展历程。每一次信息技术的变革都对人类社会的发展产生巨大的推动力。

(1)第一次信息技术革命发生在距今 35000 年～50000 年前，是以语言的产生和应用为特征的。语言的产生是历史上最伟大的信息技术革命，它成为人类社会化信息活动的首要条件。

(2)第二次信息技术革命大约在公元前 3500 年，是以文字、纸张的产生和使用为特征。使信息的存储和传递首次超越了时间和地域的局限。

(3)第三次信息技术革命约在公元 1040 年，我国开始使用活字印刷技术(欧洲人 1451 年开始使用印刷技术)，为知识的积累和传播提供了更为可靠的保证。

(4)第四次信息技术革命是以电信传播技术的发明为特征的。电报、电话、广播、电视的发明和普及，进一步突破了时间与空间的限制。

(5)第五次信息技术革命始于 20 世纪 60 年代，是电子计算机的普及应用及计算机与现代通信技术的有机结合。计算机技术与现代通信技术的普及应用，将人类社会推到了数字化的信息时代。如：QQ 即时通信软件、手机、因特网、电子地图、GPS 导航等的应用，为我们的生活带来极大的方便。

随着电子技术的高速发展，军事、科研等方面迫切需要解决的计算工具也大大得到改进。为了解决资源共享问题，单一计算机很快发展成计算机联网，实现了计算机之间的数据通信、数据共享。通信介质从普通导线、同轴电缆发展到双绞线、光纤导线、光缆；电子计算机的输入输出设备也飞速发展起来，扫描仪、绘图仪、音频视频设备等，使计算机如虎添翼，可以处理更多的复杂问题。20 世纪 80 年代末多媒体技术的兴起，使计算机具备了综合处理文字、声音、图像、影视等各种形式信息的能力，日益成为信息处理最重要和必不可少的工具。人类也由工业社会转入信息社会，各国也在信息技术研究方面投入大量资金，构建"信息高速公路"。

2010 年 10 月，国务院发布《关于加快培育和发展战略性新兴产业的决定》(国发〔2010〕32 号)，将"新一代信息技术产业"列为七大国家战略性新兴产业体系。新一代信息技术分为六个方面，分别是新一代通信网络、物联网、三网融合、新型平板显示、高性能集成电路和以云计算为代表的高端软件。数字化、网络化、智能化是新一轮科技革命的突出特征，也是新一代信息技术的核心。数字化为社会信息化奠定基础，其发展趋势是社会的全面数据化。数据化强调对数据的收集、聚合、分析与应用。网络化为信息传播提供物理载体，其发展趋势是信息物理系统(CPS)的广泛采用如图 6-2-2 所示。信息物理系统不仅会催生出新的工业，甚至会重塑现有产业布局。智能化体现信息应用的层次与水平，其发展趋势是新一代人工智能。目前，新一代人工智能的热潮已经来临。

目前，新一代信息技术是以人工智能、量子信息、移动通信、物联网、区块链等为代表的新兴技术，它既是信息技术的纵向升级，也是信息技术之间及其与相关产业的横向融合，日益渗透到交通出行、商业、医疗、科技、教育教学、工业、农业、军事等社会的各个领域，不断推动着人类社会的发展。如图 6-2-2 所示。

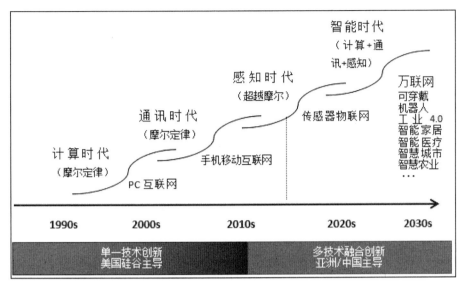

图 6-2-2　信息技术的发展进程

6.2.3　知名企业的兴衰变化

1. 信息技术对企业发展的影响

随着以计算机技术、通信技术、网络技术为代表的现代信息技术的飞速发展，人类社会正从工业时代阔步迈向信息时代，人们越来越重视信息技术对传统产业的改造以及对信息资源的开发和利用，"信息化"已成为一个国家经济和社会发展的关键环节，信息化水平的高低已经成为衡量一个国家，一个地区现代化水平和综合国力的重要标志。

随着经济全球化及市场竞争力度的加剧，许多企业加快了信息化的步伐，以提升企业竞争力。信息技术在企业的广泛应用，不仅改变了传统手工数据处理方式，而且触发了企业管理模式、生产方式、交易方式、作业流程的变革，人们的行为模式也随着企业业务流程化、组织扁平化、作业信息化而发生变化。虽然信息技术没有改变企业内部控制目标，但企业内部所发生的变革对传统的内部控制观点、控制方法产生很大的冲击，信息技术的影响力已经渗透到企业管理的各个环节。

现代信息技术正改变着企业的一切方面，产生着革命性的影响。目前任何行业和企业的竞争都涉及技术特别是信息技术竞争如果不能适应这些变化，将不可避免地被淘汰。我们必须使用并利用他，积极迎接信息技术带来的挑战，抓住机遇，完成企业转轨中的质变，这将是我们的必然选择。

2. 信息技术对知名企业影响的典型案例

多年来，经济取得了巨大的进步，各行各业也涌现了一大批的优秀企业和企业家。尤其是在互联网行业，中国的特有国情，让互联网企业有了良好的发展机会，电商、共享经济、外卖、移动支付，在这些领域中国的发展可以说是走在了世界前列。但也不乏跟不上信息技术发展而惨遭淘汰的知名企业。

(1) 华为技术有限公司。华为技术有限公司，成立于1987年，总部位于广东省深圳市龙岗区。华为是全球领先的信息与通信技术(ICT)解决方案供应商，专注于ICT领域，坚持稳健经营、持续创新、开放合作，在电信运营商、企业、终端和云计算等领域构筑了端到端的解决方案优势，为运营商客户、企业客户和消费者提供有竞争力的ICT解决方案、产品和服务，并致力于实现未来信息社会、构建更美好的全联结世界。2013年，华为首超全球第一大电信设备商爱立信，排名《财富》世界500强第315位。华为的产品和解决方案已经应用于全球170多个国家，服务全球运营商50强中的45家及全球1/3的人口。

华为是成功的，具备很多企业不曾拥有的特质。

① 狼性文化。任正非在一次主题为《华为的红旗到底能打多久》的讲话中说到了狼性文化的三大特性：一是敏锐的嗅觉，这让其能提前感知危险；二是不屈不挠、奋不顾身的进攻精神；三是群体奋斗。为此，任正非总是大力强调这种忧患意识，刻意培养下属的危机感。

② 人才驱动。华为是一家高科技公司，具有深厚的研发功力。研发靠什么？主要是靠人，华为在2017年研发上的投入达到897亿元，比它的净利润475亿元多了接近2倍，华为是舍得花钱在研发上的。在华为看来，机会、人才、技术和产品是公司成长的主要驱动力。

③ 国际化战略。对于中国的企业来说，自主创新的动力有一方面是来源于国际同行业巨头的竞争压力，在所有以"国际化"为企业使命的中国企业中，华为可能是动作最快、成就最高的一家。到2016年，华为的产品和解决方案已经应用于全球170多个国家，服务全球运营商50强中的45家及全球1/3的人口。

④《华为基本法》。作为华为的"基本大法，其地位相当于国家的宪法，制定的初衷就是"为华为制定纲领性文件"，同时涵盖研发、生产、销售、行政、人事等各方面的细节，最终形成了一部贯彻华为管理思想的具体的"管理规范"。

⑤ 技术优势。华为非常注重技术积累，它不作重复发明，不犯重复的错误，时刻紧盯世界通信产业最新技术成果，从交换机到3G技术再到现在的5G技术，充分利用人类的知识存量为社会创造新的价值。

⑥ 任正非。华为的成功，最根本的一点就是因为创始人任正非是一个有战略家思想的人，任正非的企业发展理念、华为的成长经验，对中国企业具有很大的影响和启发，对国外企业发展也同样具有很大的借鉴意义，这也是华为的另一价值所在。

(2) ofo小黄车。ofo小黄车是一个无桩共享单车出行平台，缔造了"无桩单车共享"模式，致力于解决城市出行问题。2015年6月启动以来，ofo小黄车已连接了1000万辆共享单车，累计向全球 20 个国家、超 250 座城市、超过 2 亿用户提供了超过 40 亿次的出行服务。2018 年 9 月，因拖欠货款，ofo 小黄车被凤凰自行车起诉；2018 年 10 月至 11 月，ofo 被北京市第一中级人民法院、北京市海淀区人民法院等多个法院的多个案件中列入被执行人名单，涉及执行超标的 5360 万元。

ofo 的兴衰，绝对是中国互联网界一个重要的历史事件，同时也带给了人们良多启示和警醒。

①ofo 挪用了大量用户押金来投入公司的运营和发展，各种原因共同导致了如今 ofo 押金退还难的问题，让广大用户蒙受了或多或少的损失。

②ofo 在战略扩展期投放了大量价格低廉、质量低下的小黄车以争地盘抢市场，这样一来，给投资人看的"数据"是上去了，但是大量废置的小黄车成为了黄色垃圾，充斥在城市的大街小巷，占用了大量公共空间，给市政管理以及人们的日常出行增添了麻烦，凸显了 ofo 为了扩张而将企业应有的社会责任心抛之脑后。

③ofo 在亏损未盈利、仍在烧钱的情况下，斥巨资（2000 万元人民币）聘请鹿晗当代言人。资本助力下的野蛮生长，大大小小企业的天量投放，只顾在市场占有率"攻城略地"而忽视运营维护，堆积成山的废弃车辆使这一新业态转眼给城市环境和人民生活带来巨大的负担，创新的故事在现实中走到了反面。

④共享单车后来的发展进一步验证，涉及城市公共服务的创新，有时候最重要的未必是一心想着在引领行业的路上飞奔，而是要尽最大可能符合公共利益。对监管者而言，只有在涉及重大公共利益时保持理性的审慎乃至适度的"不宽容"，才不至于等到泡沫破裂之时，去接手处理满城尽是废弃单车的"烂摊子"。

总之，近几年随着大环境的变化，市场在沉淀，也在自我蜕变和优化，未来能够成功的企业，走的一定是精细化路线，而不是大跃进式的路线。这点值得创业者们警醒。与其抱着不顾质量的肆意扩张与心态膨胀达到融资的幻想，不如脚踏实地好好雕琢自己的产品，为社会做出实际的贡献更能走得远一些。

6.3 信息安全与自主可控

任务要点
1. 了解信息安全的概念、作用与防御。
2. 了解自主可控的概念及四个层面。

6.3.1 信息安全

1. 信息安全的概念

信息安全，ISO（国际标准化组织）的定义为：为数据处理系统建立和采用的技术、管理上的安全保护，为的是保护计算机硬件、软件、数据、物理环境及其基础设施不因偶然和恶意的原因而遭到破坏、更改和泄露，系统连续可靠地正常运行，信息服务不中断，最终实现业务连续性。

网络环境下的信息安全体系是保证信息安全的关键。信息安全主要包括以下五方面的内容,即保证信息的保密性、真实性、完整性、未授权拷贝和所寄生系统的安全性。信息安全本身包括的范围很大,其中包括如何防范商业企业机密泄露、防范青少年对不良信息的浏览、个人信息的泄露,以及各种安全协议、安全机制(数字签名、消息认证、数据加密等),直至安全系统,如 UniNAC、DLP 等,只要存在安全漏洞便可以威胁全局安全。

2. 信息安全的作用

(1)关乎经济发展。目前,我国已建立了覆盖全国的公用电信网、广播电视网等基础信息网络,银行、证券、海关、民航、铁路、电力、税务等关系国民经济发展和正常运行的重要支撑领域基本完成了行业信息系统建设,传统工业的信息化改造正逐步展开,电子政务、电子事务、电子商务也在不断推进,它们在国家经济发展中起着十分重要的作用。这些信息系统的安全一旦受到威胁和破坏、轻则影响经济发展,重则损害国家经济利益。

(2)关乎社会稳定。以因特网为代表的信息网络,是继报刊、广播、电视之后新兴的大众媒体,具有传播迅速、渗透力强、影响面大的特点,形成了一个不受地域限制的新空间。在这个空间里,不同的意识形态、价值观念、行为规范、生活方式等在激烈碰撞,毒害人民、污染社会的色情、迷信、暴力等低俗腐朽文化,经济诈骗、敲诈勒索、非法传销等网络犯罪活动,以制造恐怖气氛、造成社会混乱的网络恐怖活动,都对我国的社会稳定和公共秩序构成了严重危害。有效应对网络空间中的上述危害,已成为信息化条件下维护社会稳定的重要工作。

(3)关乎国家安全。信息空间已成为与领土、领海、领空等并列的国家主权疆域,信息安全是国家安全的重要组成部分。国内外各种敌对、分裂、邪教等势力利用网络对我国进行的反动宣传和政治攻击,敌对国家和地区对我国实施的网络渗透、网络攻击等信息对抗行动,西方有害价值观和文化观在网络上的大肆传播,使我国的政治安全、国防安全和文化安全面临着前所未有的挑战。随着信息技术的迅速普及、广泛应用和深层渗透,信息安全在政治安全、国防安全、文化安全等国家安全领域将具有越来越重要的作用。

(4)关乎公众权益。随着科学技术和国民经济的发展,社会公众对信息的依赖程度越来越高,网络的触角已经深入到社会生活的各个方面。网络应用服务的普及直接涉及个人的合法权益,宪法规定的多项公众权益在网络上将逐步得到体现,需要得到保护。这种普遍的、社会化的需求,对信息安全问题提出了比以往更广、更高的要求。

3. 信息安全的防御

(1)数据库管理安全防范。在具体的计算机网络数据库安全管理中经常出现各种由于人为因素造成的计算机网络数据库安全隐患,对数据库安全造成了较大的不利影响。例如,由于人为操作不当,可能会使计算机网络数据库中遗留有害程序,这些程序十分影响计算机系统的安全运行,甚至会给用户带来巨大的经济损失。基于此,现代计算机用户和管理者应能够依据不同风险因素采取有效控制防范措施,从意识上真正重视安全管理保护,加强计算机网络数据库的安全管理工作力度。

(2) 加强安全防护意识。每个人在日常生活中都经常会用到各种用户登录信息，比如网银账号、微博、微信及支付宝等，这些信息的使用不可避免，但与此同时这些信息也成了不法分子的窃取目标，企图窃取用户的信息，登录用户的使用终端，将用户账号内的数据信息或者资金盗取。因此，用户必须时刻保持警惕，提高自身安全意识，拒绝下载不明软件、禁止点击不明网址、提高账号密码安全等级、禁止多个账号使用同一密码等，加强自身安全防护能力。

(3) 科学采用数据加密技术。对于计算机网络数据库安全管理工作而言，数据加密技术是一种有效手段，它能够最大限度地避免和控制计算机系统受到病毒侵害，从而保护计算机网络数据库信息安全，进而保障相关用户的切身利益。需要注意的是，计算机系统存有庞大的数据信息，对每项数据进行加密保护显然不现实，这就需要利用层次划分法，依据不同信息的重要程度合理进行加密处理，确保重要数据信息不会被破坏和窃取。

(4) 安装防火墙和杀毒软件。防火墙能够有效控制计算机网络的访问权限，通过安装防火墙，可自动分析网络的安全性，将非法网站的访问拦截下来，过滤可能存在问题的消息，一定程度上增强了系统的抵御能力，提高了网络系统的安全指数。同时，还需要安装杀毒软件，这类软件可以拦截和中断系统中存在的病毒，对于提高计算机网络安全大有益处。

(5) 其他措施。为信息安全提供保障的措施还包括提高账户的安全管理意识、加强网络监控技术的应用、加强计算机网络密码设置、安装系统漏洞补丁程序、加强计算机入侵检测技术的应用、提高硬件质量、改善自然环境等。

6.3.2 自主可控

1. 自主可控的概念

可控性是指对信息和信息系统实施安全监控管理，防止非法利用信息和信息系统，是实现信息安全的五个安全目标之一。而自主可控技术就是依靠自身研发设计，全面掌握产品核心技术，实现信息系统从硬件到软件的自主研发、生产、升级、维护的全程可控。简单地说就是核心技术、关键零部件、各类软件全都国产化，自己开发、自己制造，不受制于人。

自主可控是我们国家信息化建设的关键环节，是保护信息安全的重要目标之一，是保障网络安全、信息安全的前提。能自主可控意味着信息安全容易治理、产品和服务一般不存在恶意后门并可以不断改进或修补漏洞；反之，不能自主可控就意味着具"他控性"，就会受制于人，其后果是：信息安全难以治理、产品和服务一般存在恶意后门并难以不断改进或修补漏洞。

实现IT系统的自主可控是一个全产业链的长期行为，上至法律法规、标准，下至具体的IT产品或服务，需要产业链上的各个单位、企业、机构甚至消费者共同参与才能实现。

2. 自主可控的四个层面

倪光南院士从四个层面全面诠释了自主可控。

（1）知识产权。在当前的国际竞争格局下，知识产权自主可控十分重要，做不到这一点就一定会受制于人。如果所有知识产权都能自己掌握，当然最好，但实际上不一定能做到，这时，如果部分知识产权能完全买断，或能买到有足够自主权的授权，也能达到自主可控。然而，如果只能买到自主权不够充分的授权，例如某项授权在权利的使用期限、使用方式等方面具有明显的限制，就不能达到知识产权自主可控。目前国家一些计划对所支持的项目，要求首先通过知识产权风险评估，才能给予立项，这种做法是正确的、必要的。

（2）技术能力。技术能力自主可控，意味着要有足够规模的、能真正掌握该技术的科技队伍。技术能力可以分为一般技术能力、产业化能力、构建产业链能力和构建产业生态系统能力等层次。产业化能力的自主可控要求使技术不能停留在样品或试验阶段，而应能转化为大规模的产品和服务。产业链的自主可控要求在实现产业化的基础上，围绕产品和服务，构建一个比较完整的产业链，以便不受产业链上下游的制约，具备足够的竞争力。产业生态系统的自主可控要求能营造一个支撑该产业链的生态系统。

（3）自主发展。有了知识产权和技术能力的自主可控，一般是能自主发展的，但这里再特别强调一下发展的自主可控，也是必要的。因为我们不但要看到现在，还要着眼于今后相当长的时期，对相关技术和产业而言，都能不受制约地发展。前些年我国通过投资、收购等，曾经拥有了CRT电视机产业完整的知识产权和构建整个生态系统的技术能力。但是，外国跨国公司一旦将CRT的技术都卖给中国后，它们立即转向了LCD平板电视，使中国的CRT电视机产业变成淘汰产业。因此，如果某项技术在短期内效益较好，但从长期看做不到自主可控，一般说来是不可取的。只顾眼前利益，有可能会在以后造成更大的被动。

（4）国产资质。一般说来，"国产"产品和服务容易符合自主可控要求，因此实行国产替代对于达到自主可控是完全必要的。不过现在对于"国产"还没有统一的界定标准。倒是美国国会在1933年通过的《购买美国产品法》可以给我们一个启示，该法案要求联邦政府采购要买本国产品，即在美国生产的、增值达到50%以上的产品，进口件组装的不算本国产品。看来，美国采用上述"增值"准则来界定"国产"是比较合理的。

6.4 信息伦理与道德原则

任务要点

1. 了解信息伦理的概念及特征。
2. 熟悉信息时代的道德风险与道德原则。

6.4.1 信息伦理的概念与特征

1. 信息伦理的概念

信息伦理是指涉及信息开发、信息传播、信息的管理和利用等方面的伦理要求、伦理准则、伦理规约，以及在此基础上形成的新型的伦理关系。信息伦理又称信息道德，它是调整人们之间以及个人和社会之间信息关系的行为规范的总和。

信息伦理不是由国家强行制定和强行执行的，是在信息活动中以善恶为标准，依靠人们的内心信念和特殊社会手段维系的。

信息伦理结构的内容可概括为两个方面，两个方面即主观方面和客观方面。前者指人类个体在信息活动中以心理活动形式表现出来的道德观念、情感、行为和品质，如对信息劳动的价值认同，对非法窃取他人信息成果的鄙视等，即个人信息道德；后者指社会信息活动中人与人之间的关系以及反映这种关系的行为准则与规范，如扬善抑恶、权利义务、契约精神等，即社会信息道德；三个层次即信息道德意识、信息道德关系、信息道德活动。

作为意识现象的信息伦理，它是主观的东西；作为关系现象的信息伦理，它是客观的东西；作为活动现象的信息伦理，则是主观见之于客观的东西。换言之，信息伦理是主观方面即个人信息伦理与客观方面即社会信息伦理的有机统一。

2. 信息伦理的特征

信息时代，信息的存在形式与以往的信息形态不同，它是以声、光、电、磁、代码等形态存在。这使它具有"易转移性"，即容易被修改、窃取或非法传播和使用。加之信息技术应用日益广泛，信息技术产品所带来的各种社会效应也是人们始料未及的。例如信息技术产品对传统人际关系的冲击。在信息社会，人与人之间的直接交往大大减少，取而代之的是间接的、非面对面的、非直接接触的新式交往。这种交往形式多样，信息相关人的行为难以用传统的伦理准则去约束。

信息社会中出现的信息伦理问题主要包括侵犯个人隐私权、侵犯知识产权、非法存取信息、信息责任归属、信息技术的非法使用、信息的授权等。一个普遍的现象是，网络信息的个体拥有性与信息共享性之间产生激烈冲突，产生了各种新的矛盾。这种矛盾应用以往的社会伦理法难以定义、解释和调解，为此制定的信息化相关法律和法规又具有相对的滞后性。

6.4.2 信息时代的道德风险与原则

1. 信息时代带来的道德风险

在可以预见的将来，人工智能将重塑生产力、生产关系、生产方式，重构社会关系、生活方式。实际上，人工智能算法带来的歧视隐蔽而又影响深远。信息的不对称、不透明以及信息技术不可避免的知识技术门槛，客观上会导致并加剧信息壁垒、数字鸿沟等违背社会公平原则的现象与趋势。如何缩小数字鸿沟以增进人类整体福利、保障社会公平，这是一个具有世界性意义的伦理价值难题。

信息技术在加速大数据传播、搜集、共享的同时，也为一些国家或组织利用网络霸权干涉别国内政或实施网络攻击提供了漏洞和暗网,严重威胁国家主权和安全。因此,防范数据霸权是信息时代维护国家主权的重要内容。

互联网时代出现的一些现象和趋势,应当引起高度重视。例如,有些人沉迷于网络虚拟世界,厌弃现实世界中的人际交往。这种去伦理化的生存方式,从根本上否定传统社会伦理生活的意义和价值,放弃自身的伦理主体地位以及相应的伦理责任担当,已经触及价值观念基础这一更为根本的层面。

2. 信息时代需遵循的道德原则

(1)安全可靠原则。新一代信息技术尤其是人工智能技术必须是安全、可靠、可控的,要确保民族、国家、企业和各类组织的信息安全、用户的隐私安全以及与此相关的政治、经济、文化安全。如果某一项科学技术可能危及人的价值主体地位,那么无论它具有多大的功用性价值,都应果断叫停。对于科学技术发展,应当进行严谨审慎的权衡与取舍。

(2)以人为本原则。信息技术必须为广大人民群众带来福祉、便利和享受,而不能为少数人所专享。要把新一代信息技术作为满足人民基本需求、维护人民根本利益、促进人民长远发展的重要手段。同时,保证公众参与和个人权利行使,鼓励公众提出质疑或有价值的反馈,从而共同促进信息技术产品性能与质量的提高。

(3)公开透明原则。新一代信息技术的研发、设计、制造、销售等各个环节,以及信息技术产品的算法、参数、设计目的、性能、限制等相关信息,都应当是公开透明的,不应当在开发、设计过程中给智能机器提供过时、不准确、不完整或带有偏见的数据,以避免人工智能机器对特定人群产生偏见和歧视。

(4)和谐关系原则。社会是构建社会主义和谐社会的重要切入点。围绕构建民主法治、公平正义、诚信友爱、充满活力、安定有序、人与自然和谐相处的社会,信息化建设应为营造良好的现代信息舆论环境作出自己的贡献。

【课后思考】

1. 简述信息素养包含的主要要素。
2. 简述信息时代易带来的道德风险。
3. 简述中国新一代信息发展的历史。
4. 简述在生活和工作中应遵循哪些个人和职业行为自律。

【思政园地】

网络空间是亿万民众共同的精神家园

网络空间是亿万民众共同的精神家园。网络空间天朗气清、生态良好,符合人民利益。网络空间乌烟瘴气、生态恶化,不符合人民利益。谁都不愿生活在一个充斥着虚假、诈骗、攻击、谩骂、恐怖、色情、暴力的空间。互联网不是法外之地。利用网络鼓吹推翻国家政权，煽动宗教极端主义，宣扬民族分裂思想，教唆暴力恐怖活动，等等，这样的行为要坚决制止和打击，绝不能任其大行其道。利用网络进行欺诈活动，散布色情材料，进行人身攻击，兜售非法物品，等等，这样的言行也要坚决管控，决不能任其大行其道。

——2016年4月19日，习近平在网络安全和信息化工作座谈会上的讲话

参 考 文 献

[1] 许晞，刘艳丽，聂哲. 计算机应用基础(第4版)[M]. 北京：高等教育出版社，2018.
[2] 杜力. 计算机应用基础(第三版)[M]. 武汉：武汉大学出版社，2021.
[3] 刘志成，石坤泉. 大学计算机基础(第3版)[M]. 北京：人民邮电出版社，2020.
[4] 李兴旺，蔡静颖，黄紧德. 计算机应用基础任务化教程[M]. 青岛：中国海洋大学出版社，2019.
[5] 饶兴明，李石友. 计算机应用基础项目化教程[M]. 北京：北京邮电大学出版社，2018.
[6] 贾振刚，冯雪莲. 信息技术基础[M]. 北京：北京理工大学出版社，2019.
[7] 唐建军，吴燕，涂传清. 大学信息技术基础[M]. 北京：北京理工大学出版社，2018.
[8] 赵妍，纪怀猛. 大学信息技术基础[M]. 成都：电子科技大学出版社，2017.
[9] 王民意，马振中. 大学信息技术基础与应用[M]. 北京：电子工业出版社，2015.